武装商船「報国丸」の生涯

知られざる沈没の謎

森永孝昭著

並木書房

はじめに

先の大戦では、想像を絶する膨大な商船が戦没し、大勢の船員、兵士、便乗者が犠牲となった。

しかし、戦没船の大多数は、昭和一八年から終戦の二〇年八月までのもので、特に敵の兵器と物量が飛躍的に向上した昭和一九年からは、潜水艦による雷撃、飛行機による空爆も一方的で、目を覆いたくなる商船犠牲が続出するのである。

これに反して昭和一七年までは、南方航路も比較的安定していたし、作戦従事船以外の犠牲は少なかったのだ。それは昭和一七年一二月までに戦没した商船が、全体の一割であることが証明している。

このような戦争前期に「報国丸」は、姉妹船「愛国丸」とともに太平洋、インド洋へと進出、大活躍をするのである。

ところが、この優勢な時期、制海権を有していたともいえるインド洋で、「報国丸」は戦没したのである。それは、どの本でも「不運にも敵弾が命中、搭載魚雷が誘爆し沈没した」という表現で最期を語っている。

さらに「報国丸」の悲劇は、徴用輸送船と同様、あたかも非力な商船として一律に取り扱われ、次々と出てくる甚大な喪失船舶の中に埋没してしまったことである。

そして、軍艦の海戦史と違い、誰にも知られず触れられず一顧だにされずに現在まできたのである。

しかし、考えれば、この戦没は不自然で到底納得できるものではないのだ。

なぜなら歴史が示す通り第二次世界大戦は、総力と物量の戦いであって、その圧倒的戦力差によって、日本が敗戦国となったのは周知のとおりである。したがってこの原則から見れば「報国丸」が出会った相手はあまりにも〝ひ弱〟で、その歴然たる武力の差から、沈むべきは敵艦船であったのは間違いないからだ。

この不可解さに、筆者は長年こだわって、真実を追求していったのである。

しかし、この遭遇戦に関する書物は極端に少なく、しかも大雑把なうえ誤謬も多く、また虚実が混在し、たいへんな苦労と時間を要した。しかし内外の資料を拾い集めつなぎ合わせていくうちに、ついに真相に迫ることができた。そこには明らかに隠された部分があったのである。

そして、これは小説でもフィクションでもない〝実録の再現〟となった。

「報国丸」の全貌は、その時代背景を抜きにして語ることはできず、建造から就航、徴用、活躍、沈没までを世界の動向と戦争の進展にからめながら経過をたどっていった。

戦後生まれといわれた世代も、戦争体験者の声を幾度となく聞いたにもかかわらず、気にもかけず何もせず、いつの間にか高齢となりそれらを忘れ去ろうとしている。

今ここで語っておかなければ、真実は永遠に歴史の中に消え去るであろうとの思いで執筆した次第である。

二〇二三年二月

森永孝昭

目次

はじめに 1

〈商船編〉 11

第一章 建造 12

建造助成施設 12
東京オリンピック1940／海軍の構想

船台建造 17
建造組立／船の大きさ

進水 24
進水準備／進水浮上

艤装工事 34
海軍の要求／居住区／機関室

海上試運転 44
播磨灘／マイル：海里

第二章 就航 53

処女航海 53
大連：満洲への入口

アフリカ航路 59
アジア寄港地／アフリカ訪問／南米到着

西回り帰国 76
パナマ運河／太平洋

海軍指定 83
大連航路／英国の不思議な抗議

海軍徴用 88
改修工事

〈軍艦編〉 93

第三章　武装商船　94
商船改造　94
兵装／貨物倉／居住区
特設巡洋艦　99
特設艦船
艦長赴任　103
藍原有孝大佐／海上確認運転／ゾルゲ事件
艦隊編入　112
第二四戦隊／戦隊司令部
世界の動き　120
米国世論と日本世相／日米の軍艦増強

第四章　南太平洋作戦　125
針路南東　125
出港／女装訓練／ヤルート島
対米開戦　136
赤道通過／開戦
ビンセント号　145
索敵／発見／攻撃／収容
マラマ号　155
昭和一七年元旦／偶然の発見／水偵の攻撃／終焉
日本帰投　167
作戦完了／臨検キム号／捕虜下船／帰投報告

第五章　呉軍港　177
作戦の推移　177
戦争拡大／次期作戦
第八潜水戦隊　180

割れる作戦構想／大海指第六〇号と回航班／甲標的：特型格納筒
武装強化 191
砲の交換／迷彩塗装／魚雷格納庫と新型偵察機／海上訓練／甲先遣支隊

第六章 インド洋作戦 201
作戦始動 201
呉出撃／ペナン島基地／躍進のインド洋
ヘノタ号 209
追跡／拿捕／ペナン回航
ディエゴスワレス港 220
潜水艦による索敵／発進と攻撃／攻撃隊員の謎
エリシア号 230
通商破壊戦開始／商船発見
洋上会合 238
洋上補給／イ30潜水艦の任務／ココス島
ハウラキ号 246
戦利品／臨検／難航海

第七章 陸軍緊急輸送 257
シンガポール 257
セレター軍港／武装増強／偽装煙突
艦長交代 268
新艦長赴任／引継ぎ／入渠工事
ガダルカナル島の危機 275
飛行場建設／米軍上陸／緊急任務
第三八師団 285
陸軍部隊乗船／ラバウルへ

第八章 絶好の戦機 293
出撃、インド洋 293
出撃準備と協議／二度目のインド洋／運命の二隻

オンディナ号　300
会敵／砲撃開始／降伏船／発砲、被弾
愛国丸の復讐　317
敵船追撃／報国丸乗員救助

第九章　検証と考察　323
砲戦の疑問　323
日本と外国の記述／ベンガルの報告とオンディナ号の主張／ベンガルとの圧倒的戦力差／オンディナ号の発砲距離
異常接近の謎　333
異常接近の根拠／愛国丸を戦犯起訴しなかった理由
被弾箇所　338
箇所の特定／謎の一弾

終章　事後顛末　344
その後　344
各艦船と報国丸乗員／拿捕船その後／乗員捕虜の行方
総　括　350
参考文献　353
おわりに　357

報国丸変遷図（筆者作成）

1940〜41年（昭和15〜16年）

1941年（昭和16年） 南太平洋

1942年（昭和17年）４月 インド洋

1942年（昭和17年）９月以降 最終

関係各艦船の比較図（同縮尺）

（図面、写真を基に筆者作成）

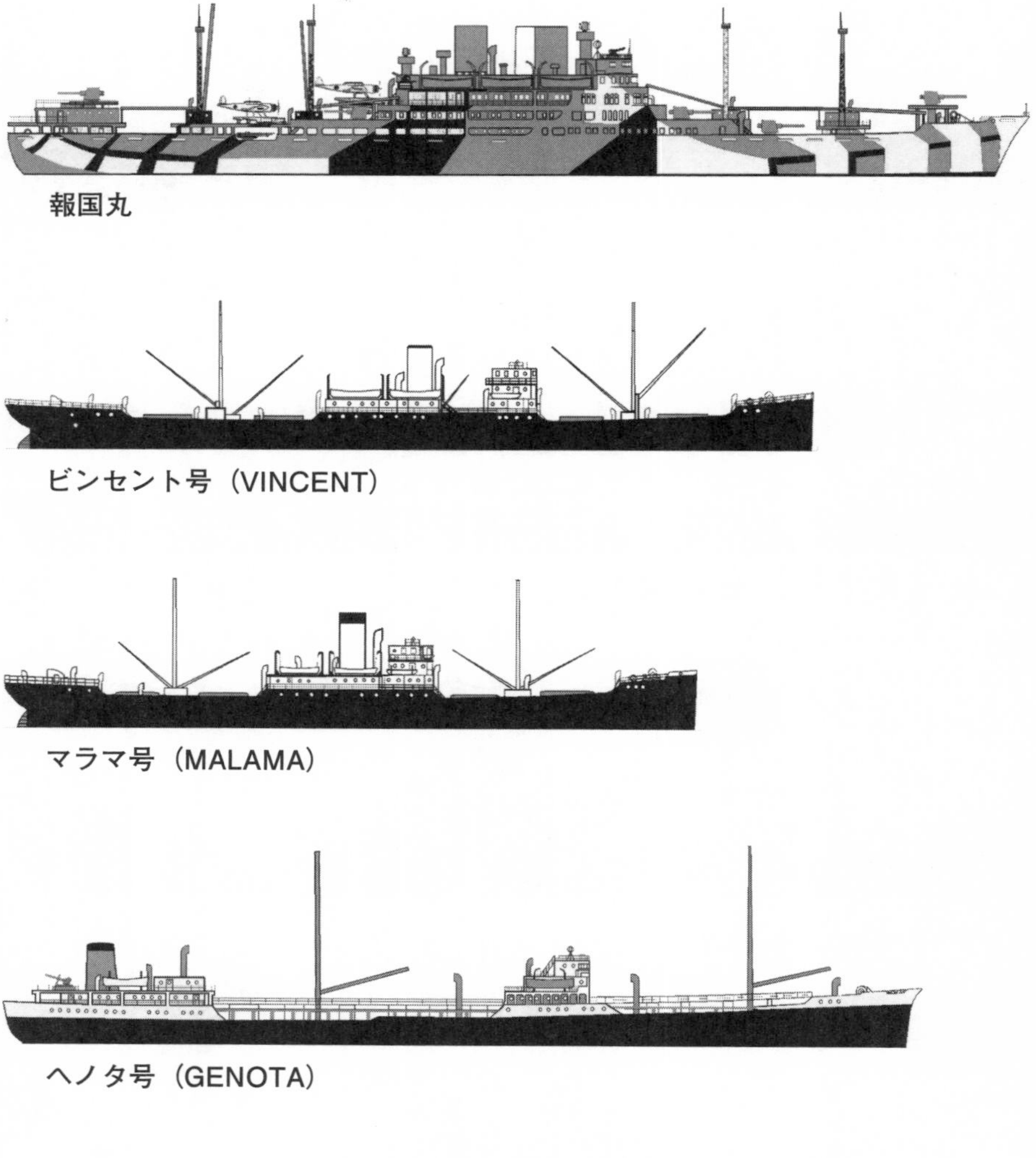

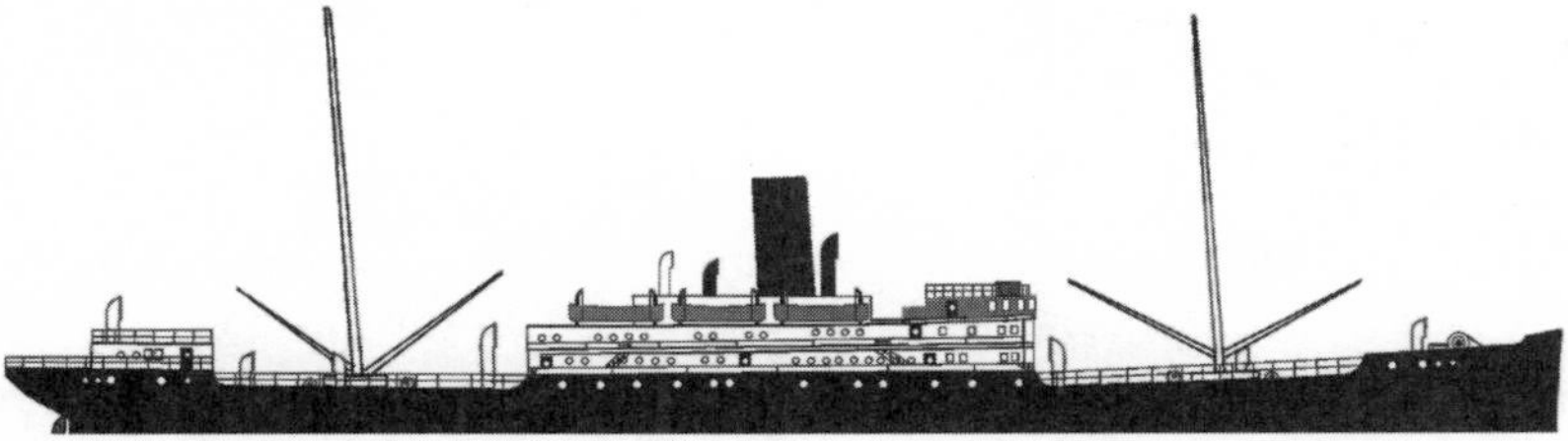

エリシア号（ELYSIA）

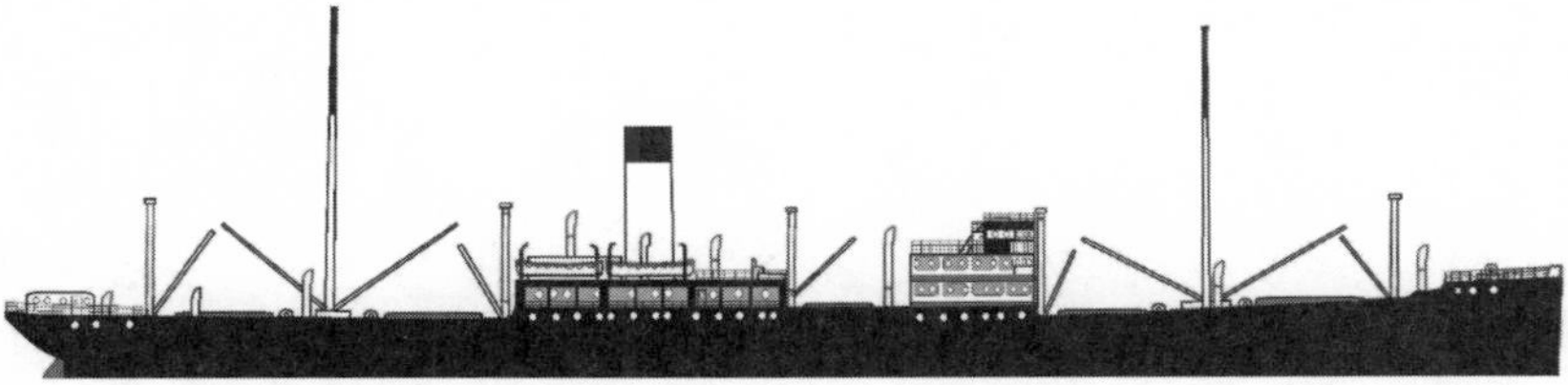

ハウラキ号（HAURAKI）

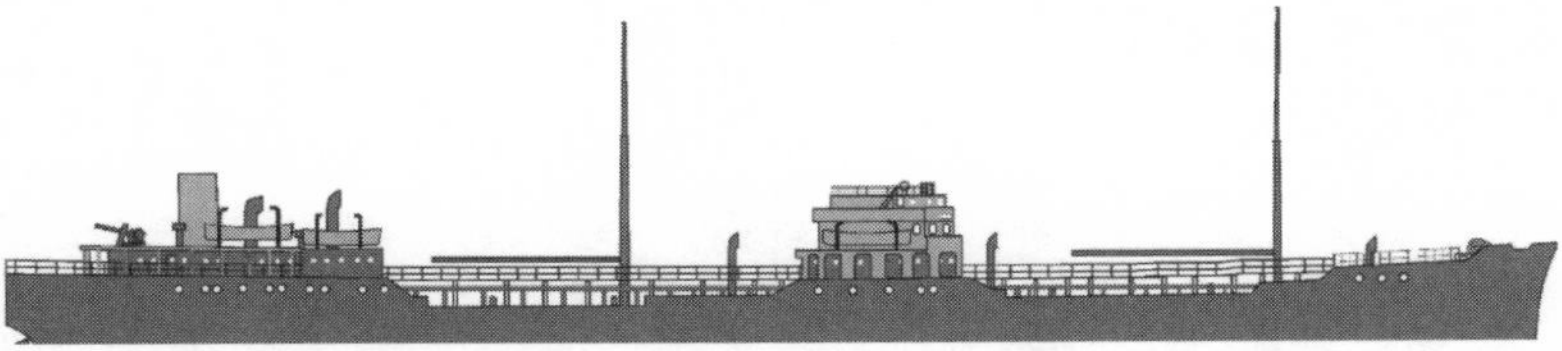

オンディナ号（ONDINA）

ベンガル（BENGAL）

9　関係各艦船の比較図

凡例

一、海上の距離は、「マイル」「海里」「カイリ」「浬」と状況に応じて文字を変えて表現するが、すべて同一のもので単位あたりの長さは〝一八五二メートル〟である。

二、日本軍が使用していた時刻はすべて日本標準時であるが、船内時間は経度に合わせた時刻とした。特に敵船と対峙したときは互いの使用時を入念に整合して統一した。

三、船名は、頻出する「報国丸」「愛国丸」については「 」を省き、ほかは原則「 」を付けた。

四、年号は、原則、西暦に和暦を（ ）で括った組み合わせとしたが、その時々で感覚的に適切と思われるときは、和暦のみあるいは西暦のみで表した。

五、推進器を表す「スクリュー」と「プロペラ」の意味は全く異なるが、ここでは特に注記がない限り、船舶に「スクリュー」、飛行機に「プロペラ」を使用した。

六、方位を示すときは南北を基軸としたが、方面や方域を示すときは東西を基軸とした日本式を採用した。例として「船は針路を北東に向けた」「敵は東北方面にあると思われる」。

七、当時は「徴傭《ちょうよう》」の文字を使用したが、本書では「徴用《ちょうよう》」に統一して表現した。

八、外国艦船の船名は、商船のみ〝号〟を付して区別した。

九、「兵隊」とは、下士官兵のことで主に水兵を指すが、本書では軍属船員をも含めた意味で使用しているケースもある。なお、この言葉は必ずしも差別的、ないしは自嘲的な意味はなく、艦内での習慣的な呼称によった。

一〇、ほとんどの士官に海軍兵学校の卒業期を入れた。理由は、階級、役職以外にも〝長幼の序〟という暗黙の序列が存在し、力関係に少なからず影響があったからである。○○大佐（三八期）と記述して〝海軍兵学校〟は省いた。ただし海軍機関学校卒だけ機を付して（機 三八期）のようにした。

〈商船編〉

第一章　建　造

建造助成施設

東京オリンピック1940

　ついに決まった——。場所はドイツの首都ベルリン。まさにベルリンオリンピック開催前日の一九三六年（昭和一一年）七月三一日のことだった。

　世界初、遠路ギリシャからランナー・リレーにより聖火が到着するという街は熱気に包まれていたが、さらに盛り上がったのは注目の決戦投票が執り行なわれたからだった。

　次回のオリンピックはどこか。世界が固唾《かたず》を呑んで見守るなか、ＩＯＣ委員会が結果を発表した。「ＴＯＫＩＯ……」。日本人は歓喜の声を上げ、ヨーロッパ人は唖然となった。

　こうして一九四〇年（昭和一五年）の一二回オリンピックが、ヘルシンキとの決戦投票の末、三六対二七の九票差で東京に決定した。

　招致活動の中でＩＯＣ委員の柔道家嘉納治五郎《かのうじごろう》氏は「黄色人の日本など能力がない、アジアは遠いなどの理由でオリンピックが来なければ、日本が欧州大会に出る必要はない」と欧米人に談判した功績は大きかったが、日本は、多大な努力をしてまで東京開催にこだわった大きな理由があった。

　それは、神武天皇が橿原宮《かしはらのみや》で即位した紀元前六六〇年から数えて一九四〇年は皇紀歴が二六〇〇年の節目にあたるので、日本国中で盛大な式典が行なわれるなかにオリンピックを取り込み、世界中に日本の存在を知らしめようとの国家構想があったからだ。

　この年から日本国内では、「紀元二六〇〇年式典」と「オリンピック開催」に向けて動き出した。

　アジア初の東京オリンピックには、世界中から選手や観客をはじめ関係者や要人が大挙して来日するであろう。当時の海を隔てた国際間移動は、海上を介してであったから、これらの人々は必然的に船を利用することになる。

船は移動の手段だけではなく、格好の社交の場所であった。そこは国際交流と情報交換の場となり、また交友が広がり親睦が生まれ恋愛が育まれ、さまざまな人生模様を織りなす劇場ともなった。

このような洋上の運命共同体の中での船長は、国家を代表する顔であり、民間外交官の役目も果たす実力者でもあった。

かかる優秀な船長をもって日本郵船は北米と欧州航路、大阪商船は南米とアフリカ航路を運営し、世界の評判を博していたから、客船運航の実績は十分にあった。

政府は、船を国威発揚の場としたかったし、船会社は、願ってもないビジネス・チャンスが到来したと思った。

しかし世界に目をやると、欧米の大型客船の品質、規模、隻数には到底かなわなかった。それでも国は、なんとか日本船で威信を示したかったし、船会社も客船船腹の増加を希望した。ところが、いくらこのような機運があっても、大手の船会社さえ自己資金だけで大型高級客船の急激な建造拡張は不可能に近かった。

海軍の構想

この年は、ワシントン／ロンドン軍縮条約が失効する直前であった。次年の一九三七年一月から日米英の各国は、再び軍拡に走りだす様相となってきた。

日本海軍も建艦計画を進めていたが、軍事予算は、当然ながら正規の軍艦建造に充てられ、また限られた予算での隻数にも限度があった。

そこで考えられたのが商船利用の補助軍艦構想であるが、転用可能な商船は限られていた。

通信、郵政、運輸などを管轄していた逓信省《ていしんしょう》は、オリンピックを念頭に置いた新造船建造計画を船会社などと検討を始めたが、そこに海軍が絡むことになる。

船舶の大型化、高速化は、新たな時代の海軍構想に合致するものであったし、限られた海軍の予算の中で、たとえ補助であったしても空母、巡洋艦、高速輸送船を確保できる唯一の安価な方法であった。こうして優秀船舶建造助成の構想が逓信省、海軍省、大蔵省で立てられていったのである。

この計画は早くも、一九三七年（昭和一二年）三月に予算が成立し、四月一日逓信省から告示された。

この奨励政策は「優秀船舶建造助成施設」といって対象船舶は、第一種が貨客船、第二種が貨物船とタンカーで、総トン数でそれぞれ一五万トン、合計三〇万トンと決まった。

これを隻数に振り分けると貨客船が一二隻、貨物船が八隻、タンカーが八隻となる。

このうち貨客船一二隻について述べると、運航実績のある日本郵船と大阪商船にそれぞれ七隻、五隻と割り当てられた。

やがて日本郵船の七隻は、欧州ロンドン航路が「新《にっ》田《た》丸」「八幡《やわた》丸」「春日《かすが》丸」、北米シアトル航路が「三池丸」「三島丸」、豪州メルボルン航路が「安芸《あき》丸」「阿波《あわ》丸」と船名が決まった。

「新田丸」は新田神社、「八幡丸」は石清水八幡宮、「春日丸」は春日神社から奉戴命名《ほうたいめいめい》しているが、社名のローマ字頭文字「ＮＹＫ」からそれぞれ一文字を冠している。

さて大阪商船五隻の貨客船は、まず二隻が「あるぜんちな丸」「ぶらじる丸」と命名されたが、これは保有船の「ぶえのすあいれす丸」「さんとす丸」と同様に南米航路の寄港地名からとったものである。

あとの三隻はアフリカ東岸就航予定であるから寄港地名のダーバン、ケープタウン、モンバサなどが本来の命名法則に適《かな》っていると思われるが、「報國《ほうこく》丸」「愛國《あいこく》丸」「興國《こうこく》丸」とやや勇ましい船名に決まった（以下「國」は常用漢字の「国」と表記する）。

大阪商船の海外向けパンフレットでは、それぞれ「Loyalty to the Nation」「Patriotism」「Promotion of National Power」と船名の意味を紹介している。

ちなみに補助金は建造費の約三〇パーセントである。

一九三七年（昭和一二年）四月から一斉に「優秀船舶建造助成施設」を利用した建造に向け始動したが、一九四〇年（昭和一五年）のオリンピックまでにわずか三年しかない。日本郵船も大阪商船もすぐに船台を押さえにかかったが、このような高性能大型客船の建造能力のある造船所は日本国内でも数えるほどしかなく、まず三菱長崎造船所に集中した。

このようななか「報国丸型」の三隻は瀬戸内海に面した岡山県児島郡比日《ひび》町玉《たま》（現在：玉野市）にある玉造船所に決まったのが一九三七年五月一七日であった。

実をいうとこの時、「玉造船所」の正式名称はまだ存在しておらず、厳密には「三井物産造船部玉工場」であった。

三井物産はただの商社ではなかった。〝何でもあり〟の巨大組織であったから、船に限って述べると、ほかに「三井物産船舶部」「三井三池炭鉱」があったから、そこには自社船を〝自社造船所〟で建造し〝自社産燃料〟を使って〝自社貿易貨物〟を運送するという一貫した図式の総合会社だったのである。

しかもこの時期は、三井物産以外の船会社からの受注も多く、さらに海軍からは艦艇建造の将来性を見込まれ、多忙となっていたことから、三井物産「造船部」は同年の七月三一日に「株式会社玉造船所」として分離独立したのである。

このタイミングは「報国丸型」建造受注とぴたりと一致しているので、そこに建造意欲を垣間見ることができる。

この年の四月には三井物産の貨物船「有馬山丸」（六五〇〇総トン）が進水しているが、この船は貨物船の新旧交代を狙ってスクラップ・アンド・ビルド方式（古船を廃し代替船を新造する方法）の「船舶改善助成施設」にある補助制度を利用して建造中のものであった。

この造船所ではこの制度利用船だけでもすでに一一隻が建造されているが、これは全国的な建造量の四分の一にあたるから実績としては大きかった。

玉造船所での大阪商船の建造実績は、貨物船「かんべら丸」（六四七一総トン）「東京丸」（六四八六総トン）それに小型貨客船「波上丸」「浮島丸」（四七三〇総トン）の四隻であったから一万トンを越した大型高性能貨客船は初めてとなる。

船舶建造は、すぐにできるわけではない。船台《せんだい》に実際の鋼板が乗って工事にかかる前に、膨大な量の設計に関わる仕事があるのだ。特に一番船は、最初から設計をしなければならない。速力と船型を決める水槽実験、積荷積載量と安定性、船体強度計算、機関の種類や燃費の決定、諸々の正確な図面作成、その他資材や部品の手配や確保など、どれ一つとっても重要な過程なのである。

大阪商船の工務監督トップである和辻春樹《わつじはるき》氏は、この年、多忙を極めることになった。

和辻氏は東京帝国大学工科大学造船学科卒の工学博士で、大阪商船入社以来、一九二一年（大正一〇年）に別府航路の「むらさき丸」の設計に始まって、ほとんどの大阪商船の新造船を手がけてきた。工務監督は、自社船の建造に関しての最高責任者であって設計の段階から完成するまで、すべての工程に関与することになる。したがって同じ船価であっても船の出来栄えは監督次第で決まることもあるのだ。

和辻博士は、同じ大阪商船の助成船第一号である「あるぜんちな丸」（一万二七〇〇総トン）で忙殺されていた。博士にとって、初めての一万トンを超した最大の貨客船は、最大の船価であり苦労も最大であるのだ。苦労とは、助成と引き換えに海軍の要求や指定した要目に合致する船を造ることであった。海軍の要求と民間定期船の採算ベースとは、貨物積載量、速力、馬力、旅客数をはじめ、あらゆる面で相反するものであるから、両方を満たすためには相当の知恵を絞る必要があった。

和辻博士は、一九三七年（昭和一二年）のほとんどを「あるぜんちな丸型」の設計で過ごすことになるが、一段落ついたところで報国丸にも関わることになる。

「あるぜんちな丸」が航空母艦への改造を想定してあったのに対し、報国丸は巡洋艦であったので、総トン数で二〇〇〇トンほど少なく、全長で七メートル短かったが、同じく一万トンを越す大型貨客船であることに変わりはなかった。

報国丸は、和辻博士にとって大阪商船六四隻目の設計船であり、このあと重役就任のため最後の工務監督船となった。なお和辻博士は大阪商船以外に他社の船舶八隻の設計もしているので合計は七二隻となる。その他、大改造船五隻とモーターボート設計なども担当したことがあるので、その業績は日本の海運と造船業界にとってあまりにも偉大である。

一九三七年は、このように造船と海運で活気が見えてきたが、まったく別の動きがあって、むしろこちらの方が新聞を賑わせていたのである。

それは中国大陸で、盧溝橋《ろこうきょう》事件（七月七日）に始まって、第二次上海事変、南京陥落（一二月一三日）と日本が「支那事変」と呼んだ一連の戦争が続いたからだ。

船台建造

建造組立

一九三八年（昭和一三年）一月「爾後国民政府（蔣介石）を相手とせず」と近衛声明が発表され、三月には新たにオリンピックを名目とした「大型優秀船建造助成施設」が承認されて「橿原丸《かしはら》」「出雲丸《いずも》」の大型高速豪華客船二隻、全長二二〇メートル、二万八〇〇〇総トンが決まったので、大方の国民は「これで撤兵して平和が訪れるのは間違いない」と思った。

しかし、日本は相手にしないはずの国民政府中国軍の殲滅に向けて四月になって徐州作戦を発動した。敵は巧みにかわし目的は達せられなかった。

戦争遂行能力を高めるため、国内では五月施行の「国家総動員法」が成立した。これにより大規模攻略戦が可能となり、六月には日本軍は蔣介石が逃げ込んだ武漢への攻略を開始した。

ところが世界の目は、以前にも増して日本に集中した。ＩＯＣは「果たして日本でオリンピックができるのか」と迫ったのである。これを受けて日本政府は、苦渋の末「オリンピック返上」を七月一五日閣議決定し、大会は自動的に「フィンランド・ヘルシンキ」に流れていった。

皮肉にも「報国丸」の起工式が執り行なわれたのは、その一か月後の八月一八日であった。

ついに最初のキール（竜骨《りゅうこつ》：船底の中央部で船首から船尾までの強度鋼板、背骨に相当する）が船台に乗って、いよいよ建造が開始されたのだ。

隣の船台には五か月ほど早く建造が始まっていた「淡路山丸」（九七九四総トン）の見上げるような船体が組み上がっていた。この船は、ニューヨーク航路に就航する三井物産の大型高速貨物船で、この時点で造船所最大のものであった。

船舶建造は、陸上建築物が基礎石や束石《つかいし》に配置されるように、角材と厚板を組積《くみづ》みして作った約一・八メートル高の「盤木《ばんぎ》」と称する架台を、建造船舶の船底に合わせて任意の間隔で均一の高さに並べていくことから始まる。

船台中央に前から後ろまでズラリと一列に並べたものを特にキール盤木といい、これを軸として左右対称に配列したものを腹盤木《はらばんぎ》という。建物の基礎石の配列は方形となるが、船の盤木のそれは船底の形状を表した一枚の葉のようになる。

中央のキール盤木上に、背骨《キール》にあたる厚板が敷き詰められると、左右対称に船底となる鋼板が、水平に次々と接合されていく。やがて船底から側面外板になってくると、立ち上がりに曲線加工された鋼板が使用されることになる。

船底全般ができると、その上にまるで菓子折箱の仕切りのように多くの鋼板を垂直かつ縦横に組み込み多区画を作り、その上部に再び鋼板を水平に広く敷き詰めて二重底が完成する。

この二重底は、船底強度の確保と浸水防止のほか、燃料、清水、バラスト水など液体を注入するタンクの役目もあるので、同一目的区画内の壁は、液体流入ができるよう丸い穴が開いている。

さて陸上の建物は、基本的に水平と垂直だけであるが、船の場合はそれに曲線が加わるからややこしくなる。船殻《せんこく》の柱となるフレームという肋骨材《ろっこつざい》は、船首方向と船尾方向に行くほど巧みな曲げ加工を施すことによって船体の流線型が形成されることになるからだ。

各箇所のフレームを一本一本クレーンで船首から船尾まで取り付けていくとまるで林のようになるが、よく見るとなんだか船体の形が連想できるようになるものだ。全部並んだ時点でこれを「肋骨建《た》て揃《そろ》え」といって造船工程の第二段階となる。

この林立したフレームに外板となる鋼板を船体下部から順次接合していくわけであるが、船体中央部はフラットな面が多いのに対し、船首尾側になるにつれ曲面部の接合が多くなり、一枚一枚が全部異なってくるのである。単純な曲面は専用プレス機械で造り出すことができるが、複雑で繊細なものは職人の手仕事となる。ハンマーで叩きバーナーと水をつかって加熱と冷却を巧みに繰り返し、鋼鉄の特性を見極めながら湾曲を作っていくのであるから、神業の職人芸が必要なのだ。

このような鋼板を船首から船尾まで左右対称にフレームに沿って取り付け接合していけば、きれいな流線型の外板が出来上がることになる。

この工程について「接合」という言葉を使っているが、これが大変困難な作業なのである。

この時代、鉄を半永久的に接合する方法は〝鋲接《びょうせつ》〟つまり〝リベット留め〟であった。橋梁、ビルの鉄筋、鉄塔などおおよそ鋼鉄で構築されているものはリベットで留めるのである。

リベット留めとは、布革製品などの小物作りに用いるカシメ金具のように、裏側で開いて留めるというものを連想するとわかりやすい。

しかし造船に使用するリベット作業は、すべてが大がかりとなる。リベットの形状はボルトで連想すれば、ねじ山がなく頭が横から見ると半丸となっている。普通のものは、太さ二〇ミリほどで重さは二五〇から五〇〇グラムである。

接合箇所は、鋼板を重ねるので両方にあらかじめリベット孔という貫通穴があけてある。クレーンで吊ってきた鋼板をリベット孔が合致するように重ね、仮のボルトや鉄棒を所々に差し込み仮接合しておき、残り多数のリベット孔にリベットを打ち込んでいくのである。

「リベットを打ち込む」とは、約千度にもなる溶解《ようかい》寸前の真っ赤に焼けたリベットをリベット孔に差し込み、裏に出てきた余分の長さの〝かしめ代《しろ》〟を専用工具（エアーハンマー）で均等につぶしてやや丸みをもって処理するという作業であり、これを次々と連続して行なうことによって鋼板がピタリと合わされることになる。

この作業は「鋲焼《びょうやき》」「鋲受方《びょううけがた》」「当《あ》て盤《ばん》」「鋲打《びょううち》」などの工員五人一組で行なうのが普通である。

まず〝鋲焼〟とは、リベットを真っ赤に焼く仕事である。これはおおよそ直径六〇センチ高さ一メートルの耐熱容器の炉にコークスと粉炭を混ぜたものを〝ふいご〟で空気を送り、火力を調整しながら、その中にリベットを何個も入れて真っ赤になるまで焼くのだが、このような鋲焼用の炉を「火炉《ほど》」といったことから、グループ自身を指して〝ホド〟と呼ぶこともあった。

そして鋲接作業の流れであるが、真っ赤になったリベットを〝鋲焼工〟が鋲箸《びょうばし》（鋲鋏《ばさみ》）でつかんで〝鋲受方工〟めがけて投げると、それをメガホン似の円錐《えんすい》受け物で受け、素早くリベット孔に差し込むのだ。すると〝当て盤工〟二人が、このリベットの頭を鉄板状または先端にくぼみのついた棒状の金物《かなもの》で飛び出ないように押さえ、その裏側で出てきたリベットの〝かしめ代〟を〝鋲打工〟がダダダーとエアーハンマーで叩き潰してその箇所を密着させる。

このような一連の作業が、ビッシリと並んだ穴に向かって黙々と判で押したように進んでいくのである。これには体力と熟練と度胸が必要なのである。接合は船底から順次上部へと移行することになるが、高くなるにつれ〝鋲焼〟から〝鋲受〟までの高低差が増えるので、そこには下から上に正確に届かなければならないが、それはもう達人技になっているのである。

「焼く、投げる、受ける、差し込む、押さえる、打つ」のタイミングは自然と呼吸とリズムに乗ってくるようになるが、その呼吸が大切なのである。「鉄は熱いうちに打て」の喩えのように、そこには秒単位でリベットを打ち込まなければならないのだ。

〝鋲打ち〟は何組もあり、いつの間にか隣同士で競争になってくるのだが、過酷な中にも絶対に手は抜けないのである。「どこの組だ、ここにリベット打ったのは、水が漏ってるぞ、やり直しだ」と放水による水密検査ですぐにわかるからだ。

リベット作業は、このようにある意味では年季のいる特殊作業であった。建造ラッシュに沸いていた日本の造船所は人手不足に陥っていたので、例外なくここでも本工のリベット職と一見違った集団が大量に作業を行なっていた。

この集団は、とにかく暑いリベット作業中に、いつの間にか上半身裸となった。「暑くて作業服など着れるか」が当然のごとくまかり通ったのがこの時代である。

上半身には決まって両腕から背中にかけて紋々とした刺青《いれずみ》が現れた。なかにはとうとうフンドシ一つになる者もいたが、なんと首から足まで総刺青が出てくる者まであった。このようにして本工顔負けの者たちが、技能に加え侠気《きょうき》と度胸で勝負しながら鋼板をつなぎ合せていくのだった。そこには〝危険できつい仕事〟であっても過去も素性も問わない高賃金の日銭となれば、当然のようにいろんな者たちが集まってきたのである。

このようにして実に九五万本のリベットが打たれ、報国丸が形成されていった。

鋼板を組み上げていく過程で、船底下部にある機械類は、そのつど指定の場所に固定されていくのだが、なんといっても最大のものはエンジンであった。この二基を船底中央部に左右並列に、あらかじめ特別に強度を持たせてあるメイン・エンジン・ベッドに組み上げていくのである。

クランクケース、主軸受、クランク軸、ピストン、シリンダーヘッドと慎重にエンジンを組み立てなければばならない。そしてエンジンから船尾に長さ六〇メートルにもわたるシャフトが伸び、船尾の軸孔《ボス》を出たところでスクリューと連結されるのである。これらの設置はミリ単位の精密さが求められ、取付けも計測も調整も熟練を要するのであった。

この他に、エンジン運転に欠かせない機械類と、それらと連携するパイプや電線を縦横無尽に連ねる作業が続くのである。

船の大きさ

ここで船の大きさを表す「トン」について説明したい。

船の大きさは、やたら〝トン〟が出てきて船の大きさを表現するには、まことに雄大でいいものであるが、これはとてつもなく厄介で必ずしも大きさを表すとは限らないのである。

まず商船でいえば、積載量を表わすのに「容積」と「重量」の二つがあるが、両方とも「トン」を使用するからおかしくなるのである。なぜなら容積には「トン」があるはずがないからだ。

それではなぜ容積も「トン」で表すのかというと、そもそも洋樽《ようだる》の数量を表していたからだ。樽には大小それぞれ名称がついているが、最大の樽を「tun」と称した。この「tun」を何個積めるかの最大樽量を「tunnage」と称したのである。つまり日本語的には「総タル数」といっているわけだ。これを現代英語で「tonnage」と綴り、和訳で「総トン数」と呼ぶことから、あたかも別のトンができたかのように思うのである。

それではこの容積である「一トン」とは数値ではいくらかというと、現在では二・八三立方メートルであって、ほぼ一・四メートルの正方体である。

この総トン数は、昔から容積を重視する貨物船で使用されてきた。その貨物は、木箱や木枠で梱包され、多くのダンネージという緩衝材をはめ込んで積載されたので、そこには容積で満杯になっても重量は余ったのでさしたる注意は必要でなかった。

ところが同じ商船でも専用船になってくると、総トン数で大きさを表すには不適当になってくる。それは鉱石や原油を直接バラで船倉に積み込めば、隙間も埋め尽くされ、容積を満たす前に重量が先に限度となってくるからだ。したがって重量で何トン積めるかが必要になってきたのである。

この単位が、純然たる重量の「トン」（ton：千キログラム）であって、これを「載貨重量トン数」という。したがって一口に〝一〇万トン・タンカー〟といえば、油を一〇万トン積載できる能力であって、「総トン数」とまったく別物となる。

容積の「一トン」とは二・八三立方メートルであると前に述べたが、これが水であれば「一総トン」は「二・八三重量トン」となる。したがって一〇〇総トンの船は載貨能力二八三トンになるのではという推測もできるが、船には安全に航海するための浮力が必要であるから、必ず余分な空間を内部に確保しなければならない。この空間を考慮に入れると、総トン数の一・五〜一・八倍が載貨重量トン数となる船が多い。つまり一万総トン数の船舶の載貨重量トン数は一万五〇〇〇から一万八〇〇〇トンになると見込まれるのだ。

なお「重量トン数」で表現する船舶は、空船状態と積載状態では見た目の大きさがずいぶん違うから、素人目には大きさの判定には不向きだといえる。

ここでもう一つのトン数「排水トン」がある。もちろん商船にも水に浮いている限り常に排水トンはあるが、運動性能や船体強度の確認のほかは商業活動には関係ないので普通は表示しない。

ところが積荷に関係のない軍艦には、この排水トン表示が普通である。このトン数はすなわち軍艦そのものの重量を表しているが、これが必ずしも大きさを表すとは限らないのだ。

鉄の塊一万トンで造った軍艦は、どんなに形や大きさを変えても同じ一万トンである。何が言いたいかというと、同じ重量でも船体の殻《から》が厚いか薄いかで見た目の大きさが違ってくるということである。つまり同じ排水トンであっても装甲の厚い軍艦は小さく重厚で、装甲の薄い軍艦は大きくて軽快であるということである。
重さを表わす排水量も、常備、基準などの違いはあるが、比較のために次に例を上げる（小数点以下切り捨て）。
戦艦「三笠《みかさ》」長さ一三一メートル、幅二三メートル、排水量一万五一四〇トン
巡洋艦「最上《もがみ》」長さ二〇〇メートル、幅一八メートル、排水量一万一二〇〇トン
昭和の巡洋艦「最上」は、明治の戦艦「三笠」より重量は四〇〇〇トン弱も少ないが、長さがある分だけどうしても大きく見えるのだ。このようにして排水トンだけで、軍艦の大きさを比較できないということである。
以上から船舶全般にわたって人間の感じる大小を計るには、トン数だけでは難しいと思える。
それではどうしたらいいのかというと、別の観点から船舶の大きさを比較することもできる。それは人間の身長よろしく長さである。長さであれば理解は容易である。船は立体であるから長さだけでは無理な所もあるが、船種の特徴がつかめれば立体的イメージが浮かび上がって大きさの比較はできるものだ。

進水

進水準備

一九三九年（昭和一四年）、中国での戦争はまだ続いていたが、大規模作戦は行なわなかった代わりに蔣介石援助ルートの遮断を目的に、陸海軍が海南島《かいなんとう》を二月に占領した。

また四月一七日には、米重巡洋艦「アストリア」が横浜に入港し、駐米大使であった斎藤博氏の遺骨を丁重に搬送する大任を果たした。日本は、最大限の歓迎をし、日米友好の式典と行事が行なわれ、乗り組みの水兵さんたちは観光を楽しんだ。

明るいニュースばかりではなかった。五月には、満《まん》蒙《もう》国境をめぐって日ソの武力衝突が勃発したのだ。それは「ノモンハン事件」と呼ばれたが、他国での国境紛争などすぐに終わると日本人は思った。

この紛争中の七月、報国丸は完全に船らしく仕上が

って、外観塗装も終わりいよいよ進水が迫ってきた。船舶は、海に接した傾斜面で建造しなければ海に下ろすことができない。この専用傾斜地を船台と称するが、陸上の建造物が常に水平と垂直の追及作業であるのと違って、傾斜が付いている分なかなか苦労するのだ。

この勾配はわずか三度内外である。たかが小角度というなかれ、傾斜面で作業することがどれだけ不自然であるか、たとえばクレーンで吊られてくる物はすべて垂直であるが、それを必ず船の水平に整合して取り付けなければならないからだ。

しかしこの傾斜があるからこそ、一気に鉄の塊である大型建造物を海上に浮かべることができるのである。

進水について和辻春樹博士の著書『随筆 船』には次のように記されている。

「船の進水ほど一瞬の間に大作業をやってのける例は外には見られないであろう。ともかくも小は数トンから、大は三万トン以上の重量物を僅々《きんきん》何十秒という間に水にほうり込む作業であり、それが造船工程中の重要な一段階であり、また意義深い儀式でもあるのである。一度豪壮そのものの進水式を観た人は必ずやその特種の雰囲気と感激とを忘れ得ぬに違いない」

しかし、ふと「どうして見上げるような船が、大地から滑っていくのか、なぜ建造中に滑り出さないのか」と素朴な疑問が湧いてくるものだ。

船体は、建造盤木《けんぞうばんぎ》（以下、盤木）に乗っていると前述したが、その盤木に乗っている限りは重量圧により少々の傾斜では絶対に動くことはないのだ。

この時の報国丸の重量は、約五八〇〇トンであるが、盤木一個当たりの加重圧は盤木数二〇〇個で計算すれば一個当たり二九トンとなる。いずれにしてもこの重圧力でもって、船体は大地にしっかりと接地しているから微動だにしないのである。

このままでは、絶対に海に入れ込むことはできないので、ここから特別な仕掛けを船底に施していくのだ。

それは盤木の代わりに「スキー板」を履かせて「ス

べリ台」に乗せてやれば船はひとりでに滑り出すというわけだが、オモチャのように右から左へとヒョイと持ち上げてするものではない。ここでは重量移動が必要になってくる。盤木からスキー板とスベリ台に全重量を載せ換えるのだ。

まずわかりやすいように概略説明すると、船台に「スベリ台」となる長い幅広のレールを水面に至るまで二本敷き、その上に船が履くスキーとなる角材を置くのである。

ここで一般的な船台進水作業を述べるとしよう。

実際のところ、建造船台にはあらかじめ陸側から海側に向かって〝スベリ台〟に該当する軌道が中央盤木を挟んで平行に二本設置してある。幅一・五メートルほどで、これはしっかりと地面に固定してあるので「固定台」というが、これが進水用のレールの役割となる。

船を乗せている建造盤木は固定台より高く積んであるので、船底と固定台には五〇センチほど隙間が残っている。

この隙間に、船が履く「スキー」にあたる角材「滑走台」を入れるのである。角材をそのまま入れ込むのは無理なので、長さ方向でやや斜めに切断分離したものを切断面が上下になるよう重ね少々ずらして置けば隙間に入れ込むことができる。あとはずらした分を大《おお》槌《づち》でお互いに打ちこめば隙間がびっしり詰まることになる。

入れ込んだ角材は、それぞれが分離しないように長ボルトやカスガイを使ってつなぎ合せたうえで、間隔保持となるよう固定連結し外側に開かないようにすれば「滑走台」の完成となる。

あとは外側の要所にワイヤを取り付け、上甲板に引き上げ、ターンバックル（両ネジ締具）で締め込めば建造中の船と滑走台は一体となる。

進水する船の写真を注意して見るとワイヤが船体外板に何本も縦に走っているのを見ることができるが、あれこそが滑走台を吊り上げて船底と密着させているのだ。まるでスキー板の足元に紐をつけて離れないように手で引き上げ、斜面を滑るようなものである。

さてここから船体重量の移動作業となる。この時点で全重量は、盤木と「進水台（固定台と滑走台）」で支えられたことになる。

このあと船底にビッシリと敷き詰められている盤木を取り外していけば、船体重量は進水台に移り替わることになる。

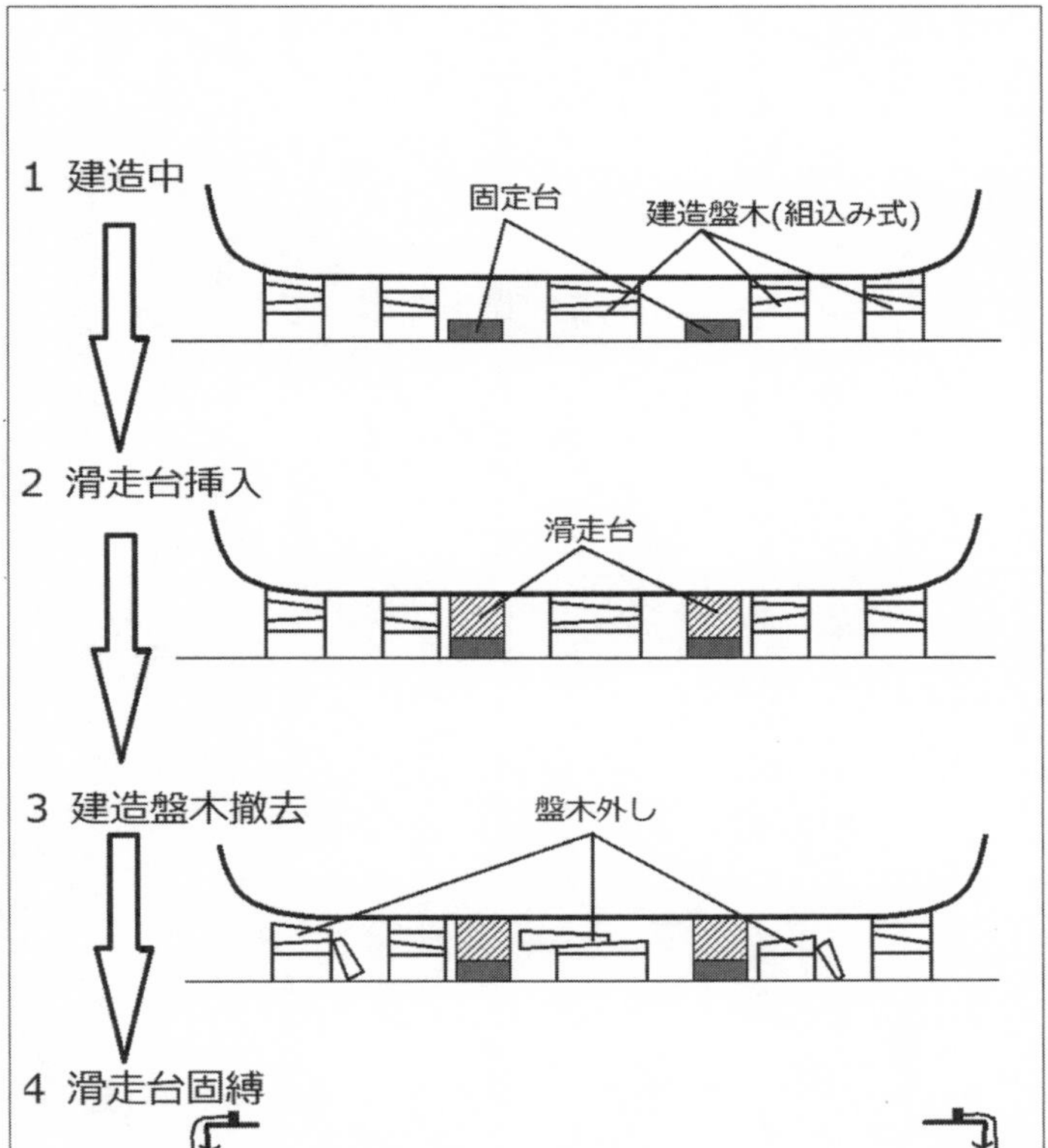

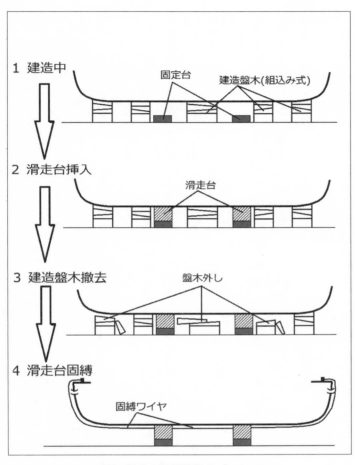

図1 船体の重量移動のプロセス

しかしこれでは重量が移行しただけで滑らないかもしれないので、実は固定台と滑走台の間にはあらかじめグリース役の「ヘット」とよばれる獣脂を塗っておく。したがって重量のかかった盤木を取り外せば、船はグリースのべっとりついた進水台をひとりでに水面に向けて滑り出すことになる。

進水作業はさらに続くことになる。進水までの残日数に合わせて、計画的に盤木を取り除いていくのだ。

盤木というものは、「樫」「桜」「松」などの木材が厚薄の数層になって積んだものになっているが、一部の厚材は上下で斜めに切断して重ねてあるので、締まる方向に打てば船底と密着し、ゆるむ方向に打てば船底と離れバラバラにすることができる。

作業者は、船底下で大ハンマーを振ってこれらをバラしていくのだが、ひと振りごとに船の足元をすくっているように感じる。外せば外すほど船の大地への密着度は減るわけであるから船が勝手に滑り出すような錯覚に陥るのだ。

そして五日前には、約八割の盤木が撤去される。船底外板が盤木と接していた箇所は肝心の船底塗料がまったく塗れなかったので、この時に最後の塗装を行ない五日間で仕上げてしまうのだ。

進水日が近づくにつれ盤木の数は減って船の接地力は減少していくが、とうとう進水前日には、重量がずっしりと乗った特殊盤木である「砂盤木」（便宜的に砂を使った盤木で砂を抜けば高さが容易に低くなるもの）四か所だけとなった。

あとは滑走台を地面から斜めに突っ張り棒で支えている「行止《ゆきど》め支柱」二本と、二条の固定台のそれぞれ左右の側面二か所、合計四か所に取り付けた〝金具〟で滑走台が滑り出さないようにしてあるだけだ。

この金具とは、その〝爪〟を滑走台に引っかけて最後の留め具とするものだが、この可動式装置を〝トリッガー〟と呼ぶ。それは三段の梃子連鎖で〝爪〟を解放するようになっており、特に最初の梃子レバーを引く行為は〝引き金〟に似ていることによる。

いよいよ前日の夜ともなれば緊張はピークに達する。あと数か所に手を加えるだけで滑り出すのであるから、夜を徹して見張りを付けることになる。異常の有無、不審者の侵入などに警戒しなければならないからだ。特に報国丸は警戒を厳重にしたが、それには理由があった。

それは他社での出来事であったが、二年前の一九三七年（昭和一二年）四月二七日、同じ大阪商船発注の「鴨緑丸《おうりょく》」（七三六三総トン）が、進水式当日の朝、誰もいない間に自分で勝手に進水してしまったのだ。臨席予定であった大阪商船の社長は「それは安産でよかった」と問題にしなかったが、絶対に自社の船に同じ間違いをしでかすわけにはいかないのである。

進水浮上

起工からほぼ一一か月後、一九三九年（昭和一四年）七月五日、玉造船所は来客でにぎわっていた。

この日の報国丸は、船首から第一、第四マストを経て船尾に至る空中にきれいに並んだ色とりどりの国際信号旗による満船飾《まんせんしょく》が風になびいていた。船首突端からは縦割りに八分割されて交互に紅白に塗られた直径二・五メートルの薬玉《くすだま》がぶら下がり、船首楼の両舷のブルワーク外には波を表現したかのように連続した半円状モールが船首から順次小さくなりながら七房ぶら下がっていた。

船主側から村田省蔵社長はじめ和辻春樹博士、その他建造監督、官庁側から海軍関係者と逓信省役人、そして玉造船所の社長ほか、幹部たちが紅白の幕が張られた式台に現れた。

まず神事が行なわれた。神主が祝詞《のりと》をあげ、祓清《はらいきよ》め、続いて来賓が次々と玉串奉奠《たまぐしほうてん》を行ない、ついに報国丸に神霊が宿った。

続いて紅白の餅が式台から見学者に向かって投げられた。餅投げも神事であって、これにより災いを払う意味があるが、実際にはお祝いを「皆の衆」に分かち合う意味合いがあった。

娯楽の少ない時代、近隣から集まった人たちにとって進水行事は平々凡々な日常から解き放たれたお祭りのようなもので、これによって気持ちも改まり、おまけに餅まで頂けるのだから、これほどありがたいことはなかった。

「この餅を食べたら安産になる」とか「無病息災」とか、いずれにしても進水は目出度《めでた》いものであった。

次に命名式が執り行なわれた。

大阪商船社長が式台の中央、やや前方に出て恭しく一礼し、厳かにも大きな声で「本船を報国丸と命名する」と告げた。するとそれまでに船首の船名の箇所にあった被幕がスルスルと上がり、くっきりとした〝報國丸〟の文字が現れた。

音楽隊が君が代を奏で、いよいよ国家斉唱が始まった。来賓が揃っている式台から見て左下方の船台の下には技師や工員のほか、一般公開で集まった造船所近隣からやって来た女性、子供を含む住民多数が今か今かと式典の成り行きを見つめていたが、君が代演奏が始まるといっしょになって斉唱し、その声はウネリのように広がった。

やがて式台の進水主任が「進水用意！」の号令を下した。

形式上ではあるが、式台から見えるところの船台両側には、合図の旗を持った旗手と連絡員がいて発令に合わせてきびきびとした動作で旗と号笛《ごうてき》で、あたかも指示に合わせたかのように行動していった。

号笛、ベル、旗によって次々と進んで行き、「進水の用意完了」との報告が式台に伝えられ、手順確認用の金属札がめくられると、いよいよ最後の段階に入っていくことになる。

進水主任は「砂盤木外せ」の号令を下した。

船体重量がズッシリと乗った最後の砂盤木は、式台からは目に入らない船体中央付近船底の片舷二か所、合計四個あったが、それらの底蓋《そこぶた》が解放されると砂がサラサラと地面に落ちた。容積が減って盤木の上面が船底から離れた瞬間、船体重量の支えが一気に抜け大地との接地力は完全になくなった。あとは滑り出そうとしている力を「行止め支柱」と「トリッガー」で留め置いているだけである。

次に「行止め支柱、外せ」の号令が下った。

そして船底の〝斜め突っ張り棒〟が、すかさず取り除かれた。これを見た係員が「行止支柱取外」札を

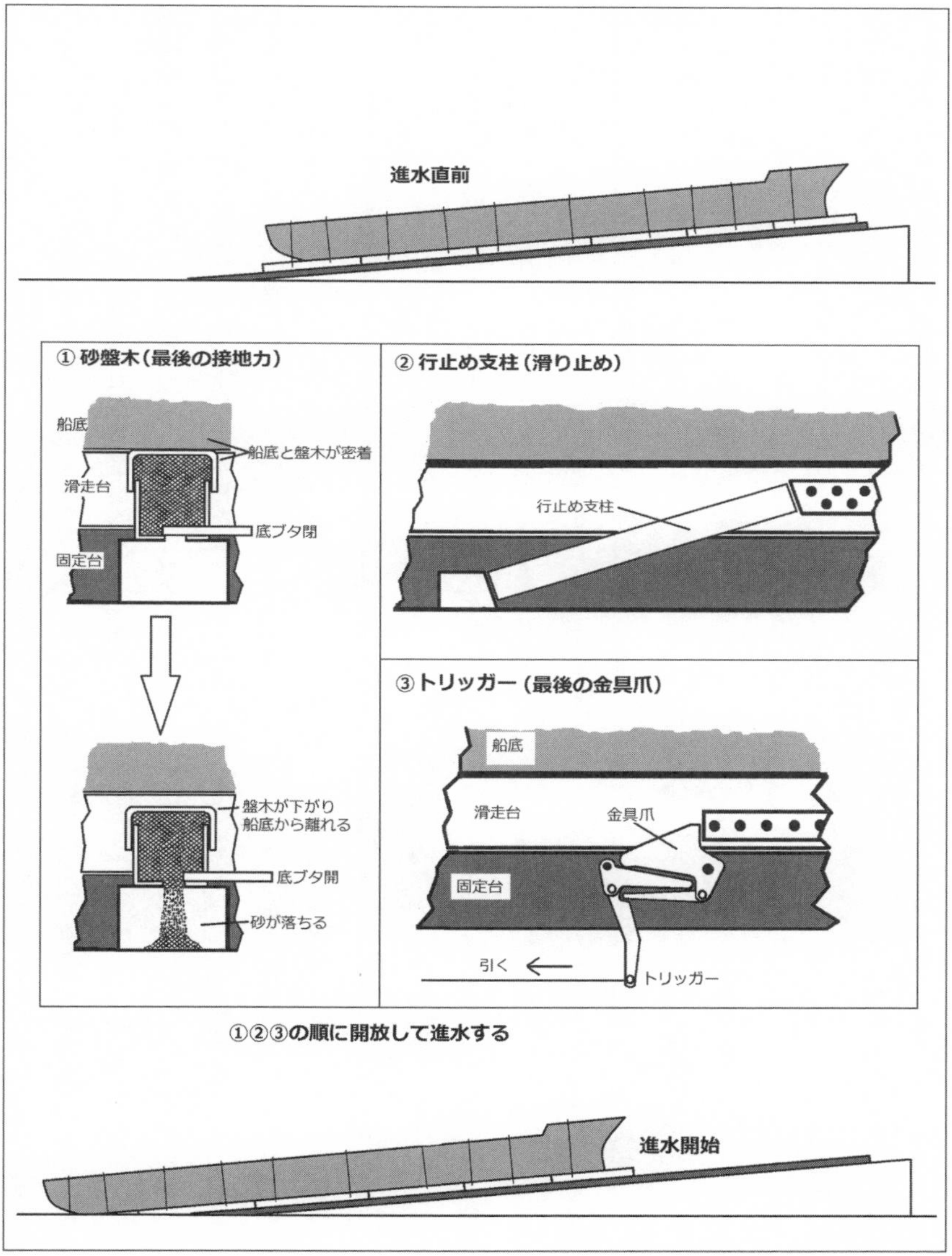

図２ 進水の方法（船底中央にある三つの装置）

〝済み〟の位置にめぐり、いよいよ最終段階となった。

船台の報国丸は、中央下にある進水台の横並び四か所にある金具の爪だけで止まっていることになるが、それはあたかも斜面にある大重量の木箱を両手の人差し指と中指の計四本で必死に止めているようなものである。

式は粛々と進められていき、トリッガーの安全ピンに達した。

「安全ピン、取外し」の号令が下ると、それぞれの担当するピンを引き抜いた四人の要員が、まるで砲弾でも運ぶように重々しく持ってきて所定の場所に置いた。これですべての安全ピンの解放が周囲の全員で確認できた。

船上では、薬玉割りの係が腕時計を見ながら息をひそめて待機していた。

安全ピンが抜かれたトリッガー装置は今や一触即発の状態のもと、解放する者の緊張は最高潮に達した。薬玉割りのロープを引く者、もし滑り出さない場合に備えて滑走台を押す仕掛けのスイッチを入れる者などが、息を潜めて支綱《しこう》切断の瞬間を待った。

支綱とは、文字通り船台にある船を支えている最後の綱のことで、これを切断すると船が船台から海上に滑っていくというものである。昔の小型の船であればそれができたかもしれないが、大型船ではそれはできないので見せかけの支綱が、船首に仕掛けられたシャンペン代わりの清酒一本とつながっていた。

和服を着た大阪商船重役の令嬢が、いよいよ支綱切断の位置に立つと造船所所長から支綱切断の〝銀の斧〟が丁重に手渡された。

この進水斧の左面に三本、右面に四本、合計七本の立筋が刻み込まれていたが、これは天照大御神をはじめ日本古来の七つの神々を表している。したがって進水斧には魔性や邪悪をも断ち切る霊力が宿っているのである。

令嬢は、右手に斧を持ち左手で着物の右裾丈《みぎすそたけ》の振りの部分を引き、繊々《せんせん》たる素手《そしゅ》で持ち上げたが、意外と重いと知ってか左手を添え加え、両手で目の高さまで上げた。

すかさずオルゴールにも似た小箱のような木台に横長に置かれた紅白の支綱に向けて、銀斧が女性らしい振る舞いで落ちた。

息を凝らしてその瞬間を待っていた進水主任は、その呼吸を見計らって支綱に斧が当たる直前に合図を送った。

それは絶妙なタイミングであった。

銀斧《ぎんぷ》一閃《いっせん》、山のような巨体に紅白で包装された酒瓶が振り落ちてバーンと割れた。と同時に船底の片隅で身を隠して待っていた係員が思い切りトリッガーのワイヤを引いた。堪《こら》えていた〝金具の爪〟が待ってましたとばかりに一斉に外れ、滑走台が解き放たれた。

粘性のある獣脂《ヘット》のためか、報国丸は滑るのを一瞬ためらった様子に見えたが、その巨体はかすかに動き始めた。

動き出しを見極めた船上船首にいた係員が、持ち場のロープをぐいと引くと船首に吊った薬玉が割れ目を下に大きく開き、花吹雪が舞い鳩が飛び上がった。

軍艦マーチがひときわ鳴り響くころには、ためらいもなく海に向かって滑り出した。すると時間が止まったかと思う間もなく、船尾が水面に当たって水しぶきが上がった。

「ワー」と歓声が一段高くなったが、それから船首が水面に浮かぶまでは瞬く間であった。

「陸」から「海」へ、それは「静」から「動」となった瞬間である。海に浮くことによって報国丸は、動くことができるようになったのだ。それはまさに生き物の出産を連想させ、その中に〝魂〟が宿るのを感じさせた。

瀬戸内海に浮かんだ姿を見届けたすべての人々の心には、同じような不思議な感傷が込み上げてきたのか一瞬の静寂が支配した。

しかし次の瞬間、式台で拍手喝采に続いて万歳三唱が行なわれると、感動の渦が巻き起って無事に進水が完了したことを祝い合った。

その後、進水祝賀会が行なわれたが、関係者には「報国丸進水記念」「昭和十四年七月五日」「玉造船所建造」と底に刻まれた「陶古」角印つきの備前焼花瓶が贈られた。

進水の二か月後、世界を震撼させるニュースが飛び込んできた。九月一日、ドイツ軍がポーランドに侵攻したのである。ベルサイユ体制の監視役であった英仏は直ちにドイツに宣戦布告をし、第二次欧州大戦の様相となった。

そんななか、九月一六日「ノモンハン事件」が急展開し休戦が成立した。ところが翌一七日にはソ連もポーランドに攻め入ったのだ。この変わり身の速さ、打算的で狡猾というべき対応は、このあと日本にとって要警戒の情勢となっていく。

艤装工事

海軍の要求

艤装《ぎそう》工事とは、進水後に造船所岸壁において各種設備から大小の機器類、それに関連した電線や配管、居住区内の構築、その他諸々の作業すべてをいう。

さて建造を進めるにあたって、大阪商船も玉造船所も軍要求との整合に苦労をするのであるが、英知を絞って克服していくことになる。

軍の要求は多岐にわたるが、要点を述べると、

(1)速力は一九ノット以上

(2)航続距離一万マイル以上

(3)船体各部には防禦隔壁《ぼうぎょかくへき》を成すこと

(4)船首には防雷具《ぼうらいぐ》を装着できる取付け孔を設備すること

(5)甲板間の高さは二・四メートル以上

(6)探照灯、測距具《そっきょぐ》、信号灯の取付けのための場所の確保と強度を有すること

(7)船首尾および両舷《りょうげん》に合計六か所の中口径砲の砲座を準備すること

(8)船倉口はなるべく大きくし、少なくとも一個は長さ一〇・六メートル以上のこと

(9)船倉内の支柱はなるべく最小限度とすること

(10)動臂《どうひ》(デリック・ブーム)は、四基は四トン以上、うち二基は一〇トンと二五トン以上のもの

を常設のこと、なおデリック・ブームの長さは積貨状態において三メートル以上外舷に張り出せること

(11) 中甲板、下甲板の艙内《そうない》に搭載する人員、軍馬のために換気し得る設備を有すること

などである。

速力としては、商用であれば一五ノット程度が妥当であろう。一九ノットの速力要求であれば「たかが四ノットの差ではないか」と思えるが、馬力も燃費も速力の三乗に比例するから、実に二倍の馬力が必要になってくるし燃費も二倍なのである。エンジンの増大は船価上昇につながり、痩形《やせがた》船型の追求と相まって容積の減少となり貨物積載能力は落ちるのである。

船体は全通二重底で、船首から船尾まで八つの壁で仕切られて九分割となっている。この壁は防水となっているので特に防水隔壁というが、軍の要求は防水だけではなく防禦にせよ、とのことであるから、商船の基準より厚みのある強化鋼板を使用することになる。

九区画のうち、船首と船尾の構造は、それぞれ甲板には係船《けいせん》装置、内部には船具倉庫、船底にはバラストタンクがあるが、なんといっても違いは船首には揚錨機《ようびょうき》と錨鎖庫《びょうさこ》、船尾には舵取機《かじとりき》があることであろう。

この船首尾の二区画を除けば七つの区画となるが、中央が機関室でその上部が居住区《ハウス》となっている。残りの六区画が船倉となっているので、前部から数えて一番船倉、二番船倉、三番船倉、機関室、四番船倉、五番船倉、六番船倉となっている。

防雷具の取付け孔であるが、これは直径一〇センチほどの穴で船首の先鋭部の水面下喫水二メートルの箇所に左右貫通して作ったただの穴二個である。

この場合の防雷具とは、左右の船首甲板にパラベーンという水中凧《だこ》とそれにつないだワイヤからなる。使用法はワイヤの先端をこの穴を通してお互いを反対舷の船首甲板に引き上げウインチに巻き付け、いよいよ掃海面に進入したならば航走しながらパラベーンを水中に投下しウインチのワイヤを伸ばしていくだけである。

パラベーンの翼は船体から離れる構造になっているので、船が前進すれば水中のワイヤは船首から「ハの字」に広がり、水中機雷の係維索《けいいさく》がこれに引っかかりパラベーンによって切断されるという仕掛けである。

砲座の設置場所は、合計六か所に、砲の重量と衝撃に耐えうるよう下部構造は強力な支柱が施工され十分な強度を確保したが、そのぶん居住と貨物の区画が一部圧迫されたものになる。

さて荷役装置と船倉口《ハッチ》であるが、長さが一〇・六メートルは報国丸にとっては長すぎる。船首から船尾にかけて甲板には、一番から六番までハッチがあるが、これは甲板に大きな穴が六か所あることを意味する。その二番倉だけを一〇・六五メートルとし、五番倉が九・九メートル、残りのハッチは六・五メートルとした。

甲板上の間口を広げれば広げるほど甲板強度は落ちるうえ、蓋をするのが大変なのである。それは構造上、次のようにして木製の蓋をしていくからである。

まずはハッチの両側にまたがる複数の鉄製のハッチ・ビーム（取り外し式の梁《はり》）をデリックで等間隔に取り付け、その間にハッチボードを敷き詰めるのであるが、広ければハッチボードの数は増えるのである。

ハッチボードとは数本の角材を鉄バンドで一体化した長さ一四〇、幅三〇、厚さ七センチほどのもので、これを船員二人で持ち上げてビーム間に一枚一枚ビッシリと敷き詰めて行くのである。この作業中うっかり敷き詰めていない箇所に足を突っ込むと船倉の中に墜落することになるので、大変危険な作業でもあるのだ。

したがって商船としての強度確保と浸水防止、労力軽減としては、その半分の五メートル程度が妥当であろうと考えられるのだ。

各船倉には、荷役装置として前後部に二組ずつ合計四組の門型の揚貨柱《ようかちゅう》（デリック・ポスト）と合計一六本の動臂（デリック・ブーム）と電動式の揚貨機（カーゴ・ウインチ）がある。

この荷役装置のデリック・ブームに一〇トンと二五トンの能力が軍の要求である。荷役装置は、デリック・ポストとデリック・ブームからなり、それぞれ強力なワイヤをめぐらしてつながっている。ポストの方は強度を持たせた固定支柱であって、そのポストの下部から枝分かれしたように伸びている棒状のものがブームである。

ブームは、下部を支点として先端は上下左右に振れるようになっており、任意の角度と方向をワイヤの張力で固定して物を吊るようになっている。

ここで前記の荷役装置をわかりやすく〝魚釣り〟で説明すると、デリック・ポストは釣人、デリック・ブームは釣竿、カーゴ・ウインチはリールである。なお釣糸にあたるワイヤはカーゴ・フォールという。

このデリック・ブームの強度は一番と六番船倉が六トン、三番と四番船倉が三トン、二番船倉の船首側が二五トンで船尾側が三トン、五番船倉の船首側が三トンで船尾側が一〇トンとなっている。

以上の三トンから六トンの強度がアフリカ航路で取り扱う貨物と合致した荷役能力であるが、ハッチの広さと合わせて勘案《かんあん》すると、軍は大砲、戦車、上陸用舟艇などの積載を想定しているのだろう。

不思議なことにカーゴ・ウインチの能力は五トンである。これは輪車《シーブ》の多い動滑車《テークル》を使って倍力を増すことができるので、減速装置と同理論で力学的に二五トンの力を出せるのである。

居住区

居住区中央のハウスは五階建てになっている。どこから五階建てかというと、上甲板（アッパー・デッキ）からである。上甲板とは、船首から船尾まで一直線にあたかも船体にフタをしたようなもので、構造的に全通甲板ともいい垂直方向の基準面になっている。

この上甲板をはじめ各デッキはチーク材を敷き詰めた木甲板となっており、人の歩行にはとても心地よいものになっている（注：当時日本はチーク材の入手が困難となっており、米松の使用も考えられるが、ここでは最適のチーク材とした）。

まず一階は、上甲板の中央に前後長七一メートルあって前方三分の二が乗員居室になっている。右舷側にはズラリとエンジニアの部屋となっており、機関長から各階級の機関士の一人部屋が並んでいる。その後方には医務室やドクターや看護婦の部屋となっている。左舷前方は事務室や事務員たちの部屋があり、その後部には大きな厨房《ちゅうぼう》とパン焼き室、肉加工場がある。

さらにその後方には、二段ベッド設置の二人、四人、六人用の部屋一三室と食堂、ラウンジがあり、四八人の船客がくつろげるようになっている。この区画のことを船舶明細では「二等客室」と記しているが、大阪商船は一貫して「特別三等客室」と呼んでいる。

次に二階だが、船橋楼《せんきょうろう》甲板（ブリッジ・デッキ）と呼び、全室が一等客室となっている。シングルが二一室、ツインが一二室（六室がバス付き）で、さらに特等ともいうべき豪華な特別客室がある。岸壁から船内に乗り込むにはタラップという外付けの階段を上って一階に到着するのが普通だが、一等客室のある二階へはもう一段高い踊り場へとタラップをさらに上がれば、その入口ドアに直接到着できる。

右舷付けしているとすれば右舷前方のドアから船内に入ることになるが、左側に目をやると木甲板の舷側通路が船尾方向に延びており、それはぐるりと回って左舷まで連なっている。そして内部に足を踏み入れると不思議な空間に迷い込んだような錯覚に陥る。

そこは単なる通路ではなく椅子やテーブルのある広々としたエントランス・ホールになっているからだ。

真っ直ぐに進むと左舷前方の入口ドアに通じるが、その間に前後方向に延びる廊下が左右舷に分かれて二条もあり、さらに後方にはまたしても後部エントランス・ホールがあって、そこにも外舷通路に通じるドアが両舷にある。つまりこの二階は〝井〟の字のように通路で九分割されているのである。

中央のブロックは、エンジンルームからの吹き抜けケーシングになっており居室はないが、船首側には〝螺旋階段〟船尾側には〝踊り場付き両返し階段〟がある。

船尾側のものを説明すれば、ホールから船首向きに左右平行に二本の上り階段があって半階昇ると横長の

**報国丸居住区（ハウス）
三甲板フロアー詳細図**

報国丸

舞踏室（ボール・ルーム）

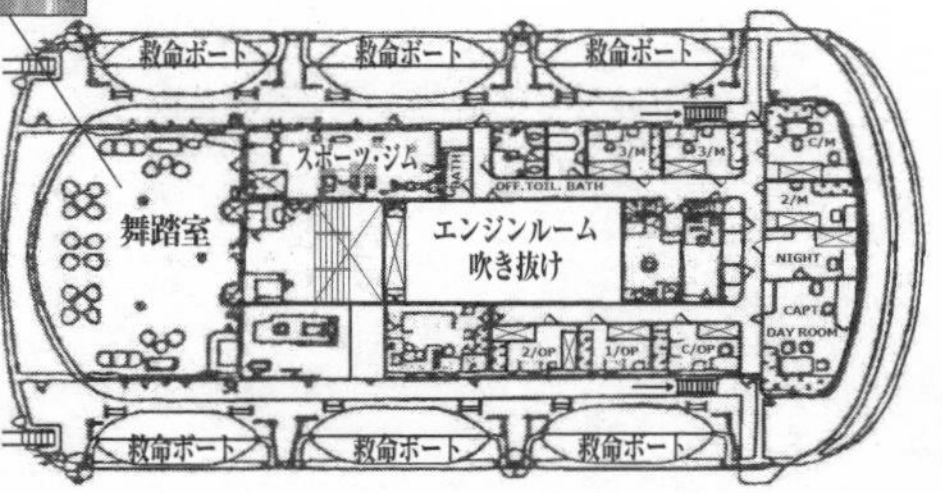

四階 ボート・デッキ（BOAT DECK）

食堂（ダイニング・サロン）

喫煙室（ラウンジ）

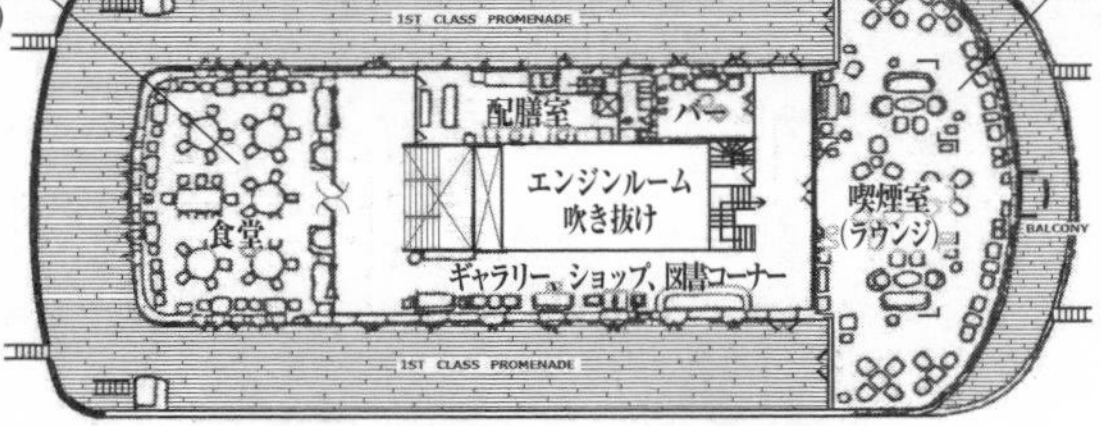

三階 遊歩甲板（PROMENADE DECK）

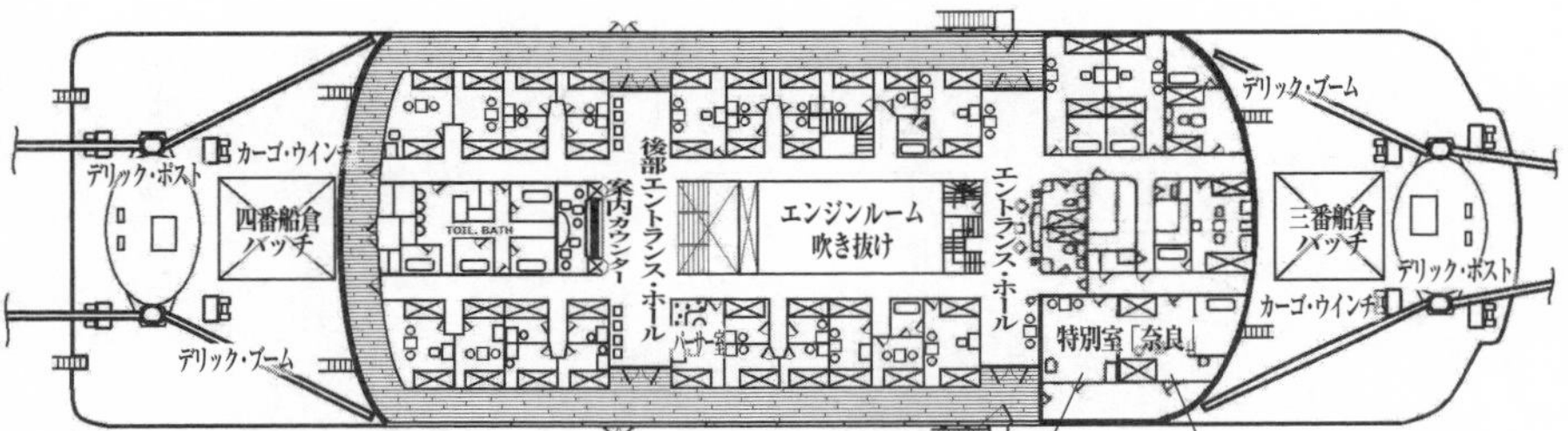

二階 船橋楼甲板（BRIDGE DECK）

特別室（スイートルーム）「奈良」の居間（左）と寝室

踊り場に到着、そこから中央船尾向きに一本の広い階段となって階上のホールへと至るようになっている。

さて右舷前方のブロックだけは〝奈良〟という日本の古都がイメージされた名称の特別室、いわゆる〝スイートルーム〟になっている。

内部のリビングルームは、古都の奈良が近代と融和したように和風柄の絨毯が敷き詰められ、数脚のソファーが円形テーブルを囲んでサイドボードなどとよく調和して置いてある。また壁には古都風景や往昔の人物を描いた日本絵画が飾られている。

そこからガラスドアを開けカーテン仕切りから船首側隣室に入ると、そこは豪華な寝室になっている。ベッドは左右に分かれて置いてあるが、ヘッドボード上部の壁に繚乱《りょうらん》として咲く花がこれまた和風のタッチで描かれている。

ベッドルームとリビングルームにはそれぞれ右舷側にドアがあり、どちらからでもベランダに出ることができるが、そこは閉じた空間ながら縦長の大きな窓が五連も並び、海の眺望が楽しめるようになっている。

あとのブロックは、ほぼ客室が並んでいるが、中央後部のホールに面した所には案内カウンターがあってインフォメーション・センターとなっている。その他、暗室、アイロン室、理髪室、美容室などがある。

さらに三階は、一等船客用の公室となっている。この階は日本語で〝遊歩甲板《ゆうほこうはん》〟というが、通りがいいのはやはり横文字の〝プロムナード・デッキ〟であろう。

船首側には船幅いっぱいを使った一等喫煙室（スモーキング・ルーム）という名称であるが、喫煙部屋という意味ではない。ここは一等ラウンジなのである。つまり一等船客の休息公室で娯楽と社交の場なのである。前面はゆるやかな円弧になっていて両舷まで続いているが、この周囲は縦長のフレームレス・ガラスがふんだんに使われ、船内随一の展望を楽しむことができる。さらに天気のいい日は前面の中央部から外に出られるようになっており、そこは船幅いっぱいにバルコニーが広がり海風の涼を満喫できるようになっている。

ラウンジ後面中央にある大きな両開きドアを開けて、通路広間の斜め右手、つまり左舷側には瀟洒《しょうしゃ》なバーがあって、いつでも飲酒を楽しむことができる。

また左側へ行くと、つまり右舷窓側のダイニング・サロンに通じるギャラリーであるが、そこにはファンシー・ショップ、書籍・雑誌が揃った図書コーナー、小卓や椅子、それにソファーが置かれていてくつろげるようになっている。

左舷窓側には、パントリーという配膳室があって、調理室からリフトで次々と運ばれてきた料理がボーイによってきれいに盛り付けられ、船尾側にあるダイニング・サロンにすぐに運ぶことができるようになっている。

一等船客は、階下後部の両返し階段の幅広い階段を上がってくることになるが、昇り詰めると正面にこのダイニング・サロンのドアが目に入ってくる。そこには一等船客全員が一度に座れる広さとテーブルがあり、それらは二人、三人、四人、六人掛けと多彩な組み合わせができるようになっている。

さて四階であるが、ここをボート甲板（ボート・デッキ）という。それは救命ボートの収納場所になっているからで、両舷に合わせて六隻のボートが搭載してある。そしてここは万一の場合、全乗員乗客が集合して人員点呼のうえ、ボートに乗り込み脱出する場所でもある。

このデッキの後部は、舞踏室（ボール・ルーム）になっており、広々とした空間の周囲にはテーブルや椅子が置かれ、ダンスに疲れた体を休めるようになっている。もちろんこの部屋からの展望も素晴しく、航海中であれば白く輝く航跡を眺めることができる。その左舷前方には各種器具を備えたスポーツ・ジムがあり、適度な運動を楽しめるのだ。

この四階が少々異なるのは、前半分が船長はじめ高級船員および通信長と通信士の居室となっていることだ。その理由は、船長と航海士は船橋《ブリッジ》に、いつでも素早く行けるようにという配慮からであり、通信士にとってはこのデッキに無線室があるからだ。

最上層の五階は航海甲板（ナビゲーション・デッキ）

といい、航海に関する計器や用具がビッシリ詰まっている操舵室、それに世界中の海図が保管収納してある海図室からなる。

これらを総称してブリッジといい、いわゆる船の頭脳となっている。船長や航海士はこの場所で操船、見張り、天体観測をして、船の安全運航と正確に目的地に到達する仕事を行なうのである。

最後に三等客室の場所は、上部を建築物と同様、一階二階と記述したのと同じようにいえば地下一階となる。地下とは穏やかでないが、正式には第二甲板（セカンド・デッキ）といって全通甲板のすぐ下の階であるから、水面よりはずいぶん上部になる。船体そのものの一番上部になり、外部からよく見ると黒い船体の中に丸窓《スカットル》が中央部から後部にかけてずらりと並んでいるのがその場所である。

中央のハウスの直下は甲板や機関室で仕事をする甲板員《セーラー》と機関員《オイラー》の居住場所となっているが、その後部の四、五番船倉の倉口《ハッチ》を囲んでいる箇所が三等客室になっており、三一二人を収容できる二段ベッドが並んでいる。

報国丸が今までの旅客船と異なるところは、客室、公室の装飾設備から調度品に至るまで純国産品を使用したことである。船内はあくまで洋式であるが、これとよくマッチした日本趣味を織り込み、いかにも日本国策船らしく和魂洋才的な造船技術の素晴らしさを世界に誇示する狙いが含まれていたのである。

いずれにしても、このような公室から個室までを仕上げていくのだが、配管から配線、断熱材に内貼り、内装、室内装飾など多岐にわたっていく。

電波機器は最先端の無線方向探知機を備え、通信関係は長、中、短波無線送受信機のほか、国際無線電話装置をもって欧州航路および太平洋航路の定期船を中継して連絡できるようにしてある。

機関室

エンジンとは、正式にはメイン・エンジン（main engine）、日本語で主機関（主機）といい、船を動かす動力、いわば心臓部である。

この主機は、明細表によれば、「ディーゼル式発動機、二衝程《しょうてい》単動一二筒」とあるが、わかりやすくいえば「ディーゼル機関、二サイクル、単動、一二気筒」である。

三井物産造船部は一九二六年（昭和元年）デンマークのB&W社と技術提携を結び、玉工場でライセンス生産したので、その名称は必ずといっていいほど「三井B&W」と冠称する。

これを踏まえて、エンジンの名称、諸元は「三井B&Wディーゼル機関、二サイクル、単動、トランクピストン型、一二シリンダー、筒径六二〇ミリ、行長一一五〇ミリ、回転数一二五rpm、六五〇〇馬力」となる。

この中の「単動」とは何かというと、「複動」に対する方式を示す。複動とは蒸気機関に代表されるようにピストンを双方向から押すものである。

黎明期の大出力ディーゼル機関は、ピストンを上下方向から押していたのである。蒸気機関と違ってディーゼル機関となれば燃焼行程装置がピストンの上下にあるわけで、特に下部シリンダーにはピストンロッドが通過する穴も開いているので構造が複雑極まりなかったのだ。

その複動に対してピストン上部にだけ燃焼装置があるものを単動といったのである。現在のエンジンは自動車から船舶まで単動であるから、わざわざ「単動」とはいわない。

単動になったことで構造がシンプルで軽量化しただけではなく、回転もスムーズで出力もまったく変わらなかったのである。

トランクピストン型とは、長いピストンロッド経由ではなく、車のエンジンのようにピストン直結の連接棒でクランクを回すものだ。

このエンジン二基を並列に取り付け、合計一万三〇〇〇馬力の推進力で、軍要求の速力一九ノットを生み出すことができた。

機関室にはその他、発電機やボイラーなどの補機類、その燃料ライン、清水、海水ライン、電線などの管系統や電線系統が網の目のように設置されていくことになる。

この当時、船の動力はまだ蒸気機関（レシプロ・エンジン）が多いなか、徐々に内燃機関（ディーゼル・エンジン）が普及していたものの、甲板機器や荷役装置の動力も、調理や風呂の熱源も従来通り蒸気を利用したものが普通であった。

そんななか、報国丸は最先端の優秀船舶らしく船内船上すべてに電気を使用とした。いわゆるオール電化である。

発電機は、二二五ボルト、三六〇キロワットのターボ直流発電機三基、小型器具の電源として三五キロワット交流発電機二基があった。船内の電源使用は、主機関連の機器類、ポンプ類のほか、荷役ウインチのモーター、揚錨機、係船機、送風機などから航海、通信、照明、厨房器具、冷凍機、居室冷暖房など多岐にわたり大変先進的であった。

消防設備は、燃料として重油使用の関係上、エンジン周りの各所には液化二酸化炭素による消火装置の外、弁を開けばたちまち消火用水を注入撒布する設備があった。

海上試運転

播磨灘

一九四〇年（昭和一五年）五月、いよいよ試運転が始まることになった。試運転とは海上で実際に航走することで、船の性能を確認し数値で求めるものである。

船上には造船所の船体技師、設計技師、機関技師などが多数の計測要員とともに乗り込み、発注者の大阪商船からは工務監督のほか、艤装員長の初代船長をはじめ航海士、機関士、主要乗員の艤装員、そして海軍からも艦政本部第四部の監督が乗船した。また第三者立会者として証書を発行する立場の帝国海事協会からも検査官が乗船した。

海上での実航走であるから、テスト・パイロットや同ドライバーがいるように造船所にも甲種船長免状を有した専属のテスト・キャプテンがいた。これを業界

播磨灘で海上公試運転中の報国丸（野間恒氏提供）

では〝船渠長《せんきょちょう》〟、あるいは〝ドックマスター〟と呼んだが、これが運転船長を務めるのである。

船体の前後部、両舷合せて四か所に大きな日章旗がひときわ目立つように描かれていたが、これは欧州戦争勃発にともない、中立国日本の船舶であることを明示するよう逓信省が通達を出したことになる。

船はドックマスターの操船で岸壁を離れ試験海域に向かった。まずは東の播磨灘《はりまなだ》に向かって走りだしたが、試験はすでに始まっているのである。震動の様子、舵の具合、エンジンの調子など最初から監視されるのだ。試運転は、漁船が少なく貨物船の往来に邪魔にならない水域を選ぶことになる。

大型船舶は自動車、飛行機と違って直接に運転や操縦はしない。その理由は、船舶はとてつもなく大きく、どれをとっても大がかりで分業しなければ取り扱いできない乗り物であるからだ。

判断する人のことを操船者といい、船長または当直の航海士である。操船者は、周囲の状況に応じて、どの方向に向けるのかを決断し、操舵員《そうだいん》に舵角号令を出すのである。そこに「ハード・スターボード」「ポート・イージー」「ステディー」などの言葉が操船者から発令され、操舵員は神経を研ぎ澄まして忠実に舵輪《だりん》を回し、舵角を取り、あるいは定められたコースを直進するよう操舵するのであるが、そこには熟練を要する技能が必要なのだ。

　また船速の増減は、スロットル操作をブリッジで行なうのではなく、機関室にテレグラフで指示を伝えるのみである。その伝達装置であるテレグラフは、ブリッジのどちらかといえば右舷寄りにあり、一見すると厚みのある大きな時計のように見える円形の指示器があって、レバーが付いている。

　レバーは前後にカタッカタッカタッと動くようになっており前に倒していけば前進の「D.SLOW」「SLOW」「HALF」「FULL」とエンジン回転の増加を指示するようになっている。同じものが機関室にあって、ブリッジからの指示針が「HALF」から「FULL」へと振れればけたたましいベルが鳴って「FULL」の位置に針を合致させるまで止まらない。機関室では、まず針を「FULL」の位置に合わせベル音を止め、すかさず機関士が手動でスロットル操作し「FULL」の回転数まで上げ、船の速度が上がるというものである。

　なおテレグラフのレバーは後ろ側に倒していけば後進の指示で同じく「D.SLOW」「SLOW」「HALF」「FULL」となっているが、これは逆回転を表し文字は通常赤色にしてある。「D.」はdeadの略号で〝ギリギリの〟とか〝目いっぱいの〟の意味である。

　このようにして大型船は、操船者、操舵者、操機者の分業で運航され、それぞれ当直交代しながら遠大な時間の航海が続くのである。

　報国丸は小豆島の南を通過して大角鼻《おおかどはな》を通り過ぎると、播磨灘に出た。東は淡路島、西は小豆島、北は兵庫県、南は香川県に囲まれた比較的広く波静かな試運転にはうってつけの海域である。

　最初の「旋回試験」担当の試験主任が船長のドックマスターに尋ねた。

「旋回試験を行ないます、右左どちらからがいいでしょうか」

「うーん、左には漁船がいるな、右からいこう、計測員は配置に着いたか」

「はい、着いています」

「ようし、ハード・スターボード」

操舵員が「ハード・スターボード」と復唱して右舵をいっぱいに切った。

船は徐々に船首を右に振りだしたが、いよいよ設計の計測要員は、目の回るような忙しさとなった。船側から海中に投木《なげき》を投げる者、二か所で旗を振って通過を知らせる者、ストップウォッチを押す者、船首方位を記録する者、角度を計測する者などであった。

やがて、一周すると右回頭の測定が終わり、同じコースで速力の回復を待って次は左回頭の計測となる。

設計要員は、のちにデータを総動員して右旋回と左旋回の航跡図を描き旋回圏《せんかいけん》がどれだけの直径になったかを知り、本船の性能図を描くのである。

ほかにも似たような、左右交互に同じ舵角で舵を切って船首がどれだけ振れたかの「操舵試験」もある。

また「最短停止距離試験」であるが、これは全速航走中、他船や障害物を避けるための参考データで、いわゆる車でいう「急ブレーキ」である。

船にはブレーキはない。だからブレーキにあたるものはスクリューの逆回転である。しかし一万トンを超す船舶は、エンジンを停止してもかなりの速力で前進を続けているから、スクリューの受ける負荷は大きく、いきなりブレーキはかからないものだ。やがて前進惰力が落ちてきたところで、やっと強制的に後進のエンジンを回すことになる。

船は動力で制止されることになるが、それでも簡単に止まるものではなく、完全に停止するまで何百メートルも進むことになる。このとき要した時間と進出距離を求めるのがこの試験である。

また、主機関《エンジン》の試験としては「燃費計測」「機関操縦試験」「最低回転数」など多くあるが、ほかにも錨を実際に投下する「投揚錨《とうようびょう》試験」「磁気コンパス修正」「無線方位測定機の誤差計測」などが行なわれる。

このようにして試運転は、周囲の状況を見ながら、ドックマスターと運転主任と試験主任との共同で行なっていくこととなり、船主側や海軍の承認を得て一つひとつ終わっていくのである。

これらの試験が、造船所の岸壁を離れ、日帰りであったり数日かけたりして繰り返し行なわれるのだ。

それでも海上試運転の目玉は何といっても「速力試験」である。船舶の速力はエンジン馬力と船体重量と船型で決まってくるのだが、この三要素は相関関係にある。馬力は比例し、重量は反比例となる。船型が細いと速くなり太いと遅くなる。馬力を大きくすれば、そのぶん重量が増えるし、船型を細くすると積載量は減ってしまう。

なるべく小さいエンジンで、積載量は一トンでも多く、速力は一ノットでも速くという、この相反する要素をいかに克服するかに造船所の設計技師は腐心するのだ。そのため水槽実験を繰り返して、やっと理想の船型を決めたのだが、速力試験によって実証結果が出るので従事してきた技師はその結果に固唾を呑むことになる。

「速力試験」は、播磨灘の北方向にある家島諸島の南で五月一三日と一六日の二日間を使って行なわれた。家島諸島の坊勢《ぼうぜ》島《じま》、黒島、太古島には速力試験用標柱《ひょうちゅう》があるからだ。

この標柱とは、電柱を二回りも三回りも大きくしたような柱で、その頂点には目立つように三角形象板《けいしょうばん》が付けてあり、遠目にも判別しやすいように全体は白く塗装してある。

まず二本の標柱が、海側と山側に距離を置いて立っているのであるが、これをＡとＢとすると、このＡＢ線上と平行線になるようさらに二本の標柱ＣＤが別の位置に立っている。ＡＢとＣＤがなす直線は平行になっており、この間隔がちょうど一マイルであるため、この標柱間をマイルポストともいう。この二つの線上と直角となる沖合の海上を船が走り速度を計測するのである。

報国丸は、西側からコース八二度の速力試験針路に入った。助走の四マイルを航走したら計測点である。

観測者が双眼鏡でひたすら坊勢島の地形を見て、マイルポストを確認し、刻々と迫る二本の標柱を見つめていた。ストップウォッチを手にした計測者三人が今か今かと緊張しながら待っていた。遠近二本がいよいよ迫って来た頃合いを見たベテラン観測者が「ハイリカタ……ヨーイ」と大声で合図するとブリッジは緊張に包まれた。

二本はすぐに重なって一本になった瞬間「テェー」と叫び声にも似た声があがったのと同時に三人はストップウォッチを押した。速力計測が開始されたのである。

やがて一マイル先の二本の標柱は黒島と太古島に別々に立っているが、この二本も船が進むにつれ接近してくる。観測者は双遠鏡で再び凝視する態勢に入った。

熟練の操舵員がなす業は、最小限の舵角で見事な直線航走をしているのは二条の白い航跡からもすぐにわかった。

計測員は、ストップウォッチの刻む秒針を見ただけで経験上、おおよその船速を判定できた。「まだか、まだか」と待っている時「デカタ……ヨーイ」の発声が聞えた。そしてすぐに「テェー」の瞬間、ボタンを押した。

このようにして往航の計測が終了したが、そのままの回転数であと四マイル走行し、一八〇度反転し二六二度の復航針路に入るのだ。

同じように計測し、標柱間沖を一往復して一回目の計測が終了、あとは必要回転数に上げながら同じことを繰り返すのである。

計測時間からどのようにして船速を求めるのかは、一時間に何マイル航走したかに換算すればよい。たとえば一マイル標柱間の計測時間が五分であったとすると、これの一二倍が六〇分であるから、一マイルも一二倍すると一二マイルとなる。したがって一時間で一二マイル航走したとして、これを一二ノットと称して船速を表すのである。〝ノット〟の単位は「時間当たりのマイル」であるからして「時速一二ノット」のような表現は絶対にしてはならない。

ノットはロープの結び目の「knot」が語源であるが、等間隔で結び目を付けたロープを船尾から流し、結び目が何個出たかで船速を測ったことに由来する。したがって「knots」と複数で表すこともあるが、どちらも用いられている。日本ではこの本来の語源に重点を置いた「節」を用いて速力「一二節」と書くこともある。

話を元に戻すが、このマイルポストで報国丸が計測した最高速力は二一・一四八ノットであった。この快挙に設計技師は大喜びし、機関技師は驚嘆し、海軍監督官は満足した。

すぐに設計技師から運転要員にメモが渡され、そのメモを最終的に受け取った工員が急いで船尾の方へ走って行った。船尾楼《せんびろう》甲板（プープ・デッキ）には、なんと鳩小屋があって伝書鳩が一〇羽ほど入れられており、その中から三羽を取り出し、メモをそれらの足の通信筒に入れ、上空に放った。

「何をしているのですか」と、怪訝そうな顔で大阪商船の艤装員が尋ねた。

「一刻も早く会社に知らせなくてはと思いましてね、いい速力結果が出たそうですから、事務所の奴ら喜びますよ、おたくの会社には造船所から電話でいくと思いますよ」と工員は言った。

「それで鳩はちゃんと着くのですか」

「はい、こいつらよく慣れてますから、十中八九は大丈夫です」

艤装員は、さらに尋ねた。

「そんなこと、りっぱな無線機と無線電話もあるからそれを使ったらいいではないですか」

「それがですね、そうしたいんでしょうけど、逓信省からの無線局開設許可がまだ下りてないので駄目だと技師が言うのですよ、それで仕方なく、こんなことやっているのですが、自分としては仕事になっているから構いませんがね」と工員は答えた。

マイル：海里

ここで〝マイル〟について少し解説したい。

欧米で一般にマイルといえば一六〇九メートルであって、語源は人間の歩幅を基にしてその千倍(mille)がマイルの由来となったという。この単位を漢字では〝哩〟と書いて表す。

この陸上での単位を、そのまま海上に採り入れたばかりに「二つマイルがあってそれぞれ長さが違う」と混乱が生じるわけだ。

海上で使うマイルは、正式には「nautical mile(海上のマイル)」といって明確に区別してあり、日本では〝マイル〟といえばこの〝海上のマイル〟であって、海と空の世界でしか使わない専門用語であるから大きな混乱は生じていない。

しかも「海里《かいり》」という新語で表わしているうえにその単位を〝浬〟と書き、陸上の〝哩〟と区別してはいるが、読みは〝マイル〟としているところが造語力のすばらしいところだろう。

したがって本書で「マイル、浬、カイリ、海里」が混在しても同じものであると理解されたい。

すると陸と海のマイルは、なぜ長さが違うのかと素朴な疑問を持たれる方が多いと思うが、海上のマイルは、古今東西の距離や長さの概念とはまったく違うものなのだ。

それは地球が球体であって、その上を行くことから始まるが、それではどうしても長さではダメなのである。なぜかといえば、広い海上では、毎日毎日が見渡す限りの海ばかりで陸上のような物標による地理的変化は望めないからだ。

だから球体表面の位置移動量を表すには、距離ではなく地球の中心から何度の角度を移動したかの方がすこぶる便利であることがわかったのである。

球体の中心を通る円周はどこをとっても三六〇度であるが、たとえば最小の角度一度を取るとすると地球表面に一度に対する円弧が存在することになり、さらに一度を六〇等分した角度の最小単位である一分にも円弧が存在することになる。

この中心角一分がなす地表の円弧が〝海上のマイル〟なのである。

メートル法では、北極から赤道までの九〇度がなす子午線円弧長を一万キロメートルと決めた。したがって一度あたりの長さは、一万キロ÷九〇度＝一一一・一一一一……キロとなり、さらにこれを六〇分で割ると一・八五二キロ、すなわち一マイルは一八五二メートルとなるわけだ。

これで陸上マイルと海上マイルの相違が理解できるが、断っておくがあくまで一八五二メートルは地球表面上での長さになる。つまり一マイルは確かに一八五二メートルだが、一八五二メートルが一マイルではないということだ。

たとえば、地球より半径の小さい火星では短くなり、半径の大きい木星では長くなる。同じように高度一万メートルを飛ぶ飛行機は、厳密にいえば地表の一マイルより三メートル長い一八五五メートルとなるのだ。

それでもなお「必ず角度で表した方が本当に便利なのか」との疑問が残るが、それは海洋での唯一の目標は天体であって、それを測るには角度しかないからである。刻々と変化する太陽や星の位置は、瞬時における水平線からの高度（角度）によってしか、とらえることはできないが、この高度こそ、自分の現在位置を知る原点なのだ。

天文移動を抜きにして語れば、昨日と今日で観測高度が〝一度〟違えば、六〇分つまり六〇マイル位置がずれていることが瞬時にわかるのである。

このように観測角度は地球中心からの角度と等しいから、これを地表でマイルと呼べば大変便利というわけだ。観測位置は地球表面であって地球中心ではないのに「なぜ？」という疑問があるが、それは星との距離がそれこそ天文学的であるから、地球自身が点に等しく中心から見たのと同じだからである。

第二章 就 航

処女航海

大連：満洲への入口

一九四〇年（昭和一五年）六月二二日一〇時、ついに完成した報国丸が玉造船所を出港することとなった。

造船所の岸壁には船主のほか、一年一〇か月にもわたり建造に従事した造船所の人々が、手や帽子を振り、また惜別のテープを投げた。

「皆様のご健康と安全なる航海をお祈りいたします」と大きな垂れ幕が掲げられると、宮原裕船長が、マイクを持って「みなさん、いい船を造って下さってありがとうございました、乗組員一同感謝します」と応えた。

船は、造船所の岸壁を離れ港外に船首が向いた所で、船尾のスクリューがかき出した白い渦が湧きあがったと同時に汽笛を鳴らした。その姿はまるで巨大な生き物が別れを嫌がっているかのようであったが、渦が水流となったころには前進力がつき徐々に岸壁から遠ざかった。

玉造船所から神戸港までは、小豆島の南を通過し播磨灘を明石海峡に向け航走することになる。

明石海峡は狭く幅はわずか二マイルしかなく、大型船にとってはその中央半分が航行可能水域である。その海峡を宮原船長は、巧みな操船で漁船や行き会い船をかわしながら通過すると、左舷前方八マイルに神戸港の入口にあたる和田岬が見えてきた。

さらに近くなると「入港スタンバイ」をかけ、船首に一等運転士、船尾に二等運転士、ブリッジには三等運転士と見習い運転士が、甲板部船員とともに配置についた。

「運転士」とは「航海士」のことである。船舶職員法上「航海士」と変更になるのは昭和一九年になってからだが、すでにこの昭和一五年には、この名称は頻繁に使われていた。それはなぜかというと「運転士」の呼称が時代の流れにそぐわなくなっていたからだ。

明治初期に洋式船舶士官の免許制度ができ、当初は「運転手」のち「運転士」と変更され昭和一五年に至っているが、明治と昭和で大きく変わっていたのは自動車の普及である。

自動車は、軍、警察、諸官庁、大企業、運送会社、バス事業者で急速に広がり、それを動かす能力は特殊技術であってその名称が「運転」であった。このため陸上の人には「運転」と聞けば自動車しか連想できなかったから、いつの間にか言葉が取って代わられたのである。

したがって混乱を避けるため「航海士」の名称が登場したのは当然のなりゆきであった。このような理由から本書では一貫して「航海士」の用語を使用する。

もう一つ同じように取って代わられた海事用語がある。それは「パイロット」だ。これは熟練の船長経験者が務めた「水先案内人」のことで、港に不案内な外国船などに港外で乗り込み船長に代わって船を港内岸壁まで嚮導《きょうどう》するものである。

しかし、これまた飛行機の出現によって「操縦士」を表す言葉として借用されると、またたく間に航空用語となってしまった。そして本来の意味に使われているのは、世界的に海事業界だけとなっている。


報国丸は、同日一六時に神戸港に到着した。翌日から船上では、阪神地区の知名士や海事貿易関係者、関係役人など四日間で二六〇〇人が招待され、船内見学と豪華な披露宴が開催された。また市内の小学生など約五〇〇〇人が見学に訪れた。このようにして六月二三日から一週間は、船長はじめ乗員は、ありとあらゆる仕事で忙殺されたのだ。

七月二日、盛大な出港式が執り行なわれた。お披露《ひろ》目《め》航海に先立ち、大阪商船社長の挨拶に始まって造船、海運、港湾、市や県の要人、海軍の要人、商工会

神戸港における報国丸（野間恒氏提供）

議所、初代船長の挨拶と続いた。そして一二時、出席者の見送りを受け大連《だいれん》へ向かって処女航海へと出た。

船は、瀬戸内海を西へ向かって航行することになるが、ここは島と浅瀬が多く大型船の航行可能航路はほぼ決まっている。潮の流れも速く漁船も多いから、船長や航海士にとっては難所続きで気が抜けないのである。

明石海峡から、播磨灘、備讃瀬戸に入って行くが大《おお》槌《づち》島と小槌《こづち》島の間を抜けてからは報国丸にとっては初めての海域となる。何といってもいちばんの難所は来島《くるしま》海峡である。ここだけは絶対に明るいうちに通過しようと船速を上げた。

一九時半過ぎ、まだ明るさは十分残るなか、難所を宮原船長の見事なまでの操船で無事に通過した。

あとはやや減速しながら釣島水道から伊予灘《いよなだ》に入り由利島を通過、さらに八島の灯台を右舷に見て西進し、やがて姫島の灯台を左舷に見ていよいよ周防《すおう》灘に入った。

そして関門海峡東口の部埼《へさき》沖に七月三日〇六時に到

着し、やや時間調整しながら〇八時に門司港の大阪商船ビル近くに接岸した。

ここでも盛大な入港歓迎式典が行なわれた。続いて当地のお披露目招待者が乗船、船客は約四〇〇人と満員となった。乗員は運航要員と事務部接客関係員、合わせて約一三〇人にもなるから、全乗船者は五三〇人ほどであった。

そして早くも同日正午にはあわただしく大連に向け出港した。

大連に向かうには、まず玄界灘をほぼ真西に向かって進み、朝鮮半島の西南端沖を迂回すれば黄海に出る。そこから北北西に針路をとり北上すれば到着することになる。

門司を出て三時間も走ると左前方になだらかな丘の島が浮かんでくるが、これは壱岐《いき》である。また右前方には壱岐とはまったく異なった南北に連なる険しい山々の対馬列島が遠くかすんで見えてきた。

この対馬海峡を、沈みゆく夕日に向かって航行し続け、やがてとっぷりと夜が更《ふ》けると、船内では招待客、役人、赴任途中の軍人、満洲へ向かう技術者や商人その他の人たちが夕食をともにし、歓談に花が咲いた。

船客が寝静まった深夜には、朝鮮半島の西南部の沖を走っていた。当直航海士は小島と浅瀬の多い暗夜の海域をかすかに点灯する灯台を頼りに位置を確認しながら進んでいった。

七月四日、後方から太陽が昇り強い光が進行方向の海面に照りつけると、折り重なるように連なる小波が眩いばかりに輝きだしたが、やがてその先の右前方に小島が浮かび上がってきた。この島こそが朝鮮半島西南端の沖にある離れ小島の小黒山島《しょうこくさんとう》で、いわば角地に立っている標識のようなもので、この島を右に見て北に針路を向けていくのである。

ここから海面が黄色一色に変化したことから、黄海に入ったことがわかった。あとは北北西に二四時間走れば大連に到着する。

そもそも大連および大連航路とは、日本と中国大陸と結ぶ海上交通の主要ルートで、大連のある遼東《りょうとう》半島は関東州と呼ばれる〝日本〟の一部であった。正確にいえば満洲国からの租借地であって、イギリスの香港、ポルトガルのマカオと同じだったのだ。

関東州は黄海に突き出た遼東半島の先端部分で、大連は一大港湾都市を形成し、満洲国の海路からの入口であった。したがって大陸と日本からの物流の集積地となっていた。

その歴史的経緯は、日清戦争後の下関条約（一八九五年）で清国からこの地を台湾、澎湖諸島とともに割譲されたことによる。遼東半島割譲は一年も続かなかった。それはロシアが、ドイツ、フランスとともに清国への返還を求めたからである（三国干渉）。日本は泣く泣く清国に返還したが、事もあろうに、その地はそっくりロシアが租借し、旅順に大軍港要塞を構築したのである。

その後、ロシアの満洲、朝鮮への勢力進出を阻止するため、日露戦争が起こり、この遼東半島は旅順をめぐって大激戦地となったことは日本人が代々語り継いできたものだ。

一九〇五年、ロシアとの講和成立で租借地はそのまま日本に譲渡、新たに日本と清国との間に租借条約を締結した。その後も中国側の政権が中華民国、満洲国と変わるたびに租借条約を再締結しつつ一九四〇年（昭和一五年）に至っていたのである。

そして当時、日本の飛び地としての関東庁が置かれたのである。この名称は、山海関から海を隔てて東側、つまり「関の東」という意味でこれらの地域を関東州と呼んでいたからだ。

満洲は、漢民族が「化外《けがい》の地」と呼び、匪賊《ひぞく》と野犬が跋扈《ばっこ》する地として忌避し、権力・施政が及ばない地域であった。そこに日本の策略により清朝最後の皇帝「愛新覚羅溥儀《あいしんかくらふぎ》」を初代満洲国皇帝として建国、五族協和、平和と自由の楽土として東洋のアメリカを目指したのである。治安の安定、インフラの整備、産業の開発、そこに日本、中国、朝鮮、モンゴルからの移民、さらに白系ロシア人も含め人口は爆発的に増え、発展、繁栄してきたのである。

ここに真っ先に進出した大阪商船は、懸命な努力の

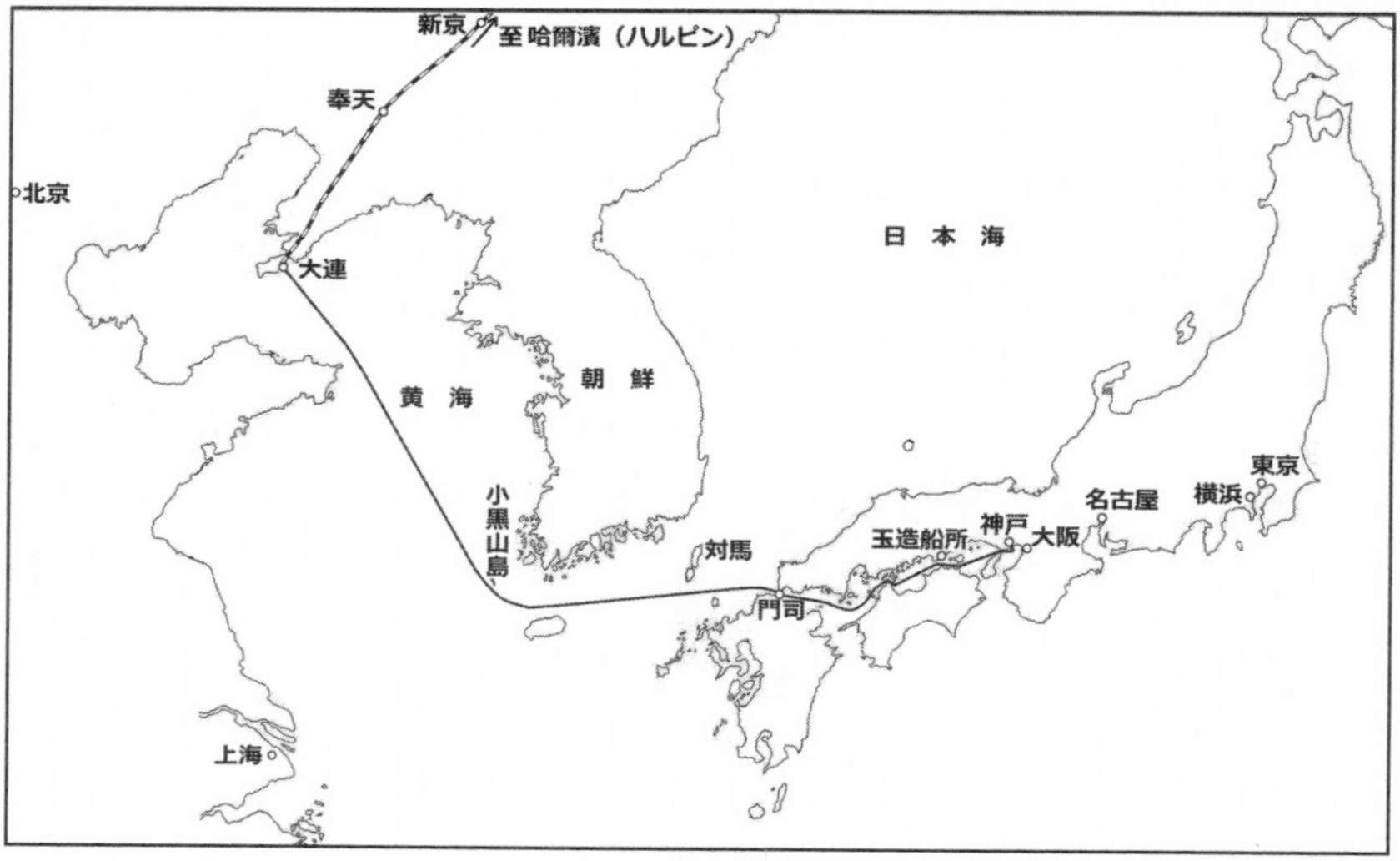

図３ 大連航路

末、日満の物流輸送の安定航路を確立し多大な貢献をしていたのだ。

七月五日〇八時、報国丸は大連に到着した。初めて一海を渡った航海は特に目立ったトラブルもなく乗組員全員が満足した。

ここでも大歓迎を受け、式典が行なわれ、地元の人々への船内見学も許された。

この大連への航海は、表向きはお披露目であったので、地元の日満中朝の貿易商や商社ビジネスマンなどや地元名士に役人、軍人などの接待やパーティーで忙しかったが、新船の不具合箇所の発見も兼ねた試験航海でもあったので、乗員は荷役のほかに同乗の技師と協力して停泊中も手直しなどで多忙であった。

それでも荷役も済み、日本行きの船客も乗船完了した四日後の七月九日一一時、盛大な見送りを受けて大連港をあとにした。

帰路はまったく同じ航路をなぞるようにして一四ノットで走り、二日足らずの航海で七月一一日早朝、門司に到着した。門司港は、同日に入出港する「入れ出し」であったので荷役は迅速に行なわれた。

七月一一日一三時、門司発、瀬戸内海の島々のあいだを抜けて七月一二日朝、神戸に帰着し、お披露目航海を無事に終えた。これが本船の処女航海となった。

アフリカ航路

アジア寄港地

大阪商船は、一九二六年（大正一五年／昭和元年）からアフリカ東岸航路の運航をしていたが、就航中であった九五〇〇総トン級「まにら丸」「あふりか丸」「はわい丸」「ありぞな丸」「あらびあ丸」の旧式化にともない、増加する積荷の需要にも応えるべく代替船として登場したのが「報国丸級」である。

その第一船、報国丸の就航は、積荷量、スピード、旅客数、豪華さといい、まさにグッドタイミングであった。宮原裕船長は、過去にアフリカ航路に何度も乗船したことのある名船長であったから、会社は全幅の信頼を寄せ抜擢したのである。

神戸港で船客が下船し積荷を降ろすと、いよいよアフリカ航路の準備が行なわれた。大連へのお披露目航海は国内航海と同じ扱いであったが、アフリカ航路は名実ともに遠洋外国航路である。船客も国際色豊かになるし、積荷も日本からの輸出品目の積載となるから税関手続きなど煩雑な事務仕事で多忙となった。

国内から国外航路への切り替えはそれなりに仕事ではあるが、国際貨物の運送と外貨獲得でお国に貢献することこそが船会社大阪商船の本来の仕事であるから、本業開始に向け大阪商船の社員も乗員も汗を流しながらも新造船による大遠征業務に期待を胸ふくらませた。

一九四〇年（昭和一五年）七月一七日一〇時、報国丸は神戸の岸壁を離れ、南下して潮岬を回ると東へと向かった。そして翌一八日一一時ごろ横浜に到着し、すぐに関東の輸出品の積み込みが行なわれた。

船客の乗船も終わり、一九日一六時には横浜を出港、名古屋へ向かった。

その後の集貨地の国内寄港地と時刻は以下の通りで

ある。

七月二〇日〇八時名古屋着、一六時名古屋発
七月二一日一〇時大阪着
七月二三日一四時大阪発
七月二三日一六時神戸着
七月二五日〇八時神戸発
七月二六日〇八時門司着

総じて日本からのアフリカへの輸出品目は、綿製品（衣類、布団、タオル、マット、カーペット）、麻製品（衣類、糸、網、履物、袋物、カバン、バッグ、縄、蚊帳《かや》）に絹製品、その他に陶器類、ガラス製品、セメント、おもちゃ、マッチなどであった。

積付け《つみつ》は、一等航海士が、寄港地での荷下ろしと荷積みに支障がないよう、各船倉の上下奥手前などを考慮して練り上げた積付図（ストウェージ・プラン）によって進めていくことになる。

さらに積付けには、重量分布と船体強度、時化《しけ》による動揺、熱帯地方における温度湿度管理など船側が考慮すべき点はいくらでもあった。

岸壁や艀《はしけ》から吊り上げられ次々と沖仲仕《おきなかし》（ステベ）によって船倉に積み込まれていくが、荷役当直航海士と甲板部船員は、本船のプラン通りに事が進んでいるか固縛《こばく》は済んだかなど確認していくので、荷役中は大変忙しかった。

そのような乗員を見越して〝沖売り《おきう》〟と称した行商人が乗り込んできて、各デッキの船内通路には、小は歯ブラシ、石けんなどの日用品から大は博多人形などの外国向け土産品まで、所狭しと並べ、船員や乗客と売買の掛け合いやらで賑わっていた。

門司港には一九一七年（大正六年）に開設された二階建ての大阪商船支店があって、そのビルの一階が待合室、二階が事務所となっていたが、何といっても特徴は八角形の塔がそびえ立ちレンガ造りと相まって実に立派な風情があった。この支店によって中国地方と九州からの貨物は集められ、社船に積み込まれるのだ。

日本最後の寄港地である門司港は、日本郵船はじめ他社の船と多数の外国船でひしめき合っており、そこ

には人々の出会いや別れの喜怒哀楽が交錯する港であり、さながら横浜港が国外への東の玄関口なら、ここは西のそれであった。

報国丸のアフリカ航路就航日については、七月一七日の最初に神戸を離れた時が航海日誌上のアフリカ航路開始である。しかし横浜へと東に向かうので感覚的には不自然であるから一九日、横浜を離れて西に向かうのがふさわしい気もするが、人間の感情から察すると、日本最終港の門司を離れた時こそ〝アフリカ航路〟の出発点であろう。

昭和一五年七月二七日一二時、門司支店の社員、乗客乗員の家族、荷主や代理店の人々の見送りを受けて、〝蛍の光〟の音楽と別れのテープの波に期待と惜別の情とを交差させながら、報国丸は岸壁を離れたのであった。

アフリカ航路というものの最終港は、南米であった。この南米に向かう有名な乗客がいた。

日本衣服研究所所長の田中千代氏が、外務省文化事業部の推薦で衣服研究と国際文化親善のため乗っていた。また有志の後援を得た画家の大橋了介氏が、パリで知り合った美貌のエレナ夫人とともに日本とブラジルの芸術親善使節として展覧会作品二〇〇点とともに乗船していた。

ほかにも公使、書記官などの役人、商社員、貿易商などの民間赴任者、留学生など多彩であった。もちろん外国人や移民もいた。

玄界灘を西航するのであるが、大連航路と違っているのは壱岐島を右舷に見て通過するのである。つまり壱岐水道と呼ばれる九州本土と壱岐の間を通過するのだ。そして五島列島の西から南西方向の台湾海峡に向かって東シナ海を進んで行った。

台湾海峡にさしかかると、右舷前方から小型の軍艦が迫ってきた。軍艦といっても哨戒艇のようで、報国丸が日本船と判明してか右舷正横まで来ると急反転して並走した。しきりに信号兵が手旗信号を送ってきた。報国丸はほとんど揺れていなかったが、〝艇〟は小型であったので前方から寄せる波に船首が持ち上がったり落ちたりの大揺れだったが、乗客は海上で走る日本の軍艦に拍手喝采して無邪気に喜んでいた。

船名と行き先の返信を受けると、「貴船のご安航を願う」の旗旒《きりゅう》を掲げ、速力を上げて去って行った。

「やってますね」

「大変でしょうね」

「中国の海上封鎖だろうけど、外国船にはせいぜい船名、国籍、乗員乗客、貨物などを尋ねるだけだから、どうだろうね」などの会話が聞こえた。

七月三〇日、香港島の南に到着するとイギリス人のパイロットが乗船して香港島と対岸の九龍《クーロン》の間にあるブイに係留した。パイロットが降りていくと船体の両舷には、香港蛋民《たんみん》の艀が数珠つなぎになり、蟻の大群のように中国人苦力《クーリー》が乗船してきて香港積みの貨物を船倉に積み上げていった。

彼らの中には日本人乗員を掴まえては「にっぽん、いつ、せんそーおわーる?」「日本勝つか中国勝つか、どっち?」「どっち勝ってもわたし関係ない、ホンコン大丈夫だから」などとしゃべりまくる者もいたが、なかなか憎めなかったと、ある乗員は述懐している。

七月三一日、香港を出た。香港ではかなりの西洋人客が乗船したが、国籍雑多な彼らにとっていちばん安全でしかも最高の居場所を得られるものは日本船しかなかった。したがって日本船は、どの船もどの航路も予約が殺到していたのである。

それは欧州戦争が起こっていたからである。ドイツやフランスの船は封鎖されて動きはとれないし、そうかといって戦争当事国のイギリス船は、ほとんどが徴用《ちょうよう》され軍需品や兵員輸送に従事している。もし民需用の船があっても撃沈の危険極まりないので、普通の客は乗らないのである。

このようななか、海運業で漁夫の利を得たのはアメリカと日本であったが、戦時下の西洋人乗客にとって船内設備は少々劣ってもアメリカ船より日本船を選んだ。その理由は西洋人の髪や目の色、言葉や訛り、宗教や信条、これらに差別なく平等に接してくれたからである。

一路シンガポールを目指してベタ凪《なぎ》続きの南シナ海を南下していくが、乗客は、これ幸いとばかりにデッキゴルフ、輪投げなどに興じて時を過ごした。

暑さが増してくると、ハウスのすぐ後ろの四番ハッチ上に、折り畳み式のキャンバス製の水泳プールが開設され乗客を喜ばせた。

八月四日〇八時、シンガポールに到着。

シンガポールでは、錨泊となった。沖泊まりである。したがって荷役は艀を介して行なわれ、船客の乗下船はサンパンと称した小型ボートで行なわれた。船側には、艀のほかにお土産売りの小船が集まり、乗員や乗客を相手に商売をしていた。香港もシンガポールも戦時下のイギリス領であるので、海上警戒の物々しさや入港書類の審査などはそれなりに厳しいところもあったが、日本船に対して特に厳しいというわけではなかった。

八月五日一二時、シンガポール出港。

報国丸は、スマトラ島を左舷に見てマラッカ海峡を北上していき、一昼夜半でスマトラ北端に達し、そこにあるサバン島を通過すると、いよいよインド洋に入った。これからほぼ真西に、セイロン島南端のドンドラ岬に向けて航海していくのである。

船上の室内やデッキでは、のど自慢大会、ミニ運動会、囲碁将棋大会、寸劇にコントなど諸々の催し物が行なわれ、集まった人々の賑わいで沸いた。またボート・デッキの舞踏室では、夜ともなれば一等船客の紳士淑女がダンスに興じる日が続いた。

八月九日〇八時、コロンボに到着したが、ここもまたイギリス領である。

今度は岸壁に着けることができた。官憲《かんけん》たちは気持ちが悪いほど丁重であったが、貨物の検査が大変厳しかった。戦時禁制品がないか、とことん調べられたが、そのような物は出てこなかった。しかし検査過程での取り扱いは粗雑で、国際慣習としては失礼極まりないものだった。

日本は、ドイツ、イギリス両国に、敵対も味方もしていない中立の海運国であるから、報国丸は交戦国の〝とばっちり〟だけは絶対に避けたかった。

というのも西回り南米世界一周航路の四回目に入っていた同じ大阪商船の優秀船「あるぜんちな丸」が、

ここコロンボでイギリス官憲の臨検を受け、郵便物一二八個を押収され開封のうえ内容調査をされていた。事はこれだけでは済まなかった。出帆時間までにわずか一七個しか返却されず、「あるぜんちな丸」は渋々ながら次の船便に積み込むことで承知し、コロンボをあとにしたという事案が起こったばかりだったからだ。

船体に描かれた大きな日の丸は、夜間には煌々《こうこう》と照らし上げ遠くからでも視認できるようにしていたが、それでも雨や霧の日は、心配でならなかった。シンガポールで得た情報では「インド洋には英独どちらの潜水艦も進出していないので大丈夫である」というが、報国丸の行動予定は、コロンボの日本領事館から英独両国にしっかりと通知してもらった。

八月一〇日一二時、コロンボ出港。

再びインド洋に出て、いよいよケニアのモンバサに向けての六日間の航海が始まった。

インド洋を横断するのだが、行く手には大型汽船が航行不能のモルジブ環礁が南北七八〇キロにわたって立ちはだかっている。この環礁を避けて抜け出るには、その北方に位置するミニコイ島の南を通過することになるが、この航行可能な水路は、北緯八度の位置にあることから「Eight Degree Channel」と命名されている。Channel（海峡）といっても大洋であるから幅は一〇〇キロ以上もあるので、確実な天測かミニコイ島灯台を確認できれば問題はない。報国丸は、八月一一日の一三時にこの水路を通過し一路モンバサに向け針路を西南西とした。

八月一三日の夕方から、デッキに設置された〝やぐら〟を囲んで盆踊りが行なわれた。周囲には屋台などの出店が並び、日本色豊かな舞台装置に各人は故郷を偲び癒されたのであった。

八月一四日の午後には、赤道祭を催した。仮装行列、隠し芸大会と続き、国際色豊かな船客も大笑いが続き大盛況となった。

八月一五日三時、東経五一度〇〇分で赤道を通過して南半球に入った。

赤道通過した直後のまだ暗い早朝であったが、二等航海士が当直交代で上がってきた一等航海士に言った。

「なにか得体の知れない物が左舷水平線にあります、島があるはずはないのですが」

一等航海士はその方向を双眼鏡で凝視すると、「船長に連絡しよう」と直通電話を取り上げた。

「キャプテン、なにかあります、ブリッジまで願います」と伝えた。

宮原船長が急ぎ上がってきた。

「どうした」と聞くと、

「左舷水平線になにやら大きな塊がぼんやり見えています」と二等航海士が答えると、全員がその方角を双眼鏡で一心に見つめた。

この日は天気がよく、しかも月齢一八日の月がまだ西の空に残っていたので、水平線に何かがあるのがわかったのである。

何やら塊があるが、船なら存在を示す航海灯をつけているから遠くからでもわかるものだ。時間とともにその物体は少しずつ大きくなってきた。報国丸の針路は、ほぼ二五〇度であるが、左舷の塊は、全体が接近している。

しかしその正体はすぐにわかった。いちばん右の山が、いきなりなにやら明かりを点灯したのである。それは船員が見たらすぐにわかる緑の舷灯《げんとう》と白のマスト灯であった。

「船だ、大船団だ」「ハード・ポート」ととっさに船長が号令を出した。操舵手が急いで左に舵輪《だりん》を回すと船首が左に振れだし、横切り関係は解消した。

「船体を照らせ、日の丸がわかるようにせよ」と船長が言ったころ、護衛の駆逐艦が接近して発光信号を送ってきた。

「危険、船団を避けよ」「船名、国籍を問う」とのモールス信号がきた。

報国丸は、船速を五ノットまで落とし、船団が右舷側を通過するまで待った。

「貨物船が二列になって進んでいる」「タンカーも混じっています」「護衛が四隻ついてます」と夜が白みだして全容が判明した。

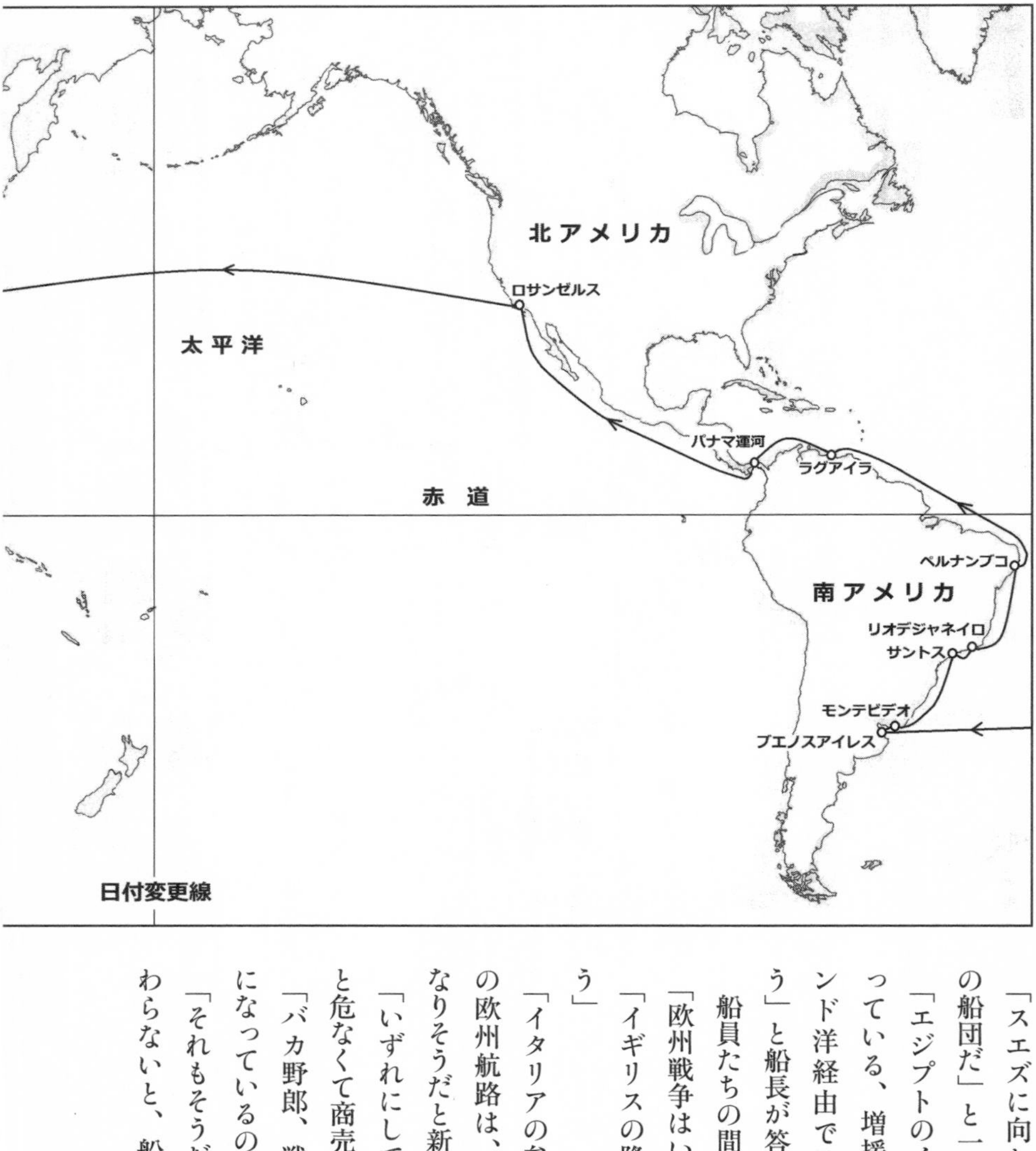

「スエズに向かうイギリス増援部隊の船団だ」と一等航海士が言った。

「エジプトのイギリス軍に危機が迫っている、増援部隊や軍事物資をインド洋経由で輸送しているのだろう」と船長が答えた。

船員たちの間にも、

「欧州戦争はいつ終わるだろうか」

「イギリスの降伏は時間の問題だろう」

「イタリアの参戦でスエズ運河経由の欧州航路は、アフリカ南端経由になりそうだと新聞に出ていたな」

「いずれにしても戦争が終わらないと危なくて商売できないよ」

「バカ野郎、戦争で日本船が好景気になっているのだぞ」

「それもそうだが支那事変が早く終わらないと、船員にまで召集令状が

図4 報国丸のアフリカ航路

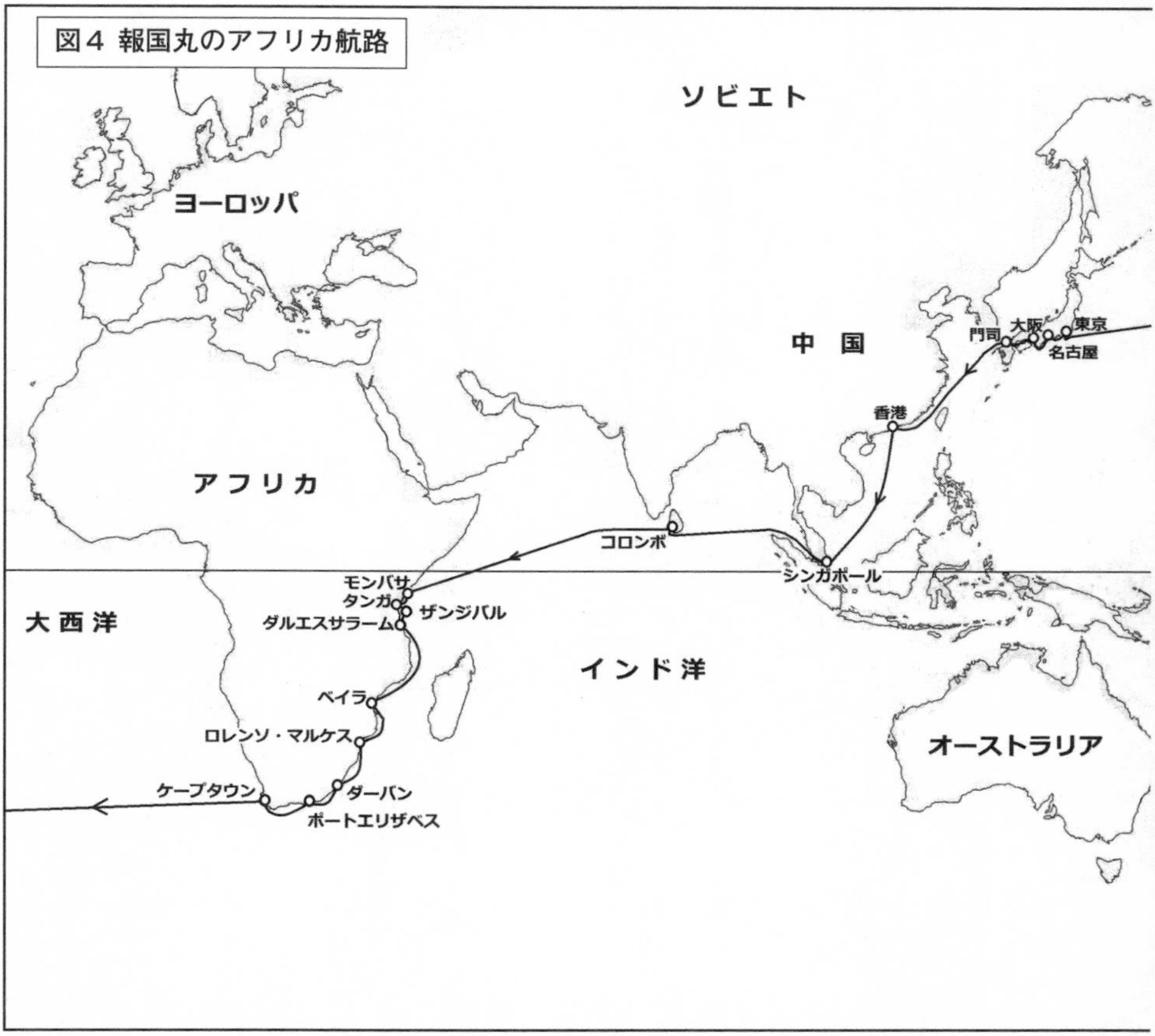

くるからやっていられないよ」といろいろな会話が飛び交った。

アフリカ訪問

八月一六日〇八時、モンバサに到着した。報国丸のアフリカ第一歩である。ここは英領ケニアであって、内陸に伸びる鉄道がウガンダまで走っている海の玄関であった。

モンバサからダルエスサラームまで計四港に寄港したが、その日のうちに次港に到着するほどの距離であるから、着と発をまとめて記すと次の通りである。

八月一七日〇八時　モンバサ発
八月一七日一三時　タンガ着（旧独領タンザニア、英委任統治領）
八月一八日〇八時　タンガ発
八月一八日一三時　ザンジバル着

（大陸の三五キロ沖にある東京都ほどの島、英領）
八月一九日〇八時　ザンジバル発
八月一九日一二時　ダルエスサラーム着（旧独領タンザニア、英委任統治領）
八月二〇日一八時　ダルエスサラーム発

「ダルエスサラーム」とはアラビア語で「天国」という意味の通り、アフリカでもこのあたりまでは元々アラビア文化圏、イスラム圏、スルタンの統治した土地であった。しかしヨーロッパ列強の進出により分割されていたのである。

熱心にも服飾研究者の田中千代氏は、各寄港地で暇を見つけては上陸し、村々の有力者と会って日本のお土産品や着物と交換したり、あるいは購入したりして民族衣装を収集され、学術的コレクションに加えることを続けていた。

また、このころになると南米を目指している日本女性は、日本から持ち込んだ着物をワンピースなどの洋服に仕立て直すことをやり始めたが、田中女史は大いにその力になったのである。

さて次の寄港地はいずれもポルトガル領モザンビークで、英領でないところに日本船としての気楽さがあったから、乗員もなんとなく落ち着いた気分になった。

八月二三日〇八時　ベイラ着（ポルトガル領モザンビーク）
八月二四日一二時　ベイラ発
八月二五日一八時　ロレンソ・マルケス着（現マプト、ポルトガル領モザンビーク）
八月二六日一八時　ロレンソ・マルケス発

このロレンソ・マルケス港は、中立国の立場からしてのちに交戦国の交換船寄港地となり、敵味方の重要人物がお互い挨拶を交わしながら自国の船に乗り換える場の役割を果たすことになる。

モザンビークを出ると、再びイギリス圏に入る。以下の三港はいずれも南アフリカ共和国であるがイギリス連邦である。

八月二七日一二時　ダーバン着
八月二七日一八時　ダーバン発

ケープタウン港の報国丸（野間恒氏提供）

八月二八日一八時　ポートエリザベス着、港外待機
八月三〇日〇九時　ポートエリザベス発
八月三一日一一時　ケープタウン着
八月三一日一八時　ケープタウン発

ダーバンでは一泊したかったのだが、「外国船は荷役済み次第直ちに出帆すべし」として追い出された形になった。

ポートエリザベスでは、二八日の夕方港外に着いたが、「指示があるまで錨地《びょうち》にて待て」と結局二四時間待たされ、岸壁に着いたのは二九日の夕方であった。それより六年前、大阪商船の「ぱりい丸」がこの地の港外で座礁沈没、その撤去作業の費用分担で訴訟問題にまで発展していたので、その嫌がらせではないかともっぱらのうわさになった。

またケープタウンでは、大西洋横断に要する清水の補給を申し入れたが、丁重に断られた。

イギリス連邦、南アフリカでの嫌がらせにも似た行為は、自由貿易と国際協調に従事している他国商船に対する礼を失したものであるが、理由はいずれも軍が優先ということであった。

確かにこの三港には、戦争当事国らしく、アジア、インド、オーストラリア、ニュージーランド方面から集積した食料、燃料、兵員その他多くの軍需品が所狭しと岸壁に並んでおり、軍用船もひしめき合っていた。しかし報国丸が取り扱う量はそれらと比べれば高がしれていたので、対応はできたはずなのである。

モンバサに始まってアフリカ東岸を北から南へと下がって日本からの貨物を揚げながら、当地の貨物を積んでいったが、内容品は「麻、ソーダ、落花生、皮革、メイズ（とうもろこし）、羊毛、ワットルエキス（樹液）、ホウ砂」などであった。

このようにして優秀新造船、報国丸は、アフリカ航路第一歩の役割を十分果たしたのであった。やがて姉妹船「愛国丸」「興国丸」が就航予定であるので「あるぜんちな丸」「ぶらじる丸」の南米航路船と合わせると、日本とアフリカの間にはベルトコンベアのように日本船が並ぶことになり、国益はますます上がるであろう。

しかし、この航路で日本人が戦うべきものがあった。船内は日本国であったから何事もなかったが、いったんアフリカの土地に上陸するとそこはアフリカ人のものではなかった。

白人が大手を振って闊歩し、現地の黒人をはじめインド人や中国人の商人なども人種差別の対象であった。日本人もしかりである。イギリスの盟友であったとしても人種としては「カラード」扱いが厳然と存在していたのである。大阪商船のアフリカ航路開設以来、日本人は、このような逆境にもめげず人種問題打破に向け戦っていたのである。

さて報国丸はケープタウンを出帆し、大西洋をほぼ南緯三四度の線上を真西へ向け南米ブエノスアイレスへと向かった。九日間の航海である。インド洋ではあまり時化ることはなかったが、九月になったばかりの南半球は、まだ冬の時期で来る日も来る日も時化が続いた。

日本から南米を目指している三等船客の移民も、ポルトガル語の勉強など「直前でいいや」と考えていたが、船酔いのため、それも残念ながらできないでいた。

それでも小学生向けの船内学校は続いた。移民の子供たちは、日本を出た時から日本の教育の対象外となったが、空白を作るわけにはいかない。正式の移民船ではないので教師は派遣されていないから、それなりの学識や経験のある大人有志が、船客や乗員の中から自主的に参加して日本から持ち込んだ教科書に従って勉強を教え続けたのである。

船内学校は勉強だけではない。日本と同様、礼に始まって礼に終わり、君が代を斉唱し教育勅語を朗読し、異国であればあるほど日本国臣民《しんみん》としての日本文化の継承を忘れてはいけない、という心理が船内にみなぎっていたのである。

それは国籍とかの問題ではなく血である。「日本人は世界のどこへ行っても日本人でなければならない」という思い入れが強く働いていたからだ。

南米大陸に近づくと、時化も収まって芝居や映写会も再開され、囲碁将棋にチェスの大会も催されるなどして船内はしばしの娯楽に活気を取り戻してきた。

船客同士は、いわばお隣さんで仲良くなるのは当然の成り行きであったから、間近に迫りくる「到着の喜び」と「別れの悲しさ」の狭間にあった。

報国丸は、時化のため自慢の高速は発揮できなかったが、それでも平均一五・六ノットの速力で大西洋横断を果たすところまできた。

南米到着

一九四〇年（昭和一五年）九月一〇日、報国丸はいよいよラプラタ川の河口湾に到着した。左舷側がアルゼンチンで右舷側がウルグアイであるが、湾幅は二二〇キロもあるから当然対岸が見える距離ではない。

「ブエナスタルデス（こんにちは）」陽気なパイロットが乗ってきて、九月一〇日一八時、ブエノスアイレスの岸壁に接舷、南米第一歩のアルゼンチンに到着した。

香港からケープタウンまではイギリス領が多く、なんとなくギクシャクしたところがあったが、南米の雰囲気は良好で手続きその他、問題なく進んだ。ここで南米向け最初の乗客が下船したが、イギリス、フランス、オーストリアなど、おそらく民族的にはユダヤ人と思われていた人々であった。

アルゼンチンを目指した日本移民、途中のアジア、アフリカから乗船した人々などすべての人が、下船する時には目頭を熱くしていた。特に個人的に懇意となった乗員は、涙ながら「がんばれよー」と励ましていた。

そして田中千代氏も、この地で下船した。ファッションン・デザイナーで服飾研究者、国際センスを身につけた超美人の女史は、着物から洋服、寄港地で手に入れた民族衣装などを華麗に着こなし周囲の目を楽しませてくれたから、その存在は大きかった。

別れは悲しいものだが、その彼女を報国丸で独り占めするわけにはいかなかったのは、服飾による国際親善と友好という大きな目的があったからだ。ここアルゼンチンでも、各地で着物と衣装で種々の展覧会や懇親会、日系人社会との交流など、多彩な行事が予定されていていてどこも女史の訪問を心待ちにしているのだ。

女史の予定は、二五日間にわたる各地訪問交流を果したのち、次便の「ぶえのすあいれす丸」で海路ブラジルに向かうという。

一方、乗船してきた人たちも多彩であったが、日本に帰国するアルゼンチン、チリ、ペルーの各公使たちが珍しくも一堂に会していた。

九月一三日〇八時、ブエノスアイレスを出帆したが、隣国ウルグアイのモンテビデオまでの距離はわずか一二五マイルしかないので八時間で到着できる。

かつてスペインの探検家ディアス・デ・ソリスが南米大陸沿いに南下し良好な入江を発見、その場所が「東から西へ六番目の山（Monte VI de Este a Oeste）」の場所としたことが「Montevideo」の由来だという（異説もある）。

そのモンテビデオ港にあと一時間もすれば到着するころ、左舷前方の海面に大岩のような不思議な構造物が見えてきた。ブリッジにいた船長も航海士もずっと双眼鏡で見入っていたが、どんどん大きくなるにつれ感慨もひとしおとなった。やがて左舷正横となったころ、乗員と違って乗客の中には「あれは何だろうか」と初めて気がついた者もいた。

これこそドイツ軍艦「アドミラル・グラーフ・シュペー」の着底した姿であった。条約制限下で建造された排水量一万トンの軍艦は「戦艦にしては砲力が足らず、重巡にしては速力が遅い」と中途半端な感があったが、二八センチ砲六門の威力は侮れないとしてイギリス人はこれを「ポケット戦艦」と称し、日本では「豆戦艦」と呼んだ。このような〝帯に短し、襷《たすき》に長し〟の軍艦も使い道はあった。開戦と同時に秘密裏に大西洋に進出、単独で通商破壊戦を続けたのである。そして一九三九年九月から一二月までに九隻、合計五万トンのイギリス船を撃沈したのだった。

しかし、ついにイギリス海軍の追跡部隊と遭遇、ラプラタ沖で海戦となった。イギリス艦の重巡「エクセター」、軽巡「エイジャックス」「アキリーズ」との砲撃戦で互角に渡り合ったものの、自艦の損傷からもはや戦闘は不能と判断、ここ中立国のモンテビデオ港に修理のため逃げ込んだのだ。

ウルグアイ政府は、修理期間をわずか三日しか与えなかったうえ、イギリス軍艦がさらに集結中という情報から、ラングスドルフ艦長は、もはや命運尽きたと最終判断し、一九三九年一二月一七日、「アドミラル・グラーフ・シュペー」は港外に出て自沈した。

このニュースは世界中に流れたので、海軍軍人も船乗りもよく知っていた。それからすでに九か月も経過していたので、戦闘損傷や自沈破損のほかに随所に錆や汚れが付き、その姿を留めている末路はなんともわびしいものであった。

その姿を後にしてモンテビデオ港に着いたのは同日の一三日一六時であった。ここでも同じく船客の乗下船に始まって、荷役が行なわれた。

そしてモンテビデオを九月一六日一八時に出帆し、ブラジルのサントスに向かったのだが、前日の一五日のサンパウロの日系新聞「伯剌西爾《ブラジル》時報」に大阪商船の発着広告が次のように載った。

報国丸 処女航海
サントス　出帆 予定　　九月二二日
横浜　　入港 予定　　一〇月三一日
途中 リオ、ペルナンブコ、ラグアイラ（カラカス）、パナマ、ロサンゼルス寄港
豪華一等客室及び特別三等、普通三等設備あり

この宣伝により、報国丸が西回りで世界一周することがわかった。

当初の報国丸宣伝パンフレットによれば、リオデジャネイロからケープタウンへと折り返し、その後、一部寄港地を変えながらアフリカ東岸を北上、最後のモンバサからシンガポールへ直行、あとは香港、上海と寄港し、日本の門司へ帰着の予定であった。どこで西周りに決めたのであろうか、おそらくケープタウンを出たあと決定したと思われる。

イギリスは、八月から「戦時航海証制度」を実施し、報国丸に対して復航時にはその書類を提出するよう求めていたが、これは「イギリスに利となる荷物の取り扱い、情報の提供、敵性貨物の取り扱い禁止」を約束させる一種の誓約書であった。

また「英国連邦と英領政庁において九月から日本船に対して燃料、清水の補給を行なわない」と通知してきたから、イギリス支配下にあるインド洋に面した航路での貿易は、もはや不可能になってきたと判断されたからであろう。


報国丸はいよいよブラジルに到着した。

九月一九日〇八時、日系人が日の丸の小旗を振って出迎えるなか、サントス港の岸壁に着いた。

サントスは内陸のサンパウロの外港で、この一帯はブラジルでも日本人が特に多く住んでいた。「あるぜんちな丸」「ぶらじる丸」の姉妹船はひと足先に処女航海の歓迎を済ませていたが、報国丸は、初入港であったから、ひと目見ようと大歓迎の渦となった。

国策助成船の第一船「あるぜんちな丸」は、報国丸より一年早く完成して南米航路西回りに就航しているので、すでに四回ブラジルを訪問しているが、同船は

二週間前の九月五日にサントスを日本に向けて出たばかりであったので、報国丸はちょうど追いかけているような形であった。なお「ぶらじる丸」はこの時点ですでに二回の訪問を終えて一〇月には三回目の訪問になる。

ブラジルの日系社会では、次から次に遠い祖国の香りを運んでくる日本船にいつも感動し、さらに日系以外のブラジル人に祖国の技術と文化を自慢できた。サントスで日本からの移民を含む乗客はほとんどが下船し、船内の賑やかさは一時収まったかのようであったが、そうはいかなかった。

二〇日の午前中は、在ブラジル日本人女学生が大挙して訪船のうえ見学会、午後はプロムナード・デッキのサロン食堂で日本人、日系人、地元名士を招待して食事会が開かれ、賑やかな時が続いたのである。

翌二一日も、日系ブラジル人ほか多数の在住日本人が故国への郷愁と風情を求めてやってきた。

二二日一七時、出港の予定であったが、綿花《コットン》の積込みの増量と降雨のため延期となった。

二三日〇六時、サントス出港、同日一八時三〇分にはリオデジャネイロに到着した。

大橋画伯とエレナ夫人が、日本から持ち運んできた大量の絵画とともに、とうとう下船することになって乗員一同ひとしきり淋しくなった。

エレナ夫人はその美貌に加えて音楽と画才に長けた芸術家であったうえに、日本ではファッション・デザイナーとしても知られ、その優美なコスチュームと気品ある振る舞いに、周囲は魅了されていたからである。

報国丸船員も世界を知る国際人であったが、それはどちらかというと〝点と線〟であったが、田中女史も大橋夫妻も世界を〝面〟で駆けめぐるコスモポリタンであった。

日本とブラジルとは移民、貿易、企業進出などで交流は盛んで、その親密さを文化面でも発揮しようとかねてから交渉中であったが、この二三日「日伯文化協定」が桑島主計《かずえ》大使とブラジル外相との間で調印された。

その在ブラジルの桑島大使が、まさにその調印書を携えて報国丸に乗船してきた。これにより南米からの帰国外交官四人が一堂に会したことになった。

二五日一五時　リオデジャネイロ出港

二八日〇九時　ペルナンブコ（レシフェ）到着

ここでもロサンゼルス揚げの袋入り生コーヒーを大量に積み込んだ

二八日一八時　ペルナンブコ出港

ここからは南米大陸の北部沿岸沖を西北西に進んで行くことになる。

九月三〇日一五時、赤道を西経四三度〇〇分で通過し北半球に入った。

九月末の船内ニュース掲示板には、九月二五日「北部仏印進駐」、二七日「日独伊三国同盟」成立などが載った。

一〇月四日一四時　ベネズエラのラグアイラ港に到着

五日〇六時　ラグアイラ出港

西回り帰国

パナマ運河

二日後の一〇月七日一二時、パナマ運河の入口の港に到着し投錨した。このカリブ海側のパナマの街をコロンといったが、運河のターミナル港だけを特にクリストバルと呼び区別した。

クリストバルには、太平洋に抜けようとして多数の船が集まって順番待ちをしていたが、報国丸にランチ（小型艇）がやってきて一〇人ほどのアメリカ兵がどかどかと乗り込んできた。

乗員乗客ともに何事かと思ったが、平型ヘルメットを斜めにかぶった若い隊長がブリッジまでやってきて直立不動で宮原船長に敬礼した。

「Good afternoon sir, Captain、I,m US Army First Lieutenant……」と自己紹介して、

「自分たちは国家の命令により貴船の警備に参りました。迷惑はかけませんが、無事通過するまで任務に

就きますのでご同意のうえよろしくお願いします」と丁重な口調で告げた。

何度もパナマ運河を通過していたが、アメリカ兵が乗り込んできたことは初めてであったから、宮原船長は「なぜ日本船にだけなのか、軍隊の乗船は主権の侵害ではないのか」と疑問に思ったが、若い中尉が真面目な顔で〝警備〟と称するからには承諾するしかなかった。

アメリカ陸軍の兵隊がここパナマ運河にいるのは、この地がアメリカの永久租借地帯だからだ。パナマ地峡はもともとコロンビア領内であったが、アメリカは、国家政策により分離独立派を擁立し、一九〇三年にパナマという国を作ったのである。

さらにすぐに、二国間で運河建設と運河を中心に一六キロ幅の区域をカナル・ゾーン（運河地帯）として永久租借を約束した〝パナマ運河条約〟を締結したのだ。そして建設を断念したフランス人レセップスのあとを引き継ぎ、苦心惨憺のうえ二六年前の一九一四年に完成したのである。

八日早朝にアメリカ人のパイロット正副二人が、パナマ人のロック・セーラー（運河通過のための作業員）一五人ほどを引き連れて乗船してきた。

直ちに抜錨《ばつびょう》すると、パイロットは「Slow ahead」に始まって頻繁にエンジンと舵角の号令を出して船を運河内部に向けていった。やがてパイロットはメガホンを口に当てて大声でロック・セーラーに指示を出していった。「綱を取れ」「もっと巻け」とかであろうことは状況ですぐにわかった。

いずれにしてもパナマ運河通過は特別作業が必要なため、パイロットと自前のセーラーで作業を進めていくのである。

セーラーたちはロックに近づくと勢いよく先綱《さきづな》を投げ、ロック側の電動車から出て来るワイヤを船上に引き込み係船ボラードにかけた。

ロック左右の電動車がワイヤを巻き込むと船は左右に振れなくなる。脱線も転倒もしない特殊装置の電動車はラック装置の軌道上を船舶と同時に走行できるようになっているのだ。

報国丸は、左右が狭く前後に長い巨大プールのような水路に入ったが、この時は船体の前後左右の四点を電動車が支えていた。すぐに船尾側の観音開きの水密《すいみつ》扉《とびら》が閉められると注水が始まり、報国丸はぐんぐん持ち上がっていった。やがて満水となると前方の扉が左右に割れて開き、報国丸は前進して次の水路に入った。そして同じように後部の扉が閉鎖され、再び注水が始まった。

このような水位の異なる河川や運河、干満差の大きな港などで船を上昇移動させる設備を〝閘門《こうもん》〟といい、英語では〝ロック（lock）〟といった。

報国丸は、このカリブ海側のガツン・ロックを三段上がって最上水面に達した。この水面は海抜二六メートルであるから、一段八・七メートルの水の階段を上がってきたことになる。

ここからは船が航行できる水面が広がっているが、ダムでせき止めたガツン湖という人造湖である。この湖の水をロックに落とし込むことで、いわば無動力で船を押し上げるのである。

ガツン湖に入った船は、真水に浸かって航行するから、船底や船内を血管のように走っている海水管内部に付着しているフジツボ、カキ、海藻などが弱体化し剥離すればいいのだが効果のほどは確認できない。

さらに船は、太平洋側に向かって屈曲の多いガツン湖をパイロットの操船で進んで行ったが、ロック通過時と違って緊張から解放されたパイロットは、船長や航海士と雑談をするようになった。

「Captain Miyahara, Thank you very much for nice lunch……」とブリッジで供食を受けたお礼のあと

「アメリカ兵のことは気にしないでくれ、我々も同じアメリカ人としては肩身が狭い、軍隊というものはあんなものでしょう、どの国も」と続けた。

「先月（一九四〇年九月）アメリカは、日本向けの屑鉄、鉄鋼の輸出を全面禁止すると発表したが、仏印進駐、日独同盟と関係しているのか、そのうち日本船を締め出すつもりじゃないでしょうね」と宮原船長は率直に懸念を伝えた。

パイロットは「No, It's a politician problem」と言

って続けた。

「政治家同士の問題だ。我々はこうして仲良くやっている。日本船だけで先月は二五隻も通過した、通過貨物量も通行料も米英船を除けばノルウェー船に次いで二番目だ。こんな上客を締め出すことは絶対に考えられない」

「アメリカの中国援助は不思議です、アジアの戦争はアジア人に任せてください。日中戦争は兄弟喧嘩みたいなものだからそのうち終わりますよ」と宮原船長は言った。

「私もそう思う。アメリカ人の誰もがヨーロッパの戦争に関心はないし、ましてやアジアの戦争なんて遠い地の話だ。第一私はこうして日本船も日本人もよく知っているが、このパナマ運河で中国船も中国人も見たことも聞いたこともない。だから大統領のやることも政治家のやることも理解できん」と締めくくった。

このガツン湖通過中、感動的な出来事があった。それは同じ大阪商船の「ぶらじる丸」と行き合ったのである。日本船同士が遠い異国で会えばお互い不思議な感情がこみあげてくる。それは相手船を見ていると、それが故国日本を見ているような錯覚に陥るからだ。

船内に社船《しゃせん》との行き合いが放送されると、乗員も乗客もデッキに出てきて大きな声援を送り、日の丸の小旗や手を千切れんばかりに振ってお互いの邂逅《かいこう》を感激の目で見つめた。

本来、南米航路は西回り世界一周であるから行き合うことはないが、大阪商船はこの九月一三日の「ぶらじる丸」の航海から、イギリス圏の不穏さを避けてパナマ運河経由の南米航路往復と決めたのであった。そして、その第一船として第三次南米航路に就き、パナマ運河を太平洋からカリブ海に抜けていたのである。

ガツン湖は平坦な感じであったが、地峡を半分過ぎると南北アメリカ大陸を縦走する山脈を掘削した切り立った岩肌が迫りくるゲイラード・カットと命名された難工事の末に完成した狭い水路に入った。ここを通過し終わるといよいよ太平洋側のロックになる。

今度は下りることになるが、最初の一段がペドロ・

ミゲル・ロックで少し離れて二段となっているミラフローレス・ロックと続く。船は一段一段下降していくが、同じく水を落としていくのであるからガツン湖の水がなくなるのではないかと心配する向きもあるが、熱帯雨林のパナマでは水が枯れることはないのである。

そして、ようやくパナマ運河四三マイル（八〇キロ）を抜けてバルボアの岸壁に到着したのは夕方であった。バルボアとは太平洋側にある首都パナマ・シティーに隣接した租借地のターミナルの名前で、とりわけ街になっているわけではない。

警備と称して乗り込んでいたアメリカ兵たちはここで全員下船したが、何を探り何を得たのであろうか不明だが、童顔の中尉は兵隊たちへの差し入れのジュースのお礼を述べることは忘れなかった。

太平洋

一〇月九日〇八時、バルボアを離れ一路ロサンゼルスに向けての航海が始まった。太平洋に出ると乗員も乗客の表情もなんだか明るくなったが、それは途方もなく遠いけれども対岸には日本があるという気分的なものだろう。ロサンゼルスまで約一週間の旅だが、中米からメキシコにかけては天気も穏やかで、デッキゴルフや輪投げがさかんに行なわれた。また夕方からは演芸会や上映会が毎日催され退屈する暇はなかった。

一〇月一六日夕方、ロサンゼルスに到着した。南米からの船客が下船したあと、ブラジルで積んだ大量のコーヒー豆の荷下ろし作業が行なわれた。

インド洋や大西洋と違って、アメリカ西岸は明るく活気に満ちていた。ここでは戦争特需に沸いていたのである。アジアやヨーロッパへの大量の輸出貨物が倉庫にも広場にも山積みにしてあった。

この年（一九四〇年、昭和一五年）の一月「日米通商航海条約」が失効していたが、日米間の貿易は国際的な商習慣にしたがって今まで通り行なわれていたので、かなり多くの日本船が寄港していた。

ところがある岸壁の広場に、鉄のスクラップの山積みがいくつも見られた。アメリカ人港湾労働者《ステベ》が言うには「あれは日本行きのスクラップさ。駆け込み需要で日本船も外国船もどんどん積み込んで日本に運んだけど、お上が言うには今日から日本向けは禁止だというから、あれは積み残しになったんだ。せっかく持ってきたのに業者は泣くよ」とのことであった。

翌一七日一二時、いよいよロサンゼルスを出港した。あとは横浜まで直行することになる。

太平洋を横断するわけだが地図上を一直線に進むのではなく地球儀でみて一直線に航海するのである。二点を結ぶ線が地球の中心からの円弧になっていれば、それが球体上の最短距離でこれを大圏《たいけん》といった。

報国丸は、ひたすらこの大圏上を走ることになるが、地図上ではロサンゼルスと野島埼《のじまさき》を結んだ直線より実際にはもっと北に寄った曲線のコースになる。一〇月二四日二三時、北緯四〇度付近で日付変更線を通過して東半球に入った。いよいよアジアである。

すると次の日はいきなり二六日になった。東から西へ通過する時は必ず翌日に繰り上げるので二四日二三時はすなわち二五日二三時であるから一時間後の翌日は二六日〇〇時となるのである。一日繰り上げなければ日本に着いた時、日付が一日違ってくるからだ。

日付変更線の考え方はいろいろあるが、報国丸は西回りで航海しているので、経度変化に応じて一日の時間を毎日のように三〇分ほど減じてきたのである。つまり一日二三・五時間で過ごしてきたことになる。その消滅した時間は地球一周で二四時間であるから帰り着く前に一日加えてやれば、出発地の使用日に戻ることになる。

東半球に入り日本が近づくにつれ、日本を通過して太平洋に出た低気圧が意外と発達して少々時化になったが、一〇月三一日〇五時、房総半島南端の野島埼灯台を視認した。〇六時、ついに太平洋を横断し日本に到達したのである。〇六時、野島埼灯台を右舷に見て通過し、やがて北に向けて東京湾に入って行くが、時間調整のため減速した。

ほとんどの乗客にとって、この日の朝食が最後の食事になるが、食事もそこそこに左舷の観音埼《かんのんざき》や右舷前方の第二海堡《かいほ》、そして遠い景色などを指さしては故郷への帰着を喜び合っていた。

一〇時、ついに横浜の埠頭《ふとう》に着岸した。誰もが多くの出迎えに圧倒され、それぞれの迎えの者を見つけては喜んでいたのであった。

そんななか、タラップを上がってきた大阪商船の海務部長が直々に宮原船長に伝えた。

「長い航海ご苦労様でした。電報で伝えましたが、世界の状況からして助成施設の優秀船である本船は、軍の要請により今回限りでアフリカ航路は休止となります」

「やはりそうでしたか」

「『あるぜんちな丸』も、まもなく大連航路に就きます、『ぶらじる丸』も帰港したら同じ予定です」

「それでは南米航路は閉鎖ですか」

「いや、『ぶえのすあいれす丸』のほか、『はわい丸』『ありぞな丸』『あらびあ丸』『南阿丸』などを使ってパナマ運河経由で南米航路は続けます」

「私は、西回りで帰って来たけど、イギリス人連中と、もめたことはなかったなあ」

「報国丸は運がよかったですよ。『あるぜんちな丸』ではやられました。九月からとにかくインド洋は危ないですよ。コロンボ停泊中の日本郵船『長良丸』がイタリア積み貨物をめぐって今もって出港停止になっています。またシンガポールの日本総領事館関係ではあらぬ嫌疑のすえ不法逮捕や金庫封印など、重大侮辱事件が起こっています。また日本船には水も油も補給しないというのですから困ったものです」

「そういうことで大連航路にしばらく就航して、世界情勢が変われば、またアフリカ航路に復帰できると思います」

助成船の適用条件につき政府の運航命令に従うしかないが、当分の間は近場の航路に就くことは致し方なかった。

報国丸は、翌日（一一月一日）の昼、横浜を出港し、二二時間後の二日一〇時、大阪に到着した。大阪で船客の全員が下船、引き続きアフリカ、南米からの貨物の陸揚げが始まった。

一一月五日、大阪から神戸の埠頭に移動し、わずかばかりの荷揚げ作業をして、ここに第一次アフリカ航路は完全終結となった。

海軍指定

大連航路

空船《くうせん》となった報国丸は、一一月一〇日午前、誰からも見送られることなく神戸港をあとにしたが、翌日、夜が明けると船は生まれ故郷造船所の前面水域に投錨していた。

初夏に日本を離れて世界を一巡してきた晩秋の今、玉造船所で点検整備に加え外航から内航への諸変更工事が行なわれるのだ。

またたく間に忙しかった工事が終わったのが、一二月初旬で、大阪回航を経て再び神戸港に報国丸が現れたのが一二月一〇日であった。

神戸港では、大量の貨物が積み込まれていった。満洲国の発展にともない、大連と日本との物流量は膨大になっていたのだ。

一九四〇年（昭和一五年）一二月一三日、「鴨緑丸《おうりょく》」が神戸港の大連定期便埠頭から出帆すると、すかさず同埠頭に貨物満載の報国丸が接岸して船客受け入れ準備にとりかかった。

一二月一六日午前、周囲を圧倒するかのような一万トンの優雅な巨体を見上げながら乗客がタラップを上がってきた。そして正午、埠頭を離れ、いよいよ本格的に大連航路の途に就いたのだった。

瀬戸内海を抜け、一七日早朝、門司港に到着。ここでも大連行き貨物が積み込まれた。そして早くも一二時、西高東低の気圧配置の北風の中、門司港をあとにしたのである。

門司から西へと五時間ほど進むと対馬の南に至るが、この島は『魏志倭人伝』をはじめ歴代史書に出てくる大陸との関係には欠かすことのできない重要な地である。しかしこの島が一躍世界中に有名になったのはつい最近のことであった。

日露戦争時の決定的勝利となったバルチック艦隊と

の海戦を、日本では〝日本海海戦〟と呼称しているが、ロシアをはじめ世界の国々では〝ツシマ海戦〟なのだ。そして〝ツシマ〟というだけで、この海戦のことだとわかるほど有名になったのである。

なぜそれほど〝ツシマ〟が有名になったのかというと、まず前置きから述べなければならない。

日露戦争の主戦場は満洲、今の中国東北部であったが、日本軍の必死の攻撃にロシアは敗れ続けていた。そして日本人に捕らえられた大量のロシア人将兵の姿が、西洋人社会に知れわたったのである。それは日本に寛容であった国も、ロシアに敵対心を持っていた国も、もはや容認できない事態にまでなっていたのである。

そこにグッドニュースが飛び込んできた「ロシアが戦局挽回のためにヨーロッパから大艦隊を派遣」、これを聞いて「さすが、わが白人だ。大遠征して日本を懲《こ》らしめるのはいい気味だ」と西洋人は思った。「長期の遠征もなんのその、日本人が白人に敵《かな》うはずがない」と世界は見たのである。

ロシア艦隊が日本に近づくにつれ、日を追って決戦の時を秒読みしていた西洋人は、「日本の運命はこれで終わる」と思い、ロシアの勝利を疑うことはなかった。

しかし当時の日本人の決意は尋常ではなかった。その背景には「この海戦に負けたら陸の戦いはすべて無と化し、中国東北部の満洲地方はロシア領土に、下手すれば朝鮮半島もロシアに併合されるであろう。日本の地位も失墜し、江戸時代並みの弱小国となって西洋人の笑いものになる」と心底思ったのである。

ロシアの南下を阻止し、アジアを守るのは中国人でも朝鮮人でもない。もはや日本人しかいなかったのだ。「皇国《こうこく》の興廃《こうはい》この一戦にあり」は決して誇張ではなかったのである。

西洋人が抱く大規模海戦とは、損傷沈没の程度は敵味方とも〝同等で互角〟いわゆる〝つぶし合い〟が常識であり、勝敗は残艦数か逃走の有無で決した。

しかしここ〝ツシマ〟では違った。結果は一方的な殲滅戦となり、ロシア艦は正真正銘、完全に消滅したのである。

この海戦の様相と、成し遂げたのが非白人という二つの事象は西洋史理念からは想像できない前代未聞の出来事であった。そして戦場としての〝ツシマ〟の名はいやがうえにも世界中にとどろき渡ったのである。

さて報国丸が、大連に到着したのは一九日の七時三〇分であった。

そのあと満洲内部に向かう特急列車に乗る船客は大連駅に急いで向かうことになる。そこには大連駅九時発の新京《しんきょう》、哈爾賓《ハルピン》行き特急列車〝あじあ〟が、内地では見たこともない濃い藍色をした精悍で重厚な機関車とそれに連結した食堂車、展望車も含めた客車七輌が待っているのである。

この特急〝あじあ〟は、大連からはほぼ直線的に奉《ほう》天《てん》、新京さらに哈爾賓と満洲国内部まで延びている南満洲鉄道自慢の列車であった。満洲最大都市の奉天には一三時五〇分、首都新京には一七時二五分に到着し、終点の哈爾浜には二一時三五分に到着する。

最高速度一三〇キロ、その日の内に満洲中央部まで進出できるのであるから、それは驚異的な速力であった。なぜそんなに速いのかというと、日本のものと比較すると機関車の重量、全長、ボイラー、動輪が一回りも二回りも大型であったのと、蒸気機関車にしては斬新で画期的な流線型を採用していたからだ。

それならなぜ同じ日本人が作った機関車なのに、日本本土ではできず満洲でできたのかというと、ひとえに軌間《きかん》つまりレールの幅に問題があったからだ。日本の軌間は一・〇六七メートルであるが、満洲では中国やヨーロッパの標準軌間一・四三五メートルであったから日本人技術者は満洲でこそ能力を発揮できたのである。

しかしまた一つ疑問が出てくる。「それでは日本でもレール間隔を広げて一・四三五メートルにすればよいのではないか」となるが、それは日本の地形では不可能だったのだ。山あり谷ありカーブありで、そこには既存の鉄橋やトンネルがあり、もはやレールだけの問題では済まないのである。したがって日本で高速化を求めるなら、広幅軌道レールをまったくの別系統に

門司港の報国丸。その背後には石炭焚き曳船の黒い煙が立ち昇っている（商船三井提供）

新設しなければ所詮無理だったのである。

報国丸が大連をあとにしたのは、二日後の二一日一一時で、門司は二三日の入出港、神戸着が二四日早朝となった。次の航海は神戸発一二月二八日となる。

この第一次航海は、神戸～大連～神戸が八日、神戸停泊が四日となったが、その後もほぼこの一航海一二日のパターンで定期便が運航されることになった。

第二次航海は、年をまたいだものになるが、二九日の門司を経て三一日大連着、年が明け一九四一年（昭和一六年）の一月二日大連発で、門司が一月四日、神戸着が一月五日である。

このようにして報国丸の大連航路は、日満の動脈の役割を果し続けるのである。

この時期の大阪商船の大連航路は、「扶桑《ふそう》丸」「うらる丸」「うすりい丸」「吉林《きつりん》丸」「熱河《ねっか》丸」「鴨緑丸」「黒龍《こくりゅう》丸」の専用航路船に加え、国策船の「報国丸」「あるぜんちな丸」「ぶらじる丸」が加わった一〇隻であった。

なおこの時期、大連航路に就いていた「さんとす丸」と「りおでじゃねろ丸」はすでに軍に徴用、「らぷらた丸」は仏印ハイフォン航路となり、南米航路に就いていたのは「もんてびでお丸」と「ぶえのすあいれす丸」だけであった。

英国の不思議な抗議

一九四一年（昭和一六年）五月二三日、米国ロサンゼルスのイギリス領事館が、一一隻の日本船をブラックリストに載せ、これらに制裁措置をすると発表した。不思議なことにこれらの船舶はすべて日本水産、大洋漁業、極洋捕鯨の南氷洋捕鯨船団であった。

「図南丸《となん》（第一、二、三）」「日新丸《にっしん》（第一、二）」「極洋丸《きょくよう》」の六隻の捕鯨母船と「厳島丸《いつくしま》」「北辰丸《ほくしん》」「神洋丸《しんよう》」「神盛丸《しんせい》」「遼海丸《りょうかい》」など行動をともにしたタンカーや加工船、運搬船の計一一隻であった。第六次南氷洋捕鯨は昭和一六年三月で終了して、すでに各船は日本に帰港していた。

発表によると、「最近、日本の油槽船《タンカー》と捕鯨船が南太平洋およびインド洋でドイツ軍艦に燃料補給している嫌疑あり、日本は中立であるからこれは国際法違反だ」というのである。

イギリスの日本標的の嫌がらせがまた始まった。

「それならば、去年（一九四〇年）からイギリスに入ってきている米国産軍需品は、すべて違反ではないのか」となるのだが、そこの整合性は無視されていた。

不当な言いがかりであるが、日本の捕鯨関係船をひと括りで抗議している点から、一つだけ心当たりがあった。それはこの一九四一年（昭和一六年）二月一五日の南氷洋でのことであるが、操業中の「第二図南丸」（一万九二六二総トン）が、接近してきた老朽貨物船に食料を分け与えたことがあったからだ。実はこの船は、イギリス海軍が探し求めていたドイツの仮装巡洋艦「コメット」（三二八七総トン）であった。

「コメット」は一九四〇年（昭和一五年）七月二日ドイツを出港、なんと北極海経由で九月五日、北太平洋のベーリング海に出現したのである。

なぜ「コメット」だけが、航行不可能ともいえる危険水域をしかも高額な通行料金（砕氷船、水先料）をソ連に支払ってまで通過を試みたのか。そこには大きな任務があった。それは太平洋に取り残された多くの一般ドイツ商船が、なんとか北極海を通過して無事帰国できないかの調査を兼ねた、まさに国家のプロジェクトを背負った探検航海だったのである。

「コメット」は太平洋を南下、オーストラリア東方の海域で僚船《りょうせん》とともに戦果を挙げ、さらに次の作戦のため南氷洋に到達したのであった。なぜ南氷洋なのか、それはノルウェーの捕鯨船団を狙ったのである。

船団は母船とキャッチャーボートで構成されているから、一〇ないし一五隻と数が多いので拿捕《だほ》は不可能と思われるが、ちょうど一か月前の一月一四日、同じく仮装巡洋艦「ペンギン」が、実に母船と支援船（それぞれ一万トン以上）合計三隻と一一隻のキャッチャーボートの一船団丸ごと拿捕していたのだ。

「コメット」が遭遇したのは、ノルウェー船団ではなく日本の「第二図南丸船団」であったというわけだが、すでに四隻の戦果を挙げていた「コメット」には収容した捕虜も含め五〇〇人以上が乗船していたので食糧事情は悪く、ここで日本側に食料提供の要請をしたのである。

そして「第二図南丸」は、海員魂と人道上から乞われるまま鯨肉、米、野菜、果物、タバコ、コーヒー、日本酒などを分け与えたのだ。

この行為が、解放された捕虜などから露見し誇大に歪曲解釈され、日本の捕鯨操業船すべてが、あたかもインド洋や太平洋で、次々とドイツ軍艦に補給をしているかのごとく発表されたのが事の次第であった。

なおこの時の日本は、「日新丸」や「極洋丸」の各社船団合わせて六船団であったが、帰路のオランダ領インドネシアで日本船への燃料補給を拒否されたことから、次期南氷洋捕鯨は中止せざるを得ない状況に迫られ、日本国民への食糧供給への影響が懸念されていた。

海軍徴用

改修工事

六月中旬、報国丸は会社から「貴船は八月一日をもって公用となす旨の海軍通知あり、第一八次航が最後となる見込み」と連絡を受けていた。

これによって昭和一六年七月一一日神戸着、一二日大阪回航、一四日貨物揚げ切りをもって大連航路に終止符が打たれた。なおこの時から荷役書類、船客名簿、軍用に無関係の不用物品などが次々と陸揚げされた。

そして七月一五日、再び玉造船所に回港《かいこう》された。そこで残りの大物や重量物、それに金庫、調度品、装飾物、絵画などの会社貴重物品がクレーンで陸揚げされた。

八月一日、報国丸は正式に公用扱い船となった。この日から大阪商船ではなく海軍からの指示で動くことになり、海軍の監督官が乗船してきた。

海軍は、あらかじめ予令を造船所と大阪商船に出していたが、それに従って同日から塗装工事が始まった。

まず大阪商船の象徴である横長の「大」を示すファンネル・マークが取り外された。ハウス中央に凛としてそびえ立つその煙突は、濃い灰色の軍艦色で全面が塗りつぶされていった。次に船体の前後左右、四か所に描かれていた識別用の日章旗が黒で塗り消されたが、上部の船首から船尾までの白線一条は残されたので大阪商船の名残りは留めることができた。

八月四日、外見は商船で、ファンネル・マークは軍艦となった報国丸が玉造船所を離れ神戸に向かった。

八月五日、神戸港に到着したが、本船は八月二九日付で徴用《ちょうよう》となることが内示された。

接客関係の要員などの事務部はすでに退船しており運航要員だけが残っていたが、徴用直前に海軍の指示によって会社経由で宮原船長に下船通知がきた。

船長は船を去るにあたって全乗員を一堂に集め、次のように挨拶した。

「今回、本船はその名にたがわずお国のためにご奉仕することになると聞き及んでおります。この優秀な船は日本海軍の御用にいくらでも応えることができるでしょう。

私は本船を去る身ですが、皆様の中には予備士官として、あるいは軍属として残られる方もいると聞いております。世界情勢のことはわかりませんが、迫り来る非常時を乗り切れば、また貨客船として復帰し多くのお客様を乗せ、世界の海でお仕事ができるものと信じております。その時はまたお会いできるでしょう。では皆様の今後のご活躍とご安航を心より切にお祈りいたします」

　すると目頭が熱くなったのか、ハンカチを少し目に当てたのだった。そして深々と頭を下げ、出迎えの会社の職員とタラップを降り、岸壁に立って乗員に手を振った。そして船首から船尾までゆっくりとした視線を向けたあと、名残り惜しそうに造船所手配の車に乗っていった。

　もともと助成船であることから、当然その対象であることは承知である。船舶は、海軍省の兵備局《へいびきょく》に登録され、船種、性能、トン数に応じて戦備調達計画の中に組み込まれ、有事の際、必要に応じて徴用されることになっていた。

　確かに徴用は明治、大正、昭和のいつの時代も存在した。それでも昭和一二年（一九三七年）までは、徴用といっても船会社と陸海軍との任意の雇用契約に基づくもので強制的なものではなかった。いわゆる物品の御用達《ごようたし》であり、船舶の貸切りと考えればわかりやすいと思うが、このようなものを御用船《ごようせん》といった。

　それにしてもいくら助成建造した国策船舶であったとしても、戦争も始まっていないのに徴用なるものができるのだろうかと疑問に思われるものだ。

　昭和一三年四月「国家総動員法」が公布され五月から施行されている。その一部の条文を記す。

　第一条：本法において国家総動員とは戦時（戦争に準ずべき事変の場合を含む）に際し国防目的達成のため国の全力を最も有効に発揮せしむるよう人的及び物的資源を統制運用するをいう。

　第二条：本法において総動員物資とは左に掲ぐるものをいう。

（省略）

第四項　国家総動員上必要なる船舶、航空機、車

両、馬その他輸送用物資
（省略）

これによって第一条の「事変の場合を含む」に支那事変が該当する。第二条の四項の「必要なる船舶」に報国丸は相当する。

この法律により徴用の意味するところは、それまでとはまるで異なり、法的強制をともなうものになったのだ。船主と軍との間には用船契約が結ばれるところは以前と同じであるが、指名を受けた船会社の都合や提供する船の選択はできないようになった。

もちろん軍に指名を受けることは名誉なことである。協力は軍務貢献、戦力増強となり、さらに戦争が終わったあかつきには、再び商業活動ができるから船主にとっては決して悪い話ではなかった。

八月二九日、報国丸は正式に海軍徴用となった。そして少数の下士官兵をともなって海軍少佐が乗り込んできた。少佐にしてはやや年配の海軍士官は、大阪商船乗組員を集め、堂々たる口調で訓示ともいえる挨拶をした。

「自分は本艦の砲術長《ほうじゅつちょう》、八木少佐である。只今より本艦は海軍の巡洋艦となる、艦長が赴任されるまでは本職が指揮を執る」に始まって長々と続いた。

八木伊太郎少佐は、大変優秀な士官であった。というのもたたき上げの准士官や一等兵曹から選りすぐりの者だけが入校する兵学校選修《せんしゅう》学生出身の人物で、同じ選修学生四期生はわずか二六人という超エリートであったのだ。

しかし大阪商船の船員は、ここにきて〝本艦〟〝砲術〟〝巡洋艦〟などの言葉が飛び交うのを聞いて、国際センスと気品を備えている貨客船のどこが軍艦なのだろうかと不思議な違和感を覚えた。

翌八月三〇日、三菱神戸造船所の岸壁にシフトした。

造船所は活気に満ち溢れていた。通常の船舶建造、修繕工事のほか徴用船舶の改造工事が、目白押しだったからだ。

これからの改造は海軍艦政《かんせい》本部から派遣された監督官が、具体的指示を出していく。海軍は、常日頃から内外の軍備情勢を見極め、必要な徴用船の数や装備施《せ》工《こう》数などを前もって研究していた。この時すでに搭載兵器と設置箇所は決まり、これに沿って図面と工事仕様が細部にわたって出来上がっていたが、それは報国丸が完成した時から決まっていたのかもしれない。

いよいよ改造工事が始まるが、一般乗員は、どのような工事が行なわれるのか、またどのような目的で使用されるのか、まだ皆目わからなかった。

国際情勢には、乗組員も敏感であるが、「戦争は正規の軍艦が正々堂々と戦うものだから、商船改造軍艦なんて後方の安全海域での任務であろう」「戦争が終わったら、また商船としての活動ができるので、それまでの辛抱である」「一体どこと戦争をやるというのだ、ソ連攻撃かな、いや東南アジアのイギリス、オランダだろう」などと思った。

九月になると、内定した海軍軍人が続々と乗り込んできた。これらドック期間中にやってきた士官の乗組員を特に艤装員《ぎそういん》と称したが、中心になったのは兵科の八木少佐であった。

艤装員は責任もって改造を完工させなければならない。大きな変更はできないけれども、細部の仕様は使用者である乗員しかわからない些細な事項が多くあるので、それらを使い勝手のよいものに仕上げなければならないのだ。

改造は次の三点が主要項目である。

第一要件、兵装の新設、大砲装備、魚雷発射管設置、飛行機搭載など。

第二要件、船倉の改造、弾薬、砲弾、魚雷、爆弾などの危険物格納庫の設置。

第三要件、居住区改造。特設巡洋艦としての定員は二七〇人が予定されている。客船時の収容力は五二二人だったので余剰分は改装。

工期は一か月半、当然ながら突貫工事となる。

〈軍艦編〉

第三章　武装商船

商船改造

兵装

まず主役の兵装である大砲だが、当初の計画より二門追加され、左右三対の側砲《そくほう》と船首尾砲の合計八か所となる。特に船首甲板《フォクスルデッキ》と船尾甲板《プープデッキ》には、新たに頑丈な支柱を数本立て、砲座となる円形の鉄板を張った架台が作製された。全ての設置箇所は、重量と衝撃に耐えるだけの強度がなければならない。

大砲がクレーンで吊り下げられてくると、砲艤装員はこの単装砲を見て驚いた。囲いがなく砲が剥き出しになっていたからだ。

砲の名称は「四〇口径安式《あんしき》六吋《インチ》砲」であるが、わかりやすく書くと「アームストロング式六インチ砲」となる。

六インチは、砲の内径がほぼ一五・二センチであるから、日本ではこれを15センチ砲と呼んだ。四〇口径とは砲身の長さを表し、15センチの四〇倍で六〇〇センチ、すなわち六メートルとなる。

六インチ砲は明治の軍艦、特にイギリスに発注された「三笠《みかさ》」を含む多くの大型艦の副砲として多量に使用されていたのだが、除籍廃艦《じょせきはいかん》や兵装交換となった折に撤去、陸揚げされ、日本の軍港や関連港の倉庫には、総数六〇〇門以上がごろごろしていたのだ。これらの砲は、急増する特設艦の主砲に転用され、報国丸にも出所艦不明ながらも回ってきたのである。

この単装砲が、船首、二、三、四番ハッチ両舷、船尾に合計八門設置された。日本海軍では、15センチ砲一門につき一〇名の砲員が配置に就くことになっているので砲員だけで八〇名も増えることになる。

当時の軽巡洋艦の主砲は、14センチ砲を六から七門

九四式二号水上偵察機（wikimedia commons）

搭載していたことから比較してみるとかなり強力であることがわかる。

　また対空火器として九三年式一三ミリ二連装機銃二基が、艦橋上部のコンパスデッキ両舷に装備された。

　また同じくコンパスデッキの中央付近には、武式二・五メートル測距儀《そっきょぎ》が設置された。一一〇センチ、九〇センチの探照灯および四〇センチ信号灯用探照灯が、煙突甲板《ファンネルデッキ》の前後に取り付けた架台に載せられた。その他に軍用無線機、大型双眼鏡など海軍仕様の艤装品が必要箇所に設置された。

　さらに偵察、捜索、哨戒用として川西航空機の「九四式二号水上偵察機」が搭載されることになった。この二号とは、エンジンを「水冷直列十二気筒」から「空冷星型十四気筒」に換装して性能と信頼性が向上したものである。

　この偵察機は、操縦、偵察、通信の三座の複葉機であったが、日中戦争の緒戦では地上の精密爆撃に性能を遺憾なく発揮し、陸軍からも重宝がられていた。九四式ということは皇紀二五九四年、つまり昭和九年採用の飛行機であるから昭和一六年にはすでに七年が経過しており、複葉でいささか旧式の感じであったが、海軍の割当順位からすると適任機だと判断されたのだろう。

　主な要目は、最大翼長一四メートル、最大機体長一〇・五メートル、最大速度二八〇キロ、上昇限度六二〇〇メートルとなっている。

機体自量は約二〇〇〇キロ、搭載量は約一〇〇〇キロで合計三〇〇〇キロが正規運用重量であるが、許容過荷重は三三〇〇キロである。

通常爆装は、六〇キロ×四個（二四〇キロ）、機銃は七・七ミリ機銃三基搭載、なお旧式の一号の爆装は三〇キロ×四個または六〇キロ×二個の一二〇キロであったから、爆装は二倍となっている。

ハウス後部の五番船倉を挟んで左右両舷に雷撃用の「六年式連装発射管」が設置された。

この場合の六年式とは大正六年に制式採用された意味であるから、昭和一六年の搭載兵器としては二四年もの歳月は、これまた旧式過ぎるのであるが、備砲同様お蔵入りのものしか回ってこなかったのだ。

魚雷も同じく六年式で、要目は直径五三・三センチ、長さ六・八四メートル、重量一五〇〇キロ、炸薬二〇〇キロである。

貨物倉

六倉ある船倉は、主に軍需品が大量に積めるように改造された。特に船首側の二番船倉は二五トン・ブームを使って戦車も積めるようにした。

しかし何といっても大改造は、船体後部の設備であった。飛行機搭載が可能となるように、甲板が新設されたからだ。

後部中央の五番船倉には、両舷二本、前後向い合わせで合計四本のデリックが使用できる構造になっている。特に船尾側のデリック強度は一〇トンでウインチの能力も五トンであったから三トン前後の飛行機を吊り降しするには十分であった。しかしデリックの長さに問題があった。デリックの長さは一四・五メートルと最長であったが、外舷に飛行機を振り出すには少々不足していた。このため右舷のデリックだけ一・五メートル延長した一六メートルのものと交換した。

その五番船倉の上部に新しく鋼板が船幅いっぱいに貼られ、前部は船橋楼甲板と後部は四番ポストのプラットホームと同じ高さで前後連続した面が出来上がった。さらにこの広い鋼鈑の上に厚い木板が敷き詰められ、実に立派な飛行機収納甲板が完成した。また、前隣りの四番船倉は、整備作業所と機材および爆弾格納庫になった。

しかし重大なことは、甲板が五番船倉の上にできたということで、蓋《ふた》の上に蓋をしたような状態となり、デリックを使用して大物や重量物の積み込みができなくなったことだ。

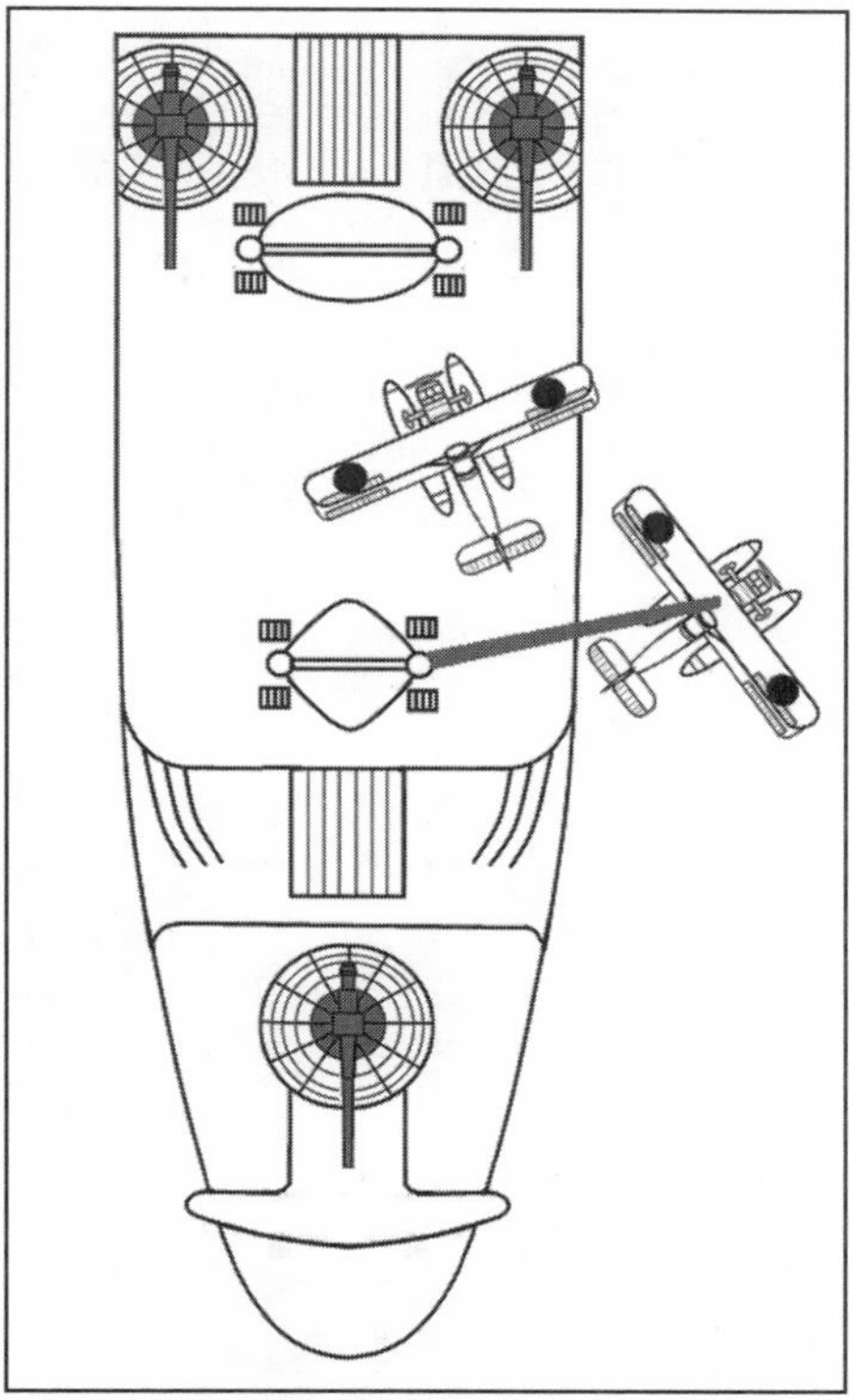

図5 水上偵察機の収納位置と振り出し

なお飛行機収納定位置は、中央ではない。飛行機は四番ポスト右舷の一六メートル・デリック一本で吊り上げ右舷船外に振り出すのだ。したがって飛行甲板の右舷側に船体中央軸と機体軸が二五度の角度をなし、しかも主翼が舷外に出るか出ないか程度の場所が収納定位置となる。つまり上から見て飛行甲板の中央から右にずらし機首を左斜めにして置くかたちになる。

搭載魚雷は一〇本が予定されているが、その格納庫は六番船倉となった。船倉内の魚雷は動揺で動かないよう固定用の格納ラックが設けられた。魚雷は出庫時、調整も行なう必要があり、その魚雷調整室も六番船倉内の区切られた箇所に作られた。

さて魚雷の積み込みから装塡までの手順はこうだ。

陸上の岸壁に運ばれてきた魚雷を、六番船倉用デリックで一本一本吊り上げ船倉内のラックに順次収納していく。出港後の必要時には再び魚雷を六番用デリックで吊り上げ、ハッチの横まで伸びている甲板上の軌道にある魚雷運搬用台車に載せる。その台車を人力で五番船倉横にある魚雷発射管まで押していき、魚雷を装塡する。なお魚雷発射管の通常における収納位置は船と同じ向きであって、攻撃時に海上に向け旋回し目標に指向するようになる。

のちにわかったことだが、六番船倉の魚雷収納に際して大変不便なことがあった。それは船倉口《ハッチ》の寸法が魚雷の長さより短かったのである。六番ハッチの寸法は長さ六・三メートル、幅四・八七メートルであったから、長さの六・八四メートルの搭載魚雷の出し入れは、ハッチの対角線（七・九メートル）を利用して必ず斜めにもっていかなければならなかった。

居住区

居住区は前述したように、ベッド数としては足りたが、軍用装備品などの格納庫を増設した。

居住区に関して、海軍側と大阪商船側の利害が複雑に絡み合った状況が次々と明らかになった。大阪商船としては、内装はできるだけ現状保存してもらいたかったが、海軍側は戦闘艦として機能重視で可燃物はできるだけ取り除きたかった。

しかし海軍側も弱みがあった。徴用はしても戦争が終わればやがて解除となり、原状回復のうえ、船会社に返還する契約になっている。しかも戦争は起こらないかも知れないし、起こってもすぐ終わるかもしれないとの思惑が交差していた。

部屋の優雅さや気品からして、これらを撤去して再設置するとなるとその負担は莫大なものになるし、人間の感覚からして「もったいない」という気持ちが生じた。したがって部屋の内装などは、その場その場で迷う箇所が出てくるのだが、居住区に対しては工期の問題も幸いして、それほどの大改造はなされず現状のままの箇所が多く残った。

改造工事の完工日は一〇月一五日と決まっていたので、このわずか一か月半で施工のほか海上試運転、新設機器や装置、武器などの作動テストと性能確認までこなさなければならないため、あらゆる箇所で昼夜問わずの突貫工事が続いた。

特設巡洋艦

特設艦船

改修工事が佳境の九月二〇日、内令第一〇九三号により汽船「報国丸」「西貢丸《さいごん》」「盤谷丸《ばんこく》」の三隻に「特設巡洋艦とし呉鎮守府《ちんじゅふ》所管と定めらる」と通達され、正式に海軍への入籍となった。

なお「西貢丸」「盤谷丸」の二隻は「機雷敷設に従事する特設巡洋艦に指定す」となり用途が若干異なることとなる。

陸軍徴用船には入籍ということはない。それは陸軍が原則、船舶を使っての戦闘はないからである。したがって用途は、進出先まで兵員および軍需品その他の資機材の輸送だけという単純明快な理由から陸軍の徴用船の形態は、輸送用貨物船に限られた。

忘れてならないものに病院船がある。これにはもっぱら客船、貨客船があてられたが、外務省を通じて交戦国に通告すれば国際条約により攻撃対象外とされるものである。ほかにも種々あるが雑務船が多く規模も小さい。

しかし海軍はそうはいかない。船は道具であって、使いようによっては兵器になり得る。したがって自由に使うためには海軍の軍用船でなければならない。よって入籍という過程が発生するのである。

海軍とは自ら船に乗って、縦横無尽に海洋を駆けめぐり四方の敵を蹴散らすのが仕事であるが、その補助艦の任務は偵察、哨戒、捜索、救難、護衛、母艦、洋上補給、機雷敷設、通商破壊など挙げればきりがなく、用途が陸軍のような輸送だけに限らないことが理解できる。

もちろん海軍にも陸軍と同様、入籍をともなわない輸送だけに従事する徴用船も数多くあるが、これは「特設艦船に非ざる海軍徴用船舶」と規定され、それらは〝一般徴用船〟と呼ばれた。

そのあたりの事情を説明する前にまず「艦船令」と

称する海軍の規則から見ていきたい。この法令は何回も小改正が行なわれているので、どの時点かをはっきりしておかなければいけないが、この時期の一九四一年（昭和一六年）六月時点のものを取り上げる。

その「第一条」に、艦船はこれを左のごとく種別すとして「軍艦 駆逐艦 潜水艦 水雷艇 掃海艇 駆潜艇 特務艦 特務艇」とある。

「あれっ戦艦や航空母艦がない……」と思われるかもしれないが、それは「軍艦」という文字の中に集約されている。

その「軍艦」を類別すると「戦艦、巡洋艦、砲艦、海防艦、航空母艦、敷設艦、潜水母艦、練習戦艦、練習巡洋艦、水上機母艦」の一〇艦種をいう。

駆逐艦、潜水艦が軍艦扱いではなく、砲艦、海防艦、練習艦などが軍艦であるという分類法はなかなか理解しにくいものだが、そこには艦艇歴史の流れと巨大組織の既得配置所以《ゆえん》の理由があるからである。

「言葉」には意味があるので、できるだけ当時の単語、語彙、用語を使用したいが、ここで正式な艦種分類法に忠実すぎると、かえって難解、混乱を招きやすいので、本来の趣旨がわかりやすいよう、ここでは一般的概念に基づいて海軍所属の艦艇のすべてを〝軍艦〟と呼ぶことにする。

また「艦長」という職称もこの前記の軍艦に分類される一〇種類だけに限られて、駆逐艦、潜水艦ではいちいち〝駆逐艦長〟〝潜水艦長〟というのが公式職名である。しかしここでは、当時、習慣的に現場で使われていたように、艦の付くものはすべて〝艦長〟、艇の付くものはすべて〝艇長〟と記述する。

以上が正式の軍艦であるが、次に、民間船を軍艦にしたものについて述べると、これらすべては「特設艦船部隊令」により〝特設〟という二文字を艦種の前に冠することになる。したがって特設巡洋艦、特設敷設艦などが出てきたら元商船であると思えばよいし、特設掃海艇、特設監視艇とか比較的小型のものであれば元漁船や元機帆船《きはんせん》だったものとなる。

なお接頭語ともいえる〝特設〟には、二流、二軍、非正規、副次、臨時などのニュアンスが付きまとう。

似たようなものに〝特務士官〟がある。これは特別な任務をおびた士官の意味ではなく、水兵から努力して昇進した士官のことで、兵学校出身者と区別するための呼称だ。すなわちわざわざ「特○○」を付して呼ぶことは、マイナスのイメージと表裏をなしている。

ある程度の改造をすれば、どの民間船も特設艦船になりうるが、特殊性が顕著な戦艦、潜水艦、駆逐艦の特設艦は存在しない。しかし特設航空母艦は存在した。特設航空母艦「春日丸」である。しかしその特殊性から最終的には海軍買い上げとなり、航空母艦「大《たい》鷹《よう》」と海軍の艦名となった。その他の商船改造航空母艦は時勢の折すべて買い上げで、改造当初から軍艦の航空母艦となっている。

このような艦船法令をもとに報国丸は、巡洋艦として使用すると決まったが、これを正式の巡洋艦と区別するため接頭語にあたる〝特設〟をわざわざ付して「特設巡洋艦」としたのは前述の通りである。

報国丸同様、特設巡洋艦として徴用された商船は一九四一年（昭和一六年）一二月までに一三隻あるが、この中で最大のものが「報国丸級」である。その理由は、船齢《せんれい》が若く、一万トン級の大型、高速力、大積載量、長航続距離、軽巡なみの武装ということからきている。

この時点では、海軍にとってその用法は未知であったが、結果的に巡洋艦らしき配置についたのは報国丸と愛国丸の二隻でしかない。ほかは特設巡洋艦とは名ばかりで輸送、哨戒、機雷敷設、護衛など身の丈にあった任務についたからだ。

特設巡洋艦は、艦船令でいう軍艦となるため民間人の乗組員は全員下船し、特設巡洋艦定員表に規定してある海軍士官、下士兵が乗船して運用するのが本当であろう。

しかし、特設艦船部隊令、第二条の三項に「徴用船舶をもってする特設艦船には本令中特に規定するもののほか必要に応じ軍属として乗員の一部に固有の船員を置くことを得る」とある。

報国丸の固有の船員とは、大阪商船の船員であって、必要な要員はそのままの船内職務を継続してもらい、身分は軍人ではないが軍属とするということだ。

「いや、特設軍艦であれば危険なので、私はここで雇止《やといど》めしてもらい下船する」などとはは言えないのだろうか。

もう一度、国家総動員法を参照してみると、第四条に「政府は戦時に際し国家総動員上必要あるときは勅令の定むる所により帝国臣民《しんみん》を徴用して総動員業務に従事せしむることを得る」とある。

「勅令で臣民を業務に就かせる」というのが要点である。勅令とは「天皇の命令である」という意味で、もちろん当時、それは絶対的権限であるから、さりげなく勅令という文字を挿入するだけで無言の強制となる。

また一九四〇年（昭和一五年）「船員徴用令」ができたが、これは何かといえば「陸上に転職した元船員の拾い上げ」で海上経験や免状の申告義務を課し、さらに罰則規定を設けたもので国家総動員法の下位法令である。今後船員不足ともなれば、このような人々にも乗船命令が下る可能性があるのだ。

いかめしい法律云々は別として、ここで現実の話に戻す。

地球上で最大の乗り物である船は、そう簡単に、車のように乗ればすぐ誰でも動かせるものではない。だから商船の運用の実務である航海、機関、荷役《にやく》は法律の有無にかかわらず従来の大阪商船の乗員に任せるしか方法がないのである。

高級船員（商船士官）は、海軍予備員制度によりその場で召集し、応召《おうしょう》士官としてそのまま乗船継続することが可能であった。海軍予備員制度とは、大型船舶の商船士官が有する免状はもちろんのこと、操船や機関の技術、技能などを有事の際に利用するためのもので、高等商船学校その他を卒業したら自動的に海軍予備士官として任用《にんよう》、登録されることになっていた。

したがって、特設巡洋艦〝報国丸〟の当初の運航は、ほぼ大阪商船乗員が担当することになる。

ところで、帝国海軍はどのように特設巡洋艦を運用するつもりなのだろうか。

第一次世界大戦時は、おおいに水上艦でも活躍できた。ドイツの仮装巡洋艦「ゼーアドラー号」は帆船ながら実に一五隻の戦果を挙げている。二年前の一九三九年九月から始まった欧州戦争で、ドイツ海軍が大西洋とインド洋に派遣した仮装巡洋艦も通商破壊に威力を発揮している。

これらに触発されて、日本海軍も特設巡洋艦でかなりの商船を撃沈できるものと期待したのであろうか。

もしドイツの真似をして仮装巡洋艦のような仕事をするとしたら、船価が安く小型で船齢も古いものを使い、しかも大砲などの兵器は巧みに隠す必要がある。

そして肝心なことは乗員の資質である。それはまず忍耐力で、次に敵を欺く巧妙さであり、あとは臨機応変、当意即妙な対応ができる柔軟なしたたかさであろう。

しかし残念ながら、これらは生真面目にして几帳面、しかも短絡的な性向が強い日本人にとって不向きなものばかりである。

したがって〝特設巡洋艦 報国丸〟を、どのような作戦に投入していくのか、誰にもわからなかったのである。

艦長赴任

藍原有孝大佐

充員《じゅういん》召集内令を受けていた藍原有孝《あいはらありたか》予備役大佐は、九月初め「九月十一日、呉鎮守府附を命ず、呉鎮守府に出頭せよ」との電報を受け取った。

海軍兵学校三八期の大佐は、二六年間の海軍勤務を終え、予備役となったのは一九三六年（昭和一一年）一二月で、それからすでに五年近く経って今では〝潮気〟がなくなりかけていたが、やはり「帝国海軍は自分を必要としている」と思うと心の底からうれしくなった。しかし予備役の召集であるからには、どうせ後進の指導か裏方の事務手伝いだろうかと思うと一抹の淋しさもあった。

このような大佐級の予備役編入者の心情や生活はどのようなものかというと、一般的に最初は冷や飯を食わされた思いであろうが、身分の気楽さと自由さに相まって娑婆の人生もまんざらでもないと思っていた人が多い。

それは在郷《ざいごう》軍人社会では、海軍啓蒙者、海軍志望者の先導者として重宝され尊敬されていたからである。その証拠に軍事情勢の有識者として、故郷では学校、役場、町内会、消防団から商工会議所、企業などから行事の参加や講演の依頼などが相次ぎ、暇を持て余さない程度に有意義な時間を過ごせたからだ。

さてこの予備役とは、なんだろうかと思われるだろうが、一言でいえば退職軍人のことだ。

当時の軍制では、これらの退役した軍人経験者は、全員そのまま予備役編入となり、有事の際はいつでも元職に復帰すべき員数《いんずう》となっており、現職の軍人である現役と対になって常備兵力を構成していた。もちろん下士官、兵であっても満期除隊後は、兵役経験者として、一定年齢まで予備役に編入された。

説明すると長くなるので職業軍人の士官で述べるが、軍人は各階級に定年のような規定があって、それ以上に昇進していなければ、階級ごとの年齢制限に到達した時点で予備役編入となる。

職業軍人社会の階級と年齢は完全にピラミッド型となっているから、最下級の少尉と最上級の大将が同数であるはずがないのは自明である。階級と年齢が上昇するほど当然のようにポストは狭き門となるが、この競争は必ずしも平等でないところもあろうが、良い意味でも悪い意味でも、現実には起こり得るのである。

前途を予感して、頃合いを見て自分から身を引く人も多いが、いずれにしても引退、わかりやすくいえば退職が何らかの形で迫ってくるのだ。この退職軍人が予備役であって、軍人のまま残った者が現役であるのは前述の通りである。

したがって戦争がなければ召集されることはなく、そのまま在郷軍人として地域で平穏に暮らすだけであり、時代によってはそういう人も多かったのである。

またこの予備役制度は、得てして悪用される場合があった。いくら優秀であっても、和を乱す者、迎合しない者、反対する者、個人や派閥で気が合わない者、弱い者などを優位な立場の側が排除する手段に使うことがあったからだ。「予備役編入を命ず」とは体《てい》のいい「お前はクビだ」と同じなのだ。

しかもいったん予備役となると、予備役を思わせるレッテルがつきまとった。たとえば同じ〝大佐〟であっても〝予備役大佐〟〝大佐応召〟とか余分な語がわざわざ付くのである。

予備役の者が復帰しても階級は退役当時のままであるから、同期の現役は年数で昇級して一階級も二階級も上位になっているし、ずっと下の後輩が同じ階級にまで昇進したり、場合によっては上になったりしているのである。

そこには去った者と残った者との間で、必ずしも実態を反映していない「エリートと落ちこぼれ」的な感情によって一線が存在し、無用な葛藤と軋轢が生じることがあった。

藍原大佐は、巡洋艦「加古《かこ》」の艦長が最後の海上勤務であったが、意外と艦長経歴は多くて長い。一九二二年（大正一一年）三三歳で駆逐艦「蕨《わらび》」の艦長を皮切りに、四一歳で「八雲《やくも》」の副長を務めたあとは「五十鈴《いすず》」「野島《のじま》」「龍田《たつた》」「球磨《くま》」「加古」と巡洋艦など合計六隻の艦長歴が続き、年数は四年三か月ほどであるが、その他の海上履歴を合わせればさらに長いので、どちらかといえば〝船乗り派〟といえよう。

藍原大佐は、懐かしい思いで呉鎮守府の門をくぐると、本館の接待部屋に案内された。しばらく待たされたが呉鎮守府参謀らが入室し、「大変お待たせしました。お久しぶりです」と挨拶したあと、「大佐には昔取った杵柄《きねづか》でまた頑張ってもらいたいと思っています」と切り出してきた。

「いま神戸の造船所で大型の客船の大改造を行なっています。これは海軍が非常時に備えて助成金で建造した商船でありまして、巡洋艦に改造しているところです。船名は報国丸、聞いたことはあるでしょう」

「えっ、あの報国丸ですか。大連航路に就いていることは知っています。商船が巡洋艦になるのですか」

「使い道はいろいろあろうかと思うんですが、有事の際は通商破壊を専門にやる軍艦に仕立てる予定です。藍原大佐には、初代艦長としておおいに暴れてもらおうと思っています」と言って、報国丸の艦長に就任することを内々に伝えた。

「武装商船か、それとも仮装巡洋艦ですか。いずれにしても高速貨客船が武装して走り回るのですな」

藍原大佐はふとドイツの巡洋艦「エムデン」が太平洋とインド洋で大暴れし三〇隻以上を撃沈した話を思い浮かべた。「やれるかもしれない」と二〇年以上前に読んだ海戦活劇が脳裏によみがえってきた。

この時期、特設艦の隻数はうなぎ登りに増え、艦長増員のためほとんどと言っていいほど、大型特設艦には予備役の大佐が召集されて赴任していた。

正規の軍艦は、艦長以下乗員はすべて現役で占めており、艦長の年齢も通常は四〇代である。それに比べて特設艦の艦長は、予備役制度の年齢からして召集時はどうしても五〇代になる。したがって比較的若い層で占める現役乗員から見たら、「今度の艦長はおじいちゃんだなあ」と思われるかもしれない。

「乗組員は、商船の船員がかなり残りますから、船を動かすのは彼らに任せるので大丈夫でしょう。作戦も司令部がやりますから、心配はいりません。それにしても兵隊を集めるのが大変でした。この時期どの軍艦も優秀な兵曹や水兵は離さないし、逆に増員を求めるほどですよ」

「特設巡洋艦としての定員はそろったのでしょうね」

「それを言われると弱いところですが、副長の確保は間に合いそうにありません、おそらく欠員になりそうですが、そこはなんとか勘弁していただきたいと思っております」

「えっ副長欠員、そんな軍艦、聞いたことないな、それは困るよ」

「そこをなんとか、砲術長にも言い聞かせて副長兼務にしていますので代わりに使って下さい」

藍原艦長は憮然とした表情で、参謀を見つめた。

「言葉を返すようで悪いが、特巡や応召艦長をなめてるのではないだろうな」と言い返した。

「まさかそんなことはありません。海軍省も連合艦隊も、必死になって限られた人材の中から適任者を厳選し充当しているところなんです。それでもあまりにも数が多いので手抜かりの所はあるかもしれませんが、それはどこも同じですのでご理解していただきたいと思います」と必死で弁解した。さらに、

「問題は砲と魚雷です。員数は揃っているのですが、どの艦も優秀な兵隊は手放したくないようで、どうしても特設艦には現役の兵隊はわずかしか配置できませんでした。絶対数が不足しているのです。いずれにしても応召と服延《ふくえん》（服務延期）の兵隊さんに頑張ってもらおうと思っています。配置によっては不慣れや未熟な兵隊もまじっているかもしれません。大変でしょうが、そこのところは訓練でなんとかよろしくお願いします」と続けて言った。

「承知するしかないな。時局は迫っているがまさか戦争はないだろう。資源確保を目指すのだったら軍艦を並べるだけで蘭印なんかはすぐ手を上げ、売ってくれるだろう。いずれにしても万一戦争の時には本物の軍艦に頑張ってもらわなくちゃね」と現役時代を彷彿させる表情で釘をさすように言った。

その後、「海軍大佐 藍原有孝 報国丸艦長に補する」との辞令が下ったのは、報国丸入籍と同じ九月二〇日であった。

海軍は大量の特設艦誕生に悲鳴を上げていた。これは特設艦のせいだけではない、正規の軍艦も次々と就役しており、その人員確保と配置に追われていた最中に、特設艦の大量入籍が加わり、首も回らなくなっていたのが現状だった。

帝国海軍のエリート士官となるべく教育機関の海軍兵学校はそれまで一二〇名程度であった卒業生が、昭和一三年から一挙に四〇〇名ほどに増えた。そしてこの昭和一六年は、三月と一一月の二期合計で実に七七〇名ほどの海軍士官が誕生した。

下士官、兵も不足である。したがってこちらも藍原艦長と同様、海軍をやめて一般社会で活躍中の社会人を召集して再度軍務に就かせるのと、満期退役となるべき兵曹や水兵を残留させ軍務を延長する服務延期として人員確保をしていったのである。

現役兵は義務期間中であるが、応召と服延は義務を達成した者たちであり、「あーあ、またか」「困った」「いやだ」との人間心理が働いたであろう。しかし「報国丸乗船を命ず」と聞いて、軍艦でなく「丸」のついた船の配置で「助かった」「よかった」と内心安堵した者が多かったのである。

海上確認運転

一〇月初旬、やっとのことで第一回目の海上試運転に漕ぎ着けることができた。藍原艦長は、初めて商船のブリッジに立った時、その広さに驚いた。

軍艦の艦橋は、計器と指示器とテレグラフ、随所にあるコンパスや大型双眼鏡、ニョキニョキと床や天井から出ている伝声管《でんせいかん》、縦横に走るむき出しのフレームとその合間を幾重にも連なるパイプや電線、そこに所狭しと士官と兵員が詰めるからゴッタ返えすのが当たり前であった。

報国丸のブリッジは広い。そして操舵輪が中央にポツリとあって右舷前にエンジン・テレグラフがあるだけである。コンパスは中央前部にあり、左右舷に追加のコンパスと要所に双眼鏡設置を増やしたが、それでも余裕があった。

ブリッジから船首端まで六二メートルもあったが、それより驚いたのは、荷役用のデリック・ポストが四本の柱となって視界の前部に立ちはだかっていたことだった。

九月二〇日付けで航海長兼分隊長を拝命した商船の一等航海士であった日原正道海軍予備大尉は、藍原艦長から「航海長、商船のことはわからん。しばらくは君が面倒見てくれ」と頼まれた。

「わかりました。私も最初は戸惑いましたが、すぐに慣れましたから大丈夫だと思います」と答えた。

試運転の操船担当は、三菱神戸造船所のドックマスターが引き受けたが、艦長もことのほか熱心に操船を見守り続けた。

この時には、船内の呼称は「ブリッジ」が「艦橋」となり、舵輪を回す方向も右舵の「スターボード」が「面舵《おもかじ》」、左舵の「ポート」が「取舵《とりかじ》」と表示された。エンジン・テレグラフも英語の「dead slow」「slow」「half」「full」が「最微速《さいびそく》」「微速《びそく》」「半速《はんそく》」「原速《げんそく》」と海軍式の表示となった。それでも試運転期間は、商船、海軍の使用語に厳密な区別はなく、ドックマスターも大阪商船の士官も商船式の英語を使用することが多かった。

そんななか、商船の軍属船員は、古語由来の「オモカジ」「トリカジ」の用語に違和感を覚え、海軍乗員は「スターボード」「ポート」の意味不明な響きに「よくこれで船が回るものだ」と不思議がった。

海軍式になったからといって、すべて日本語になったわけではない。海軍用語にも英語が多く、ボート、ランチ、スクリュー、フロート、ダビットなど例を挙げるまでもなく普通に使用された。その発音の方が海上では風に乗りやすく通りがよかったのである。

しかし、下の方では、軍属船員と海軍兵曹の間で、使用語をめぐって熾烈な言葉合戦が起こっていた。最大の議論は、やはり「オモカジ、トリカジ」と「スターボード、ポート」であった。使い慣れた言い方がわかりやすいと互いに主張した。やがて白熱すると意味や根拠、語源まで追求されたが、そうなると半知《はんち》半解《はんかい》、誰にも説明できなかった。

たまたまそばを通りかかったある商船船員が、興味を示し渦中に加わったが、ひと通りの話を聞くと、両者に向かって和洋の操舵号令について、意味と成り立ちを見事なまでに解説し全員を感服させた（内容は長くなるので省略）。

その後も、この船員は物知りで世界情勢にも長じていることがわかり、海軍乗員からは〝博士〟と茶化されながらも親しみをもって呼ばれることになった。

海上試運転は何回も続き、毎回各種の性能を確認、不都合な箇所は手直しされた。しかし、この海上試運転には相当気を使わなければならなかった。外見は大阪商船の指定塗装を施しているのであるが、甲板には一五センチ砲が八門、それに魚雷発射装置が両舷に装備してあるため、甲板はあたかも箱板で梱包した大型貨物を装った。特に船首尾の備砲はキャンパスで巧妙にカムフラージュした。

武装は、秘密中の秘密である。神戸港内はもとより、海上試運転が短時間の場合は大阪湾、長時間の場合は友ケ島から紀伊水道を抜けて太平洋に出るが、これらの海域は外国船が輻輳《ふくそう》しているのだ。特に仮想敵国の商船に見られて「武装している商船あり」と本国に報告されたら困る。したがって造船所からの入出港は薄明《はくめい》前の早朝と日没後の夜間の時間が多かったし、運転海域もできる限り船舶往来の少ない沖合の海域が選ばれた。

しかし速力試験だけは、大阪湾内の淡路島東側の仮屋《かりや》にある川崎重工所有の標柱間《マイルポスト》を使って行なわれた。船速の計測方法は、完成前に播磨灘で行なった時と同じで、陸地の近くで、しかも何回も行ったり来たりするのでとても目立った。

付近の地元漁船は毎度のことで慣れているうえ、よく協力してくれるのでよいが、大阪湾に入ってくる内外の貨物船は興味深く見ているだろうと想像された。

それでも報国丸は速力試験をやらなければならない。それは機関の〝実回転〟と〝指示器〟それに〝速力〟の整合が必要であったからだ。

商船の場合はあまり気にする必要はないが、集団行動の軍艦は戦闘経過や状況に応じて、その陣形《じんけい》を自在に変更することがあるので、指示速力の設定が必要となる。したがって各艦は回転数と速力を計測し、設定速力になるよう回転数を調整し確定しておくのである。このようにして最終的にテレグラフの刻みを軍艦式に決めていった。

ディーゼル船の報国丸は、絞るだけ絞った最低エンジン回転数でも速力は六ノットもあり、商船時はこれを「dead slow」（最微速）としていたが、これは軍艦で「微速」に相当した。

したがって「微速（六ノット）」を最低速力として、これから原速まで三ノット、それ以上は二ノット刻みでテレグラフを決めた。

つまり「微速（六ノット）」「半速（九ノット）」「原速（一二ノット）」「強速（一四ノット）」「第一戦速（一六ノット）」「第二戦速（一八ノット）」「最

大戦速（二〇ノット）」「一杯（二一ノット以上）」となるよう機関回転数が決められた。再度書けば、新船時に計測した最大速力は、二一・一ノットである。なおスクリュー逆転である後進は「原速」までの回転数しかない。

　余談ながら船速を六ノット以下にする時は、機関を停止し惰力《だりょく》で進行するしかないが、場合により片舷だけを使用したり後進をかけたりしつつ、あとは操船者の妙技《みょうぎ》によることになる。

ゾルゲ事件

一九四一年（昭和一六年）八月一日の石油全面禁輸後も、日米交渉は続いたが、九月三日のルーズベルト大統領の煮え切らない回答に、日本は「このまま交渉を続けるべきか、譲歩すべきか、それとも戦争も辞さないか」の岐路に立たされた。

　九月六日、御前会議が開催され、最小限度の要求事項を取り決め、それで譲歩が得られなければ対米英戦を辞さずとする「帝国国策遂行要領」が決定した。

　ここでこれまで帝国国策の〝南進〟の流れは次の通りである。

一、「時局処理要綱」昭和一五年七月二七日
内容：援蒋行為を絶滅する。米国との摩擦を避ける。戦争相手は英国のみとする
行動：援蒋ルート遮断のため北部仏印進駐
結果：米国の鉄鋼、くず鉄対日輸出禁止

二、「帝国国策要綱」昭和一六年七月二日
内容：南部仏印へと進出する、目的達成のため対英米戦も辞さない
行動：南部仏印進駐
結果：米国の対日石油輸出禁止

三、「帝国国策遂行要領」昭和一六年九月六日
内容：対米英戦争を辞せざる決意の下に一〇月下旬を目途に戦争準備をする
行動：日米交渉の熾烈化
結果：米国のハルノート提示

これを要約すると次のようになる。

一、対英戦争に限定している（昭和一五年七月）
二、対米英戦争へと拡大している（昭和一六年七月）
三、対米英戦争を決意し準備する（昭和一六年九月）

これ以降も、日米交渉は慎重に進められていくが、これ以後のものは専門書に任せるとして、問題はこの〝三〟の最終決定が、日本人を含むスパイによって探知され、一〇月四日、ソ連に通報されたことである。

発信電波の追跡から主犯二人は、一〇月一五日と一八日にそれぞれ逮捕されたが、この事件は、これ以前に憲兵や特高警察が摘発、検挙した事件と比較すると天地ほどの差があった。

なぜならこの情報によって、ソ連は満洲との国境線に配備していた極東軍を西部に移動、対独戦に参加させることができたからだ。

この意味の深刻さは、日本の南進が、ドイツの欧州制覇を前提にしているにもかかわらず、ドイツの足を引っ張ったことにほかならなかったからである。さらにこの情報が、ソ連から米英に伝達されたかもしれないのだ。

駐日ドイツ武官も日本の政府高官や軍人も、震え上がったに違いないが、〝事の重大さから策定方針を変更する〟こともなく時間は経過していった。もし日本に真の戦争指導者がいたならば、鶴の一声でもってその裏をかいたであろう。

首謀者の名前を取って「ゾルゲ事件」として公表されたのは数年後のことである。

艦隊編入

第二四戦隊

一九四一年（昭和一六年）一〇月一五日、改造工事が終了した。そして同日付けで「報国丸」「愛国丸」の二隻からなる〝第二四戦隊〟が新設され、連合艦隊直属となった。これは異例中の異例ともいえる編制である。

異例だったのは、まずは〝戦隊〟と称することである。戦隊とは、日本を代表する正規の軍艦で構成したものであって、たとえば同じく連合艦隊直属に〝第一戦隊〟というのがあるが、これは戦艦「長門《ながと》」「陸奥《むつ》」の二艦一組で構成されている。

これが連合艦隊隷下の第一艦隊〝第二戦隊〟となれば、戦艦「伊勢《いせ》」「日向《ひゅうが》」「扶桑《ふそう》」「山城《やましろ》」とそうそうたる顔ぶれである。

さらに〝第三戦隊〟も同じく戦艦からなり、それらに次ぐ第二艦隊の〝第四戦隊〟は重巡洋艦「高雄《たかお》」「愛宕《あたご》」「鳥海《ちょうかい》」「摩耶《まや》」と同じく強力な海上戦力からなっている。このような強力な軍艦で構成した戦隊番号がこのあとにも、五、六、七……一六、一七、一八、一九……と続くのである。

さらに主力艦の戦隊とは別に〝水雷戦隊〟と〝潜水戦隊〟がある。これがいかに強力かといえば、ある水雷戦隊を例にとれば、駆逐艦四隻からなる〝駆逐隊〟を四個集めて編成されるから駆逐艦の総数は一六隻となる。

以上のように〝戦隊〟と名の付く規模が、第二四戦隊とはまったく異なるのである。なお余談ながら、これら種々の戦隊を組み合わせたものが〝艦隊〟である。

たとえ改造して「特設巡洋艦」という海軍お墨付きの名称を冠しているとはいえ、質・量ともに所詮、商船がおこがましくも〝戦隊〟とはいえないのであるが、そこは特設巡洋艦である所以なのか、末席中の末席である第二四番目という番号を付与されて〝第二四戦隊〟となったわけである。

次に、どうして末尾の隊が、筆頭の〝第一戦隊〟と肩を並べて連合艦隊直属になったのかという点である。

これは中途半端な何とも得体の知れない商船改造部隊は作戦の足手まといになるであろうということと、通商破壊などは戦争とは思っていなかったので、どの艦隊にも編入する理由はないとして、連合艦隊自身が直接面倒を見るに至ったのである。

ここで「報国丸」艦長以下の士官を紹介すれば、次の通りである。

艦長：藍原有孝大佐（三八期）
砲術長兼分隊長：八木伊太郎少佐
航海長兼分隊長：日原正道予備大尉（C／O、一等航海士）
機関長：森本功予備機関大尉（C／E、機関長）
軍医長兼分隊長：村上栄一郎 軍医中尉
主計長兼分隊長：伊藤昌 主計中尉
分隊長：椎原安武予備中尉（2／O、二等航海士）
分隊長：林久一予備機関中尉（1／E、一等機関士）
乗組：岩永正敏予備少尉（3／O、三等航海士）
乗組：佐々木久次郎予備機関中尉（2／E、二等機関士）
乗組：小倉正男予備機関少尉（3／E、三等機関士）

以上の一一名である。特設巡洋艦定員表にある副長や通信長は出てこない。しかし砲術長の八木少佐が非公式ながら実質副長兼務であった。また通信長には、特務少尉がなっていたが、特務のため士官扱いにはなっていない。なお通信士には大阪商船の二名が軍属として従事した。

予備士官とは商船士官のことだが、括弧内は商船士官時の職種である。またこの場合の〝乗組〟とは辞令として具体的な職務を示さず配属先に一任した職名のことである。

戦隊司令部

艦隊の長は〝司令長官〟、戦隊の長は〝司令官〟という。ほかに小グループの艦、駆逐隊、潜水隊の長を〝司令〟という。

このような中でも、わずか二隻であっても戦隊と名が付いた以上、指揮役は〝司令官〟と呼称されることになる。

そもそも司令（官、長官）とはなんぞやという方がおられるかもしれない。

海上作戦はそれぞれの軍艦が勝手に動いたり砲撃したりするものではなく、有機的に集団行動することになる。

この作戦指揮と判断・命令を下す役目が司令職である。「敵を包囲する。敵を分断する。敵を混乱に陥れる。殲滅する」など順調にいけば問題はないが、実際の戦場では、混乱と齟齬、最後には恐怖に陥るという事態になりかねないこともある。

司令官はいかなる状況でも冷静で適切な判断と度胸が必要となる。戦隊や部隊に対して鼓舞《こぶ》や督戦《とくせん》が必要なこともあるだろうが、状況に応じて損害を最小にして退避し再起を期すことだってある。そのようなすべての能力と判断が求められるのだ。

まったく違うものの、これに似た組織に漁船集団がある。小さいものは巻き網船グループから、大きいものは日本が得意であった昔日《せきじつ》の母船式捕鯨船団や鮭鱒《けいそん》母船船団などだ。

船団長や漁労長《ぎょろう》などの、司令官に相当する者がいるのだ。その役職者は魚の習性、海の水温、塩分濃度、天候、時刻などの分析、それにあらゆる自他の情報と経験をもとに魚場を決定し操業する。

この司令官の判断はすなわち漁獲量の増減となって表われ、会社の収益に影響し乗員の歩合収入にかかわってくる。したがって会社と乗員から見て、実利を獲得できる人物を漁労長（司令官）にしなければいけないのだ。

しかし軍隊の司令官と一般社会のリーダーとの決定的違いがある。それは経験と実績である。一般社会では常に実務即実戦であるから、経験を十分に積み業績を上げ利益をもたらした人の中から、さらに慎重に厳選した人物を司令権者に推挙《すいきょ》することができる。

ところが普通、平時の期間が長い軍隊勤務の中で、司令職は誰がやっても能力や強運の有無はわからないものだ。したがって戦時の司令官は誰にするかも漠然としたものがあったり、平時のままの人事がまかり通ったりして、後世の戦史家が後知恵で「なんであの人が……」と首を傾げたりすることも生じかねない。

一つだけ軍隊の司令官の肩を持つなら、戦争は相手がいるということだ。相手の出方次第で状況はいくらでも変わるので、やはり戦争は難しいということになる。

さて本題の「第二四戦隊」司令部の職員などは次の通りである。

司令官・武田盛治少将（三八期）五二歳

前：上海海軍特別陸戦隊司令官
首席参謀：新谷喜一中佐（五〇期）四〇歳
前：駆逐艦「谷風」艦長
通信参謀：伊藤春樹少佐（五八期）三三歳
前：第一遣支艦隊参謀
機関参謀：長谷川正機関大尉（機四〇期）
司令部付：今瀬考次兵曹長
および下士官と兵：一八名
合計二三名である。

司令官の武田盛治少将は、一九三四年（昭和九年）三月一四日に初めて「北上《きたかみ》」の艦長をしたあと、連続して「衣笠《きぬがさ》」「三隈《みくま》」「足柄《あしがら》」の艦長を歴任している。特に最後の「足柄」艦長時代の一九三七年（昭和一二年）五月二〇日の英国王ジョージ六世戴冠《たいかん》記念観艦式《かんかんしき》に参加するためイギリスを訪問、帰路ドイツのキール軍港にも親善寄港し、ヒトラーとの会見も経験している大変珍しい人物である。

司令部の頭脳となる四名の幹部は、九月一五日、呉に赴任すると、呉鎮守府《ちんじゅふ》司令長官から、「君らはすでに第二四戦隊司令部勤務に決定している。目下、三菱神戸造船所で改装中の報国丸と玉造船所にいる愛国丸の二隻をもって、新たに第二四戦隊を編成することになった。この戦隊は万一開戦に至った場合は、通商破壊作戦に従事せしめる予定であるから、改装工事完了次第この両船を呉に回航する。君らは必要な出動準備を実施するように」と赴任時に説明を受けた。

同時に海軍工廠のある建屋の一角に司令部室を設け、通商破壊戦を暗中模索ながら研究し作戦を練ることになった。その一か月後の一〇月一五日、正式に第二四戦隊が新編された。

一〇月一七日、改造を終えた特設巡洋艦報国丸が、呉に入港してきた。司令部一同は出迎え、武田司令官は「おー、藍原、帰ってきたか、またやろうぜ」といっしょに働ける奇遇《きぐう》を懐かしがった。

このあと報国丸は、呉を基地として何度も慣熟《かんじゅく》訓練に出動した。訓練に出ない時は、艦長らは司令部との

愛国丸。商用未就航のため船体日章旗は描いていない（野間恒氏提供）

会議や打ち合わせで多忙を極めることになる。

引き続き一〇月三一日夕刻、玉造船所で建造されたばかりの愛国丸が呉に入港してきた。

この姉妹船は、昭和一六年八月三一日に「報国丸級」の二番船として同じ玉造船所で竣工したが、翌日の九月一日徴用となり、九月五日付けで入籍となっていた。したがって報国丸より早く軍艦になっていたことになる。

そうした事情で愛国丸は、本来の貨客船としての営業航路に就けなかったばかりか、建造工程のタイミングからして、ある程度、特設巡洋艦を意識した仕様で工事が進んだ。

したがって報国丸ほどの大改造にはならなかったが、そのまま引き続き玉造船所の岸壁で特設巡洋艦に生まれ変わる工事が進められた。そして一か月半後の一〇月一五日に工事が完了したことになっていたが、実際はさらに手間取り呉軍港への入港は遅れた。

いずれにしても、ここで初めて報国丸、愛国丸の二隻が顔を合わせ、名実ともに第二四戦隊が揃ったのだ。

翌日、夜が明けて愛国丸を見た乗員は、姉妹船らしくまったく同型であるのに驚いたが、外観が何か違うと違和感を覚えた。

「煙突後部の通風筒が前後ともキセル型だ」

「船体色がなんか違いますねー、黒ではないなー」

「薄い黒色というかネズミ色かな」

「灰色なのか、黒いけど深みがないな、淡い黒色だな」

「報国丸とくらべたら薄化粧だな」

と各自思い思いの印象を語るのだった。

船首から船尾まで一本の白い線が通っているのは同じだが、報国丸の船体は大阪商船指定の黒色であるので、並んでみると違いは一目瞭然である。

愛国丸は、完成と同時に特設巡洋艦となったので、近い将来、船体塗装が軍艦色となることを見込んで濃厚な黒色を避けたのであった。

艦長は、同じく予備役からの充員召集である岡村政夫大佐であった。司令官の武田少将も藍原、岡村大佐も海軍兵学校三八期の同期である。これは偶然だったとは思えない。現役、予備役と異なるけれども、この方がうまくチームがまとまるのでは、という人事上の配慮だったのは間違いないだろう。

報国丸は、毎日のように呉軍港を出てさまざまな猛訓練を行なっていたが、一一月からは愛国丸とペアで実戦さながらの合同訓練ができるようになった。

操艦、搭載機の揚収《ようしゅう》発着、魚雷発射、搭載砲の射撃、戦隊行動、見張り、通信、偵察、速度の整合など多岐にわたるが、どれをとっても一朝一夕で向上するものではないことがわかった。

理由は簡単である。

正規の軍艦は長い期間「月月火水木金金」の訓練を行ない、艦も兵器も良好に整備され、乗員は士官から下士官水兵に至るまで現役で、しかも軍艦乗りとしての誇り高きエリート集団であるのとくらべ、改造艦で新設部隊を作り、商船軍属に加え現役兵、服延兵、応召兵など雑多な乗員の中には未熟者、初心者、他隊からの脱落者も多くいたからだ。

それにまず時間がなかった。軍艦は装備を揃えればそれで外観は兵器になるが、操作運用するのは人間であるから、見合った性能を発揮するには訓練しかないのだ。訓練成果が出てくるのは最低でも三か月はかかるであろう。

標準技量まで到達するのはいつになるか、司令部も藍原艦長も頭が痛かったが、唯一の救いは「支那事変の今、太平洋で戦争なんかあり得ないだろう」が普通の考えであったことだ。

しかし誰も知りえないところで、事態は進んでいた。一一月五日付けで、永野軍令部総長から山本連合艦隊司令長官宛てに極秘指令「大海指《だいかいし》、第一号」が出された。

内容は開戦にあたり具体的で詳細な作戦準備を指示したもので、かなりの量であるが、冒頭には次の指示があった。

「連合艦隊司令長官は一二月上旬、米国、英国、次いで蘭国に対し開戦するを目途とし、適時所要の部隊を作戦開始前の地点に進出せしむべし」

これにより、二日後の一一月七日には第二四戦隊に対して「軍隊区分—通商破壊隊」と正式に任務が発せられ、出撃日時も決定した。

現場部隊としては、通商破壊を任務として訓練、それに行動と作戦の研究を進めていたので「さあ来たぞ」と期待を膨らませた。

不思議なことに、同日付けで「清澄丸《きよすみ》」（六九九一総トン）が第二四戦隊に加えられ、表向き三隻体制になった。しかしこれは名目上の話であって「清澄丸」は、この一一月一日に徴用され、大阪の造船所で特設巡洋艦になるべく改造が始まったばかりであったから、今次の作戦には参加できるはずはなかった。

報国丸と愛国丸の船名は、船首両舷と船尾に漢字とローマ字で書かれていた。その船名の消去については、司令部と艦で協議したのであったが「かえって怪しまれる」と「船名が判明したら素性がわかる」とに分かれたが、開戦必至と見た司令部の強い意向で、船体と同じ黒色の塗料で消すことになった。

前述の通り、船体中央にそびえる煙突《ファンネル》は徴用と同時に海軍所属を示す灰色に塗りつぶされていた。しかし船体の黒、船首から船尾にかけての一条の白線、上部構造物の白、荷役装置の黄色は原状のまま再塗装していたので、あでやかにお互いがマッチし、大阪商船の雄姿を強く留めていた。したがって、遠目にはまだごく普通の貨客船にしか見えなかった。

世界の動き

米国世論と日本世相

この時期、日米交渉の成り行きは逐一新聞で報じられていたが、ほとんどの日本国民は「雲の上の人」の交渉事など、興味も危機感も持たなかった。新聞にはもっと面白い遠い世界のニュースがあって「アメリカはいつドイツと戦争するのだろう」と関心事はもっぱら欧州と大西洋に向いていた。

この年一九四一年（昭和一六年）九月四日、大西洋アイスランドの南方海上で米駆逐艦「グリアー（USS Greer）」とドイツのUボートが互いに攻撃した事件があった。

幸いどちらにも損害が出なかったが、この事件の不法性をルーズベルト米大統領は国民に訴えた。しかし米海軍の調査委員会は「相手側の不法でもなんでもないことが判明した」と発表した。ところが、何が不服だったのか、大統領は「この海域（アイスランド中央の西経二〇度以西）でUボートを発見次第、攻撃してよろしい」と発令したのである。

米駆逐艦は、やがて堂々とイギリス、カナダの船団を護衛するようになる。

そんななか、一〇月一七日、米駆逐艦四隻がUボートを発見、直ちに爆雷攻撃を仕掛けたのであるが、その中の「カーニイ（USS Kearny）」が雷撃を受け、一一名の死亡者が出てしまった。

「アメリカ参戦か」と世界は注目したが、「なんで戦地に我が軍艦がいたのか」と国内世論からルーズベルト大統領は突き上げを食らったのだ。

そもそもイギリスへの加担行動は、国際的、国内的にも完全に中立法違反であった。この状態をアメリカは自称「Non Belligerent」といったが、日本語で「非交戦国」と直訳するから理解不可能になるのだ。これは「中立」と「交戦」の中間に位置する状態を表す新語で「戦争はしていないが一方に加担している」と標榜しているのだから「準交戦国」の意味となる。

したがって米独は国交断絶に至らないものの、もはや宣戦布告なしの戦争状態であった。

ルーズベルト大統領は、国民を何とか対独戦争に向けさせたいが「笛吹けど踊らず」で、絶対に〝戦争はしません〟という公約を守らなければ国民は承知しなかったのである。

またドイツ側でも、Uボート艦長は、目の前で公然とイギリス輸送船団の護衛をしている米艦への攻撃許可を請願したが、「駄目だ。アメリカの参戦だけは避ける」と頑としてヒトラーは首を縦に振らなかった。

しかし、またもや大事件が起きた。一〇月三一日、船団護衛中の駆逐艦「ルーベン・ジェイムス（USS Reuben James）」が、Uボートの雷撃を受け沈没、乗員一〇〇名が死亡したのである。

このニュースは日本でも大々的に報じられ、「今度こそアメリカの対独参戦は間違いない」と日本人は信じ、世界もそう思った。

なぜそう思ったか、それは一九一五年の「ルシタニア号」事件と酷似していたからだ。

撃沈された「ルシタニア号」はイギリス客船であったが、死亡した船客の中に一二八名のアメリカ人がいたことを理由にアメリカが対独戦に参入したからだ。

しかし当のアメリカ人にとっては、「ルシタニア号」事件の彷彿は、悪夢以外の何物でもなく、今度ばかりは〝二の舞〟を演じたくなかった。

もともと中立法は、この時の反省によって成立している。それは「無関係の欧州戦争に軽々しく参戦し、戦死者を出したうえに国内は大恐慌となり失業者が溢れた」との不満が噴出したからだ。したがって今度も中立法と大統領公約を盾に国民世論は動じなかったのである。

もはやルーズベルト大統領がいくら頑張っても、アメリカが戦争することなどできない状態になっているのが証明された。

日本国内での一般人の間にも、日米戦争など考えられなかった。もともと日米は友好国である。日米の練習艦隊の寄港地は太平洋を隔てた相手国であり、日米海軍士官は互いに訪問し、交歓会、留学、駐在武官勤務などで旧知の仲であった。

一九四一年（昭和一六年）でも、アメリカ映画は上演されていたし、ディズニーの漫画本も輸入されていた。ジャズも野球も盛んであったし、新聞には英語教本や会話レコードの広告も頻繁にあった。アメリカ文化は着実に日本に浸透していたのが戦前である。

同じ戦前でも、ロシアと戦争しなければ暴動になりかねない国民感情が醸成されていた明治と違って、一九四一年秋の時点でも日米戦争になるということは、国民レベルとしては到底考えられなかったのだ。

日米の軍艦増強

日米間で、折衝は続けられていたが、なかなか解決策は見出せないでいた。海軍は、陸軍と違ってその成り行きに戦々恐々としていたのであるが、それはワシントン／ロンドン軍縮条約の失効により、一九三七年（昭和一二年）から日米間では急速に軍艦の建造競争が始まっていたからだ。

軍縮条約では対米六割に決まっていたが、日本海軍は七割でないと対米戦争には自信がない、責任も持てないと言い続けていた。この考えにより「昭和一二年度海軍補充計画」を策定、これを「㊂《まるさん》計画」と称して軍艦建造に着手した。具体的に述べればのちの戦艦「大和《やまと》」「武蔵《むさし》」、航空母艦「翔鶴《しょうかく》」「瑞鶴《ずいかく》」である。

ところが、これに対抗してアメリカは、軍縮時の軍艦数量に二五パーセント増加する「第二次ビンソン計画」を作った
一九三九年（昭和一四年）日本海軍はさらに「㊃《まるよん》計画」を作成、戦艦「信濃《しなの》」（のち空母に変更）と空母「大鳳《たいほう》」の建造計画を起案した。

するとアメリカはこれに対抗、欧州戦争も影響して「第三次ビンソン計画」を一九四〇年（昭和一五年）

に発表、先の二五パーセント増しの艦船にさらに一一パーセント増したものであった。これは条約限度艦船の一・四倍弱であったが、さらに驚いたことに同年七月、時の海軍作戦部長のハロルド・スターク大将が提唱した「スターク・プラン」が承認された。

それは驚くなかれ、さらに七〇パーセント増強だったのである。これはアメリカ海軍が時局に合わせて、太平洋と大西洋で同時に戦争可能な軍艦を保有しようとするものであった。

それは、条約限度の実に二・四倍にあたり、日本が計画通り増強しても、その三倍の海軍力を有する数量となる。この米海軍の増強ぶりを『太平洋戦争・日米激突への半世紀』(学習研究社、二〇〇八年)の付録にある復刻版『写真週報』(第一五四号「最近の米国海軍」昭和一六年二月五日発行)が写真と絵図入りで伝えている。

その中の情報局情報官の上田俊次海軍機関中佐の記事を抜粋すると、

「スターク案が完成すれば、アメリカ海軍の総トン数は実に三〇五万トンに達し、かくの如きは古今東西いずれの国家といえども夢想だにしなかった大海軍であり、しかもこれらがすべて第一線部隊に属する艦齢《かんれい》内艦船であること、およびアメリカ年来の主張たる大艦巨砲主義実現に拍車を加える肚《はら》であること、並びに太平洋、大西洋両洋において同時に有事即応の態勢整備を急速に企てていることなどを察知されるのは特に注目に値する点であろう。(中略)多少の無理困難はあるとしても合衆国の国情から判断して、実現の可能性十分と見なければならない」とある。

これから見ても日本では、政府、陸軍、海軍、国民すべてが、アメリカ海軍がとてつもない増強をしていると認識していたのである。

日本海軍は、日米交渉の成り行きからして「このままでは駄目だ。時間が経過するほど日本は不利になる。今なら勝てる。勝てるのは今しかない」と見たのである。

戦艦数では一〇対一六で劣勢だが、航空母艦なら一〇対八で日本が有利だ。しかもアメリカは両洋で二分されるので戦艦一〇対八、空母一〇対四となる。さらに極秘建造の一号艦（大和）も昭和一六年（一九四一年）一二月には就役するし、続いて二号艦（武蔵）も昭和一七年八月には完成する。

アメリカは、戦艦「サウスダコタ級」四隻の就役予定は、昭和一七年（一九四二年）の三月から八月である。さらに昭和一八年以降、戦艦「アイオワ級」四隻、空母「エセックス級」が続々とできてくる。これは軍艦だけに限っての話で、陸も空もそれに比例して強化していくであろう。

したがって総合的に見て「昭和一七年（一九四二年）しか、日本海軍の対米勝算はない」と考えるに至ったのである。

陸軍も日本政府も、石油確保が目的であれば対英蘭戦争で十分ではないかと考えるが、「イギリス攻撃は即アメリカの参戦となる」と常日頃から主張していた海軍は、自らの呪縛に主導され、日米両国民の誰もが夢想だにしない日米戦を計画せざるを得なくなったのである。

日米交渉は、日本にとって、いや帝国海軍にとってアメリカの時間稼ぎにしか見えないのだ。ダラダラと長引けば長引くほど艦艇戦力の優位性は失われて、やがて戦わずして屈服せざるを得ない状況に陥るのはどうしても避けたかった。

昭和一六年の末ともなれば、海軍のジレンマは最高潮に達し、「みすみす勝つチャンスをなくしたらとんでもないことになる、もうこれ以上は待てない」となった。

確かに昭和一六、一七年こそは、日米の海軍力は日本が優位であるから勝算はある。ここで日本海軍の総力を挙げて対米戦一辺倒で確実な「勝ち」を積み上げ、完膚なきまで打ちのめせば、アメリカ国民の厭戦気分でルーズベルト大統領は失脚し、アメリカ降伏となるであろう。

第四章　南太平洋作戦

針路南東

出港

一九四一年（昭和一六年）一一月一三日一一時、報国丸は呉軍港の岸壁を離れ、夕刻、岩国沖の広島湾に投錨停泊した。乗員は一切の上陸が禁止された。翌一四日は司令部幹部と藍原、岡村の両艦長が連合艦隊旗艦の戦艦「長門」を訪れ、連合艦隊（GF）司令部との最後の作戦の打ち合わせを行なうことになった。

第二四戦隊の武田盛治少将以下司令部は、何度もGF司令部を訪れ、作戦の内容を協議してきたので、強いていえば「行って参ります」の挨拶と、親睦を兼ねた昼食会出席のようなものと思っていた。

しかし、作戦室で司令部先任副官から〝軍機《ぐんき》〟と朱書きした大型封筒に入った作戦命令書を受け取った時、これまでとは違った身の引き締まる思いがした。

さらに口頭で、四つの事項に念を押された。

「絶対に勝手に砲火を交えないこと」

「武装していることを悟られないこと」

「一貫して無線封止を行なうこと」

「別命あればすぐ引き返すこと」であった。

さらに深刻さが伝わったのは、二通の封書が艦長の目の前で武田司令官に渡された時であった。

一つの封筒には文字が書かれていたが、片方には何もなかった。

「こちらの一通は、X日を機密電で指定しますから、それを確認したあと、開封してください。間違わないように『受信後開封』と朱書きしています」と副官が説明した。

「こちらはどうなっているのですか」と白紙封筒を指さして首席参謀新谷中佐が口を挟んだ。

「こちらの開封については、一通目の文書の中に指示がありますので、それに従って開封してください。もちろん別命あればどちらも開封の必要はありません、くれぐれもよろしくお願いします」と続けた。

日米関係の行く末はまったく未定であるが、軍の任務として日米両海軍は戦争を想定した準備はしているだろう。しかし戦争は数ある外交選択肢の中でも最終手段であるから、妥協ができればいつでも回避できることになる。

一九四一年（昭和一六年）一一月一五日、いよいよ出港の日となった。

報国丸、愛国丸乗組員は、それぞれ二六九名と二六八名である。しかし報国丸には司令部一同二三名が乗っているので総人員数は二九二名となる。

日没直後に抜錨、空に明るさが残っているなか、二隻は真新しい軍艦旗をマストに掲げ、甲板には登舷礼《とうげんれい》の乗組員が並んだ。

大小の艦艇がひしめき合って錨泊しているなか、ゆっくりとした速度で進行していったが、八門の一五センチ砲とほかの兵器は上手に被覆《ひふく》と偽装がなされているため、どの艦も普通の商船と思っているようであった。

いよいよ旗艦「長門」に近づいた。

「誰かいるか」と藍原艦長は問うた。

「います。たくさんこちらを見ています」と大型双眼鏡をのぞいている水兵が答えた。

「よし登舷礼、連合艦隊司令長官に敬礼！」と号令がかかると、舷側に並んだ乗員が「長門」に向かって直立不動のなか、艦橋の士官が一斉に敬礼した。

「手旗来る」「報国丸、愛国丸のご健闘を切に祈る連合艦隊司令長官山本五十六」と答礼を読み上げた。

「長官だ、長官だ」と乗員一同叫び感激にひたった。最後に「帽振《ぼうふ》れ」の合図で乗員一同、艦内帽を手に取って長門に向け別れを告げた。

行き先と任務は、司令官と艦長など一部しか知らなかったが、単なる極秘という理由ではなく、無用な心配は禁物なうえ、命令によってはいつでも反転帰港しなければならないからである。

あの〝博士〟と呼ばれた軍属船員に、ある兵曹が尋ねた。

「それにしてもアメリカはいつ欧州戦争に参加するのかなー」

「アメリカの大統領は今にも参戦したいようだね。しかし出帆前のニュースにあったように米駆逐艦が沈められて一〇〇人以上の死者が出ても、アメリカ国民は戦争なんてまっぴら御免だっていうことから無理だね」と博士は答えた。

「日米交渉はどうなるかね」

「問題は石油ですよ。なくなりそうになったら戦争になるかもしれないけど、今のところ備蓄もあるし、そんなに慌てる必要はないと思うよ」

「気長に交渉すればいいのだな」

「アメリカはドイツと戦争したがっているけど、日本とはしたくないのが本音ですよ。だって二面戦争は避けたいでしょうからね」

「そういうものかな」

「日米間には交渉が行き詰まっても、戦争までする大義名分は両国ともありません。第一に両国民にその気がありませんよ」

「そうだね。もともと日本とアメリカは昔から仲がいいものね」と兵曹はうなずいた。

「それに考えてみて下さい。アメリカって国は、強い国とまともな戦争なんかしたことはないんです。原住民のインディアンを殺したり、弱いメキシコ相手に領土を広げたり、落ち目のスペインに戦争ふっかけてフィリピンとグアムを取ったりですからね」

「ということは帝国海軍があるかぎり、ハワイから西には怖くて出て行けない。行ったらロシアのように全滅するくらいのことはアメリカ人の子供だってわかっているのだな」

「その通りです、だから放っておけばいいのです」

と締めくくった。

　豊後水道を抜けてから、ヤルート環礁まではほぼ南東方向に走ることになる。この航路は時としてハワイと東南アジア、特にグアムやフィリピンを結ぶ線と交差している。したがって到着までに、他国の商船と洋上で行き合うことが予想される。

「潜水艦らしきもの発見」と見張りの報告があったが、それは帰港中の日本のカツオ船であった。カツオ船は、日の丸を左右に大きく振っている。洋上で同胞《どうほう》に会うのは嬉しいものだろう。一生懸命振っている様は挨拶というより期待を込めているようにも思えた。

海と船を見慣れたカツオ船は、ひょっとすると軍艦だと見破っているかもしれない、と藍原艦長は思いながら、正面から和風《わふう》を受け、白波が立ち出だした外洋の水平線に目を移した。

「まさか戦争はないだろう」と社会の目も知識人も楽観的である。だから場合によってはありもしない目的のために、ただ南太平洋をクルージングして日本に帰ることになることもあろう。

余計な心配がないよう一般乗員は誰一人として航海の目的は知らされず、軍務として見張りと訓練の日々が続くことになる。

ただ軍人だけは、実務面を担当する責任部署として万一のことを考え、対応できるように行動しているわけだ。だから秘密裏に呉を発って以来、今は指定の洋上の一地点に他国船に何の疑いも抱かれずに到着することだけが任務なのである。

女装訓練

商船なら距離をおけばまだいいが、アメリカ領のウェーク島から長距離哨戒機が飛来するかもしれない。飛行機は上空を何度も旋回して様子を探り、情報を通報するかもしれないが、それでもすぐに乗り込んでくることはできないので少しは安心だ。

しかし軍艦であったら困る。いくら報国丸が高速の二〇ノットが出せたとしても、軍艦はそれ以上の速力があるから遠ざけることはできない。ということは接近してきて停船を求められ、臨検《りんけん》される恐れがある。

前年の一九四〇年（昭和一五年）一月二一日に起こった「浅間丸事件」のことは全乗員の記憶にまだ新しかった。

この事件は日本郵船の客船「浅間丸」が、サンフランシスコからハワイ経由で横浜へ帰航中、夕方には到着するという日の昼食後、房総半島南端の野島埼から南東三七マイル沖の公海で起こった。

一二時一五分、浅間丸は、ほぼ真正面遠方に反航《はんこう》してくる船を認めた。やがて軍艦であることが判明したが、接近すると目の前で左Uターンし、右舷前方に位置して同航関係となった。艦尾に英軍艦旗を翻していたその艦が、船名誰何《すいか》の旗旒信号を揚げたので、呼応して船名符字をマストに高々と掲げた。すると急遽針路をふさぐように右から左へと斜めに横切りながら旗旒と発光の信号で「直ちに停船せよ。無線の発信を禁ずる」と通告してきた。

「交戦国の軍艦が中立国の国際定期便に、しかも旗《き》国《こく》の玄関先で停船を命じるとは無礼千万ではないか」と憤慨したが、次の瞬間ドカーンと艦尾砲が火を噴き、砲煙が上がった。

威嚇の空砲であったが、「浅間丸」はやむなく停船し、英艦の指示に従うしかなかった。

やがて士官三名、水兵九名の臨検隊が乗り込んで来て、渡部喜貞船長に「ドイツ人乗客は戦時禁制人である。我々は国際法に従い公海上で抑留する権利がある」と詰め寄ってきた。

サムライ船長は黙ってはいない。「ノー。国際法では公海上にある船舶から乗客を連れ去る権利はない。持ち去るのは戦時禁制品だけだ。わが乗客に対して失礼が及べば私が許さん」と強く反発し、押し問答となった。

しかし相手は軍人のため、結局〝立ち会いだけ〟という条件で、一二五人の乗客中ドイツ人乗客五一人が一等サロンに集められた。

臨検隊は、持参した名簿と突き合わせながら、二一人をグループから切り離し連行しようとした。

「話が違う」と船長も乗員も臨検隊に詰め寄り、その場は騒然となったが、最終的に武器を盾に、イギリス艦に強制移乗させてしまったのである。

「臨検を受けたる船舶は、場所、艦名、艦長名などとともに、臨検の事実を臨検士官より航海日誌に記注《きちゅう》を受けるを要す」という国際法があるにもかかわらず、臨検隊は、記入どころか〝受け取り書面〟にあたる一片の紙すら渡さなかったので、これは拉致にあたるとみなされた。

いずれにしても公海上とはいえ、「日本国土の目と鼻の先で、日本そのものといえる日本郵船の豪華客船から、日米で正規の手続きを経た大切な客を連れ去られてしまった」ことから、当時の日本人としては承服できる事件ではなかった。

この事件は、その日のうちに世界中に広まり、日英間の外交問題に発展した。

日が経つにつれ、報道機関も世論も激高した。「イギリス海軍の海賊行為」「前代未聞の乗客拉致事件」「帝国の威信落つ」とばかりにデモ隊が、英国大使館、首相官邸、外務省、海軍省に押しかけ、挙句の果ては渡部船長の自宅まで詰めかける事態となった。

この事件があった一九四〇年（昭和一五年）一月は、確かに世界史でいう第二次大戦中であるから、あたかも英仏とドイツ間で血みどろの戦闘が行なわれていたものと後世の人々は思うかもしれないが、とんでもない。日本、アメリカはその戦争には加わる気はないし、日独同盟も締結されていない。ましてや当事者のイギリスとドイツだってポーランド戦が落ち着くと、何事もなかったかのように〝だんまり〟を決め込み、越境しての地上戦も起こっていない。

したがって、このまま何事もなく平和が訪れるのではないかとヨーロッパ中が思い込み、そう願っていた時期で、これは〝まやかしの戦争（phony war）〟と揶揄されるくらいだったのだ。

その後、英艦は軽巡洋艦「リバプール」と判明したが、たまたま居合わせて思いつきで臨検したのではない。本国からの指令に基づいて待ち構えていたのだ。

それは大西洋で追い詰めたドイツ客船「コロンブス号」がアメリカに逃げ込み座礁、その船員の帰国を絶対に阻止する、というイギリスの強い執念があった。イギリスは、このドイツ人船員の集団が、アメリカ大陸を横断して西回りの日本経由で帰国を計画しているという情報を得て、香港基地の「リバプール」を派遣したのであった。

実際のドイツ人乗客は、スタンダード石油のタンカー船員、在米のビジネスマンとその家族などで、日本経由シベリア鉄道で帰国を果たそうとしたものであった。

その後、日本政府の強い抗議によりイギリス政府は遺憾の意を表明、妥協策に二一人中九人が「交戦国の軍人となりうるような者またはその疑いのある者ではなかった」として、イギリス船で日本に還送され、事態は収拾した。

これと同じ事例が、二四年前の一九一六年（大正五年）二月、上海沖の公海上を航行中のアメリカ船でも起こっていた。交戦国のイギリスが中立国のアメリカ船（アメリカの参戦は一九一七年四月）から、ドイツ人船客男性三八人を家族と引き離して連れ去ったのである。

アメリカ人船長は怒って本国に報告、アメリカはイギリスに対して「民間人の抑留は国際法違反だ」として厳重抗議し、即時釈放を求めたのである。この事件からわかるように浅間丸船長の職責感と日本の国民感情は、人種や国籍の違いではなく道義的に共通したものであった。

報国丸は、絶対に外国軍艦の臨検を受ける羽目になってはいけないし、航海途上に出くわした外国商船とも関わりなく航行しなければいけなかった。船名それに船籍港名は判別できないように船体と同じ黒色で塗りつぶしているが、平時に国籍不明であることはかえって怪しまれるかもしれない。したがって他船とは距離をおくことにしているが、これも客船が不可解な動きや様子を見せるとかえって不審に思われるので、これも困難だ。そこで窮余の策がとられた。

報国丸が帝国海軍の軍艦である以上、乗員は勝手な行動はできない。雨が降ったからといって、勝手に雨具を着るわけにはいかないのだ。必ず上官が雨の降り具合を確認してから「甲板作業員は雨具の着用をなせ」と令したのち一斉に着用することになる。

そんななか、噂になっていた乗客を装った訓練が始まることになった。

航海長から依頼を受けた掌《しょう》航海長が、乗員を一堂に集めて大声で説明を始めた。

なおこの場合の〝掌〟の付く職は、文字通り「航海長の手のひら」となって仕事をするいわば裏方であり、兵曹長あるいは特務士官がなった。

「いいか、我々の任務は所定の海域に悟られずに到着することである。だから船の正体は絶対にバレないよう行動しなければならない。特に外国船にはだ。本船は軍艦であるからして砲も装備している。しかし砲は、なんとか甲板積荷のように偽装梱包しているのは承知の通りだ。問題は人間である。いいか、外国の軍艦や船と行き合ったことを想像して見ろ。遠ければ問題ないが、こちらは客船だから相手はもっと見ようとどんどん近づこうとする。そんなときはどうする」

「全員、船内にこもって甲板に出ないようにします」

「私は、普通通りに作業します。近づいたら手でも振ってやります」

という意見を聞いた掌航海長は、

「馬鹿モン、それこそ怪しまれるではないか。本船は幽霊船でもなければ軍艦でもない。商船だ。それも超高級客船だ。客船であるからには客が乗っている。客には男もいれば女もいる、ということだ」

「女がいるんですか」と誰かがまじめに質問したので、クスクスと笑い声が聞こえた。

「お前たちが女になるんだ!」と言いながら、横にあった大きな箱から女性ものの洋服を取り出した瞬間、どよめきがあがった。

日本女性の着物姿しか見慣れていない乗員にとって、それは大都会のモダンな女性、大金持ち、女優、外国人などハイカラなイメージが目の前に出てきたからだ。

かき消すように掌航海長が続けた。

「いいか、これはだな、通信参謀の伊藤少佐殿が、わざわざ広島八丁堀まで出かけられて極秘に苦労して購入された代物だ。これもひとえに作戦のためである。ここに二百着の夏物女性服がある。これからみんな自分の好きな服を選んで欲しい。そして何回も試着せよ。サイズが合わなかったら隊内で適宜交換せよ。いいか、これも官品であるからくれぐれも大切に扱うように」

さらに続けて言った。

「近いうちに船客を装った訓練を行なうので、その時は女性服を着て、それらしくデッキを歩くこと。いいかわかったな」

その後、各兵はそれぞれに衣装を持ち帰ったが、男所帯の艦内には、女性の服が放つ幻想に思い乱れる者もいた。

訓練は抜き打ちで行なわれたが、乗員はどこからともなく広がる噂と雰囲気で気配を感じ取っていた。訓練はブザーとともに始まった。

「発令、非番乗員は船客偽装のうえ直ちに指定甲板に集合せよ」と繰り返し艦内放送されると、女装した乗員が笑みを浮かべながら甲板に集まってきた。それはまるで仮装行列かお祭り騒ぎのような様相になった。それでもまじめな顔で分隊ごとに「何々分隊、船客偽装にて集合完了」と報告するのだ。

訓練はほぼ毎日続けられたが、回数を重ねるごとに着こなしも化粧も上手になった。なかには、もんぺ姿の日本女性よりもはるかに女性らしく見える兵隊までいた。もちろん男性の乗客役もあったが、これは珍しくもなんともなく誰にも注目されなかった。

入団（入隊）した時の水兵たちには、初体験が多かった。地獄のような〝しごき〟や制裁に始まり、カレーライスや洋服、革靴のたぐいもそうであった。しかし、さすがにスカートにブラウス、ワンピース、フリルの付いた日傘、おしろい、ウィッグとくれば、水兵どころか帝国海軍にとっても初めての珍事であったろう。

しかし、笑い事ではなく平時であるからこそ女性乗客を装って本当の客船であると相手に信じ込ませなければならないため、船客偽装の訓練は真剣に行なう必要があった。

ヤルート島

出港して九日目の一一月二四日、ヤルート環礁へ到着した。

二隻は、順次狭い南東水路を通過し、環礁の内側に入って投錨した。

船上から見ると、ヤシの葉の緑とそれと平行に沿った真白い砂浜からなる低い平らな砂丘島が青空をバックに碧いサンゴ礁の中に連なり、それぞれが強い陽光を受けて彩色を強め、実にきれいな環状島嶼《かんじょうとうしょ》の別世界となっていた。

すぐにカヌーの一群が周囲を取り囲んだ。現地島民の子供たちは、日本からの貨物船、軍艦などが入港してきたら、何かのおこぼれを期待してか、必ずカヌーでやってきて乗員との接触を楽しむのだった。

あまりにも退屈すぎる離島特有の日常性と情報遮断の中にあった好奇心旺盛な子供たちにとって、船舶見物は文明に触れる唯一の機会であった。しかも今度は見たこともないような大型でスマートな貨客船が突然やってきたのだから、期待に胸をおどらせるのも無理はなかった。

そんなカヌーをかき分けながら一隻のランチが近づくと、防暑服を着た五人の日本人が舷梯《タラップ》を伝って報国丸に乗船してきた。

「われわれはヤルート支庁の者です。みなさん、遠路はるばる暑い中ご苦労様です」と舷門《げんもん》で挨拶すると、当直将校に案内されて司令官や艦長たちの待つ公室に入っていった。

兵曹が不思議そうに言った。

「あれ、なんで日本人がいるの」

「ここは日本なんです。ヤルート支庁があって、内地でいえば県庁所在地みたいなものです」と博士が説明した。

「へー、南洋諸島まで日本か、実感わかんな」

「地図に日本の南方に広い海洋と島々が四角に囲んであって『日本委任統治《いにんとうち》』と書いてあるのを見たことがあるでしょう」

「はあ、地図では知っているな。でもこんな所まで来たのは初めてだから」

「今に、ここは内地並みにヤルート県に格上げになると思いますよ」と会話が弾んだ。

第一次世界大戦時、日本はドイツ領であった南洋群島に進出した。終戦後の一九一九年（大正八年）ベルサイユ条約によって赤道以北の旧ドイツ領の地域を日本が委任統治することが正式に決まった。なお赤道以南の旧ドイツ領ニューギニアの地域はオーストラリア、一部はニュージーランドの委任統治となった。

そして一九二二年（大正一一年）四月に南洋庁が設けられ、本庁をパラオのコロールに置き、さらに無数の島礁を東西と北の六つの行政区画に分け、サイパン、ヤップ、パラオ、トラック、ポナペ、ヤルートに各支庁を置いて統治した。南洋群島のいちばん東側にあるマーシャル諸島がヤルート支庁の行政管轄区で、同規模の島礁が数多くある。

横浜港からは日本郵船の「サイパン丸」や「パラオ丸」が南洋航路の定期便に就航、ヤルートは最遠方の終点であった。終点であることは日本から見たら最果ての地で、僻地であるゆえに、数ある南洋群島の中で開拓も産業の育成もいちばん遅れていた。

それでも二千人ほどの原住民は、日本人の進出によって農水産の振興、学校の開設と教育など文明社会に近づいたことに感謝していた。

最果ての地ということは、いざ戦争となれば即最前線ということでもあるから環礁の最も東にあるイミエジ島にはすでに海軍の見張り所や、水上機用スロープなどの設備が出来上がっていた。

南洋群島は、厳密には国際連盟から委託された委任統治領であったため、軍事施設の建設は禁止されているのだが、一九三三年（昭和八年）に脱退している日本は意にも介さず、実質的な日本の領土として、すでにパラオやトラック、サイパンでは各種の軍用施設が整備されていた。

ここヤルートでは呉軍港から託された荷物を陸揚げし、呉を出てから行動秘匿のため海中投棄できなかった船内廃棄ゴミを陸揚げして焼却した。

乗員は上陸できなかったが、原住民から大量の差し入れがあった椰子の実、パパイヤ、マンゴー、バナナなどを堪能したり、カヌーの子供たちに日本のお菓子を投げてやったりして停泊中のひと時を過ごした。

公用で上陸した運のいい乗員は、待ち時間にボートから素潜りで数枝のサンゴを故郷への土産にと獲ってきた者もいた。

報国丸の出港日、一一月二六日には見送りにきた海軍関係者が「報国丸が出港すればさびしくなりますが、明後日には日本本土から大型飛行艇がたくさん飛来進出してきますから、またにぎやかになりますよ」ともらした。

「確かにここが最前線となれば飛行艇で長距離偵察は必要ですな」と藍原艦長は答えた。

対米開戦

赤道通過

ヤルートを離れると、再び毎日、空と雲と水平線だけが広がる航海が続いた。

多くの乗員にとって何の目的でこのような遠方に進出しているのかまったく不明であったが、毎日の訓練にも慣れ、居住性のいい貨客船の航海はまことに心地よかった。

一一月二七日、ワシントンで行なわれた最後の日米会談が決裂したとのニュースが船内にも伝わった。

「どうなるのかねー、日米関係は」と兵曹が博士に尋ねた。

「まさかアメリカとは開戦になりませんよ。だってアメリカはただ石油を売らないというだけでしょう。そんなアメリカは放っといて、マレーとインドネシアに南進すれば石油は簡単に手に入りますよ」と博士が答えた。

「しかしマレー、インドネシアに侵攻して戦争になったら横からアメリカが攻めてこないか」と兵曹が切り返した。

「前にも言ったでしょう。ヨーロッパで英蘭が攻められた時も、駆逐艦が沈められて一〇〇人死んでもドイツに戦争を吹っかけられなかったアメリカが、遠いアジアで日本に戦争を仕掛けるなんてわけがないですよ。しかも米国民が許しませんよ」

「なるほどそういうもんか」と兵曹はうなずいた。

一一月二八日、経度一八〇度線を通過し、地球の東側から西側に入った。これは日付変更線を越えたことになるので、本来ならば当地としては翌日も同じ日付になるが報国丸船内は日本時を使用しているので日付の変更は行なわない。

さらに一二月一日早朝、赤道を通過し南半球に入った。軍属の船員たちは赤道祭を行なったが、これは通過儀式というより単調な海上生活に潤いを取り戻すべき娯楽行事でもあった。赤道祭と称して演芸会と女装の仮装行列に水兵も軍属船員も笑い合って久しぶりに陽気な楽しい時を過ごした。

しかしアホウドリやイルカに癒されながら続いていた南洋航海であったが、単調な訓練に明け暮れる生活と目的を知らないままの乗員や水兵には、どことなく殺伐とした空気が漂い始めていた。

翌二日の深夜、タヒチ島から北西九六〇キロの海上で、当直電信員が「GF長官より機密電着信」と、いつもと違う大声で叫んだ。電信室に待機していた通信参謀は「なにっ」と声を発すると同時に機密暗号電を取り上げ、武田司令官に報告して目の前で解読にかかった。電報には「ニイタカヤマノボレ一二〇八」とあった。

武田司令官は、首席参謀と艦長に「いよいよその時がきたぞ、X日は一二月八日と確定した」と少し上ずった声で言ったが、「愛国丸にも連絡してくれんか」と続けた。

暗夜の中、愛国丸の方角に向けて発光信号の点滅が発せられた。

集まった参謀たちを前に、武田司令官は「今から連合艦隊司令部から預かった封書を開ける。よろしいか」と言って開封した。ひと通り目を通した司令官は無言でまわりの者に手渡した。

そこには、ほぼ次のようにあった。

「X日、帝国海軍は某方面にて全力を挙げて作戦を敢行す」

「第二四戦隊は、某作戦への参加腹案あり、予令は次の如し」

「南太平洋上で日本の大艦隊が行動しているがごとく、欺瞞電波を発信すること」

「敵艦隊を引き付け、敵の触接《しょくせつ》があった場合は、報国丸、愛国丸は囮となって善戦すること」

「別封書はX日〇四〇〇に開封のこと」であった。

報国丸船上では緊張が走った。

「まさか囮部隊とはな、しかし某作戦とはなんだろう。どの方面を攻撃するのだろうか」と戦争開始の形は皆目わからなかった。

次の日から、司令部職員、艦長と士官は、任務である通商破壊戦のほかに、今後とるべき具体的作戦を考えざるを得なかった。いかにして大量の欺瞞電波を発信するか、どのようにして敵を引き付けるのか、未知の作戦に頭を悩ませた。

一二月四日午前、乗員一同の集合を命じ、藍原艦長が重大な訓示を行なった。

「我々は、一二月八日、ついに開戦するに至った。敵の意表を突くべく本艦の優大なる航続距離を利用し、目下南太平洋中部の作戦海面に進出中である。我が隊はそこで交通破壊作戦を実施する。目標は航路上にある敵商船である。諸君は開戦準備を怠りなく行ない、全員気を引き締め、日ごろの訓練成果を遺憾なく発揮し、敵撃滅に邁進することになる」と発表した。

誰からとなく「万歳」「バンザーイ」と大声が響き渡った。

この日を境に〝南洋ボケ〟と目的不明の行動による鬱憤から解放された乗員は、軍属船員も海軍水兵も一丸となって戦士としての血がみなぎってきた。

一二月四日昼過ぎ、報国丸の水上偵察機を飛ばし、周囲を警戒することにした。

水偵の降下準備完了の報告を受け、機関を「両舷停止」として、行き脚が落ちてきたころ、「後進いっぱい」をかけ、船速を完全に停止することにした。

一万三〇〇〇馬力のエンジンが、両軸を一杯に回し、船体最後部の水面下にあるスクリューが逆回転すると、船尾付近の海水が空気を含んで一段と白くなって水中から水面に舞い上がってきた。やがて艦橋の横

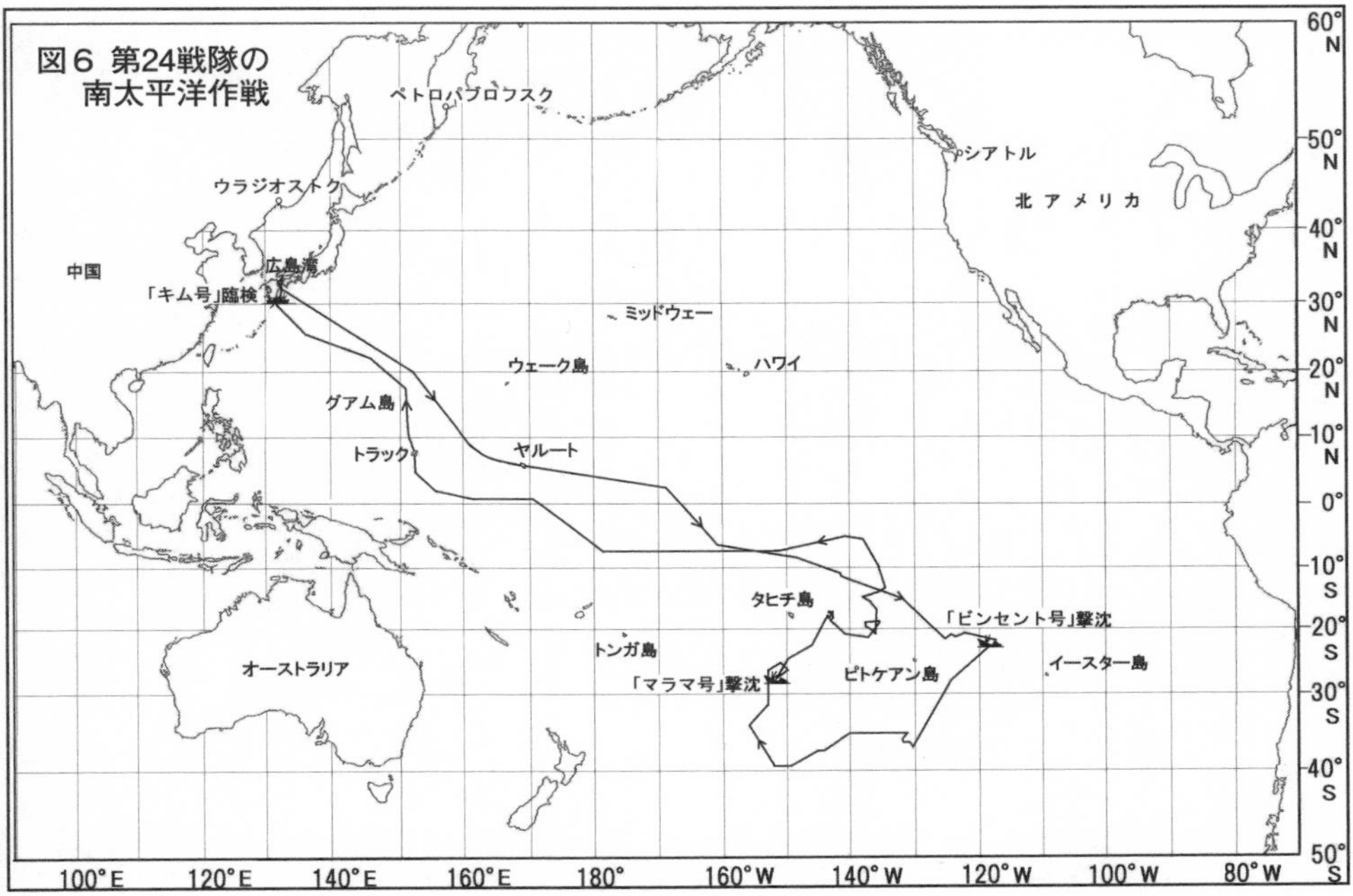

図６　第24戦隊の南太平洋作戦

で海面の状態を見ていた士官から「船体停止」と報告がきた。

　水上偵察機は、外部から整備員がエンジン横の穴にクランク棒を差し込み二人がかりで力を込めて〝エナーシャ〟という慣性始動装置のフライホイールを回してエンジンを掛ける。したがって吊り下げ前にはプロペラが回っており、作業には注意を要する。

　水偵は、デリックに吊られて収納場所から浮き上がると右外舷《みぎがいげん》に振り出され、やがて水面に降ろされた。海面にフロートが着水したらフックを外し、すぐに船体外板との接触を避けるようにして離れていった。九四式水上偵察機の搭乗員は、この航海ではすでに五回ほど飛行していたが、今度ばかりは開戦を目前に緊張しているようであった。

　風上に首向《しゅこう》した複葉機は、エンジンをふかし二条のフロート航跡を残して空中に舞い上がった。周囲の警戒が名目ではあるが、エンジンの調整とコンパス自差修正が本来の目的であった。

　やがて三時間の飛行を終えて、停止中の報国丸の近くに着水し右舷船尾に近づいた。

翼の上に搭乗員一人が乗って、機体から出ている四本のワイヤの先がひとまとめになっている吊環《つりかん》をやや重たそうに持って待機した。五番船倉のデリック・ブームを右舷いっぱいに張り出した先からワイヤに吊り下げられたフックを目がけて、パイロットは巧みな操縦で機体をもっていった。フックは上下左右に大きく振れ回っていたが、プロペラに接触しないのを確認した甲板要員がさらに下げると、待機中の搭乗員が素早く掴んで吊環をかけた。

やがて機はプロペラを止め、吊り上げが始まった。

水偵が所定の位置に収容されるのを待って、報国丸は航走を開始し、速力を上げながら南東に向かった。

開戦

一九四一年（昭和一六年）一二月八日、二艦はタヒチ島のはるか東方一六〇〇キロの海上にまで進出していた。

日本時間八日零時、進出した南太平洋の海上位置は南緯一四度、西経一三三度付近であったから、日本時間との差はプラス六時間もあるので、報国丸の現地時間では早朝の六時で夜は明けていた。

司令部と艦長、士官たちが、日本時間零時から電信室に待機した。

そこには大切に保管されていた「X日〇四〇〇開封」と書き付けた二通目の封書が持ち込まれていた。何の連絡も情報もなく、無言のうちに四時間が経過した。

「司令官、日本時八日〇四時になりました」と首席参謀の新谷中佐が口を開いた。

「わかった。開封するか」と司令官が言った時、周囲の者はいやな予感が走った。それは「敵艦隊を引き寄せ、交戦して果てるべし」と書いてあるように思えたからだ。

開封して目を通した司令官が、「みんなよく聞け。今から読み上げる」と大声で言った。

「某方面とはハワイ真珠湾なり」

「某作戦とは真珠湾の米艦隊を撃滅することなり」

「予令の実行は作戦失敗の場合に限るので、新発令なき時は取り消すべし」

その場にいた幹部は、壮大な作戦に度肝を抜かれた。まさか「アメリカと、しかもいきなりハワイを」と、自分たちの抱いていた概念からは、かけ離れていたからだ。しかし、やがて定規で測ったような情報が入りだした。

日本時〇四時三〇分、ダイヤルを回していた軍属の電信員が「なにやらハワイ方面で騒いでいます」と切り出した。

武田司令官が「スピーカーに出せ」と叫ぶと、電信員がヘッドフォンを外して切り替えスイッチに手をやった。いきなり慌てふためいた英語が艦橋中に響き渡った

アナウンサーの発する声の具合から「これはただ事ではない」と理解したが、詳しい様子はまったくわからなかった。

「NHK短波放送が、なにやら変な天気予報をやっています」と同じ電信員が報告した。

「ここで天気予報を申し上げます、西の風、晴れ……西の風、晴れ」と繰り返された。

伊藤参謀が「これは暗号放送です、我々はこの暗号放送の解読書は受領しておりませんのでわかりません」と言った。司令官は「それならこの放送は、作戦には関係ないのだろうな。もっとはっきりした情報はないのか」と怒鳴った。

しかし日本時〇六時過ぎともなれば、ハワイ放送、アメリカ西岸局放送の傍受から日本の機動部隊がハワイ真珠湾を攻撃、アメリカ艦隊に大損害を与えたことが明白になった。

日本時〇七時、さらに決定的な重大ニュースが日本から飛び込んできた。

「臨時ニュースを申し上げます。臨時ニュースを申し上げます。大本営陸海軍部午前六時発表、帝国陸海軍部隊は本八日未明、西太平洋においてアメリカ、イギリス軍と戦闘状態に入れり」の短波放送が受信された。

そして、ようやく〇九時過ぎ、連合艦隊長官名およ

び海軍次官から「米英に対し交戦状態に入れり」との機密電が第二四戦隊に正式に入ってきた。

この日をもって、報国丸は完全に戦時状態に突入し、一挙一動すべてが戦争と直結することになる。司令部は、全体像がつかめたので「作戦は成功した。予令の実行命令電は来ない」と踏んだ。

一〇日、藍原艦長は正装に身を固め、持ち込んだ勲章を胸に付けて全員を甲板に集め、〝詔書奉読《しょうしょほうどく》〟を行なった。

詔書とは天皇のお言葉であって、この場合は「開戦の詔書」である。詔書は八日の一二時と一九時に短波放送でも放送されたので、電信員ほか数名が電信室で聞き逃すまいと必死で書き写したのであった。放送後、各自が聞き取った詔書を付き合わせながら正式文書にまでなんとかこぎつけたものである。

藍原艦長は純白の手袋で詔書を持って、全乗員に対して神妙な面持ちで天皇の言葉を奉読した。

「天佑《てんゆう》を保有し、万世一系の皇祚《こうそ》を践《ふ》める大日本帝国天皇は、昭《あきら》かに忠誠勇武なる汝《なんじ》、有衆《ゆうしゅう》に示す。朕《ちん》、茲《ここ》に米国及び英国に対して戦を宣《せん》す。朕が陸海将兵は全力を奮《ふる》って交戦に従事し（中略）東亜永遠の平和を確立し、以て帝国の光栄を保全せんことを期す」

艦長は、さらに続けて作戦の大要を説明し、一同の奮起をうながした。

続いて宮城（皇居）遥拝《ようはい》と万歳三唱を行なったが、なかには感無量となったのか目いっぱいに涙を浮かべていた者までいたが、いつの間にか期せずして〝君が代〟の斉唱が始まり、やがて〝海行かば〟へと変わっていった。

内心「とんでもないことになった」「大丈夫かな」「死ぬかも」と思った者もいたであろうが、「死ぬのは敵だ。自分が死ぬことは絶対にない」の感情が人間として自然な発想であった。

この時、報国丸は南緯一四度五二分、西経一三三度一九分、実にタヒチ島よりさらに東の南太平洋であった。

日本と正反対の南半球は夏、一二月というのに燃えるような太陽が照りつけ、茫漠と広がる海は果てしなく、水と空と雲ばかりが続いていた。そんななかで戦時警戒態勢がとられ、日々厳重な見張りと猛訓練を続け、艦内の雰囲気は引き締まり一体感に包まれていった。

藍原艦長は、現役時代に何度も艦長を経験しているとはいえ、それはすべて平和な時代である。毎日が決められた訓練その他の業務をこなしていくだけであった。

ところが今度は違う、本当の戦争である。訓練でも演習でもない実戦だ。やり直しも言い訳もできない。間違いは乗員を殺し、大切な陛下の艦を喪失する。自分自身の生命は一寸先にもなくなるであろう。

秋に着任し、今までに経験のない貨客船に乗船している。それでも特設巡洋艦とはいえ帝国軍艦である。この艦を使って今後どういう行動をとっていくのか、五二歳の艦長は自問自答する毎日が続いた。

一二月一二日、開戦後初めて海上の波浪が収まり、なんとか偵察機を飛ばせる海上模様となったので、報国丸、愛国丸から同時に飛ばすことになった。

藍原艦長が朝から搭乗員三名を集め、指示を出した。

「いいか、今日は開戦以来、初めての飛行だ。どんなものでもいい、発見したらすぐ報告せよ。安易に接近するな、遠くから様子を見よ。乗組員、武装、速度、針路などよく観察せよ、攻撃はするな」

艦橋に戻った艦長はすぐさま「航海長操艦、掌飛行長は水偵降ろし方用意なせ」と指示した。

やがて、大型貨客船の船脚《ふなあし》が止まり、水偵がデリックに吊るされた。

搭乗員は開戦して初めての飛行で、やや緊張しているように見えたが、少し微笑んでいるようでもあった。

水面に降ろすためデリックで外舷に振り出されると、「ガンバレよー、敵を見つけろよー」と見送りの乗員が、冷やかし半分のように言った。やがて水偵はフロートが着水したのか、白いしぶきが出た。すぐに機上の乗員によって止め具がはずされ、エンジンの回転を上げながら艦から離れていった。

二〇〇メートルほど離れると、やがて快音を響かせながら二条の真っ白い航跡を残して離水した。そして高度をとりながら最後に艦の上空を二回旋回し、西方へ飛んでいった。

一番機（報国丸搭載機）が西側、二番機（愛国丸搭載機）が東側にそれぞれ進出距離一二〇海里（二二二キロ）、側程（横移動）四〇海里（七四キロ）を飛行し、おおよそ三時間にわたって広大な海上の偵察および捜索を行なうのである。

司令部も艦長も、実をいうと開戦以来の初飛行であったことから、敵発見の有無よりも無事帰投するかが心配であった。

夕刻近くなると、我が子の帰宅を待つ父親のように艦長の憂慮は最高に達したが、大型双眼鏡ではるか彼方の空をずっと見ていた見張員が「水偵見ゆ」との声を発した時は、心より安堵し、最後の着水まで安心して見届けることができた。

やがて水偵の揚収《ようしゅう》が無事に終わると、搭乗員が艦橋に来て「敵の発見ならず」と報告した。艦長は「大変ご苦労であった」と、簡単ではあるが、心からねぎらいの言葉を送った。

例の兵曹が大阪商船の博士を捕まえて詰め寄った。

「おい博士、おまえはアメリカとの戦争はないと言ったな、戦争になったではないか。このウソつきめ」

「私は蘭印を攻めるのが、いちばん効率がいいと思っていました。だからどうしてわざわざアメリカに仕掛けたのか不思議です」と博士は答えた。

「日本海軍はだな、弱い者いじめはしないのだ。強い者にしか向かっていかないのだ。わかったか」と兵曹は続けた。

「はいわかりました兵曹殿。私の考えが間違っていました。しかしこれで海軍の作戦が全部読めました」と博士が言うと、兵曹は「なんだそれは」と聞き返した。

「海軍は、脇目もふらずアメリカ攻撃に全力を挙げるはずです。次はハワイ上陸でしょう。そしてハワイ基地からアメリカ西海岸まで空母と戦艦で押し寄せ、サンフランシスコやロサンゼルスを艦砲射撃し空襲もします。そうしたらいくらアメリカでも講和し、石油を売るでしょう。とにかく早さが問題です。今ならやれると素人の私でもわかりますから、海軍は当然それ以上のことを考えているでしょう。兵曹殿、我々も忙しくなって太平洋から離れられませんよ」と博士は一気に言い放った。

ビンセント号（VINCENT）

索敵

翌一二月一三日、この日は東の風がやや強かったが、午前中に二番機を飛ばして、東側に三時間の飛行索敵を行なった。しかし何も発見はできなかった。

午後になると、遠方にスコールをともなう積乱雲が所どころ認められ、波浪も高くなり、予定の一番機による索敵は中止された。

日本を出てからこの日まで、広大な太平洋をほぼ斜めに航海し、日付変更線を通過して赤道を越え、とうとうイースター島近くまでやってきたのである。

予定作戦海域まで進出したことは確実なので、針路を南西方向の二二五度に変針した。この変針は深い意味がある。「もうこれ以上東へ進出するのは止めて、やや西向きに進もう」と、初めて西進するコースに決定したことである。

開戦以来すでに五日も経過しているが、まったく船影を見ないまま、この日も日没が迫ってきた。また何事も起こらず終わるのだろうと思うと、司令官も艦長も少し焦りの色が見えた。

海軍の艦内公式時刻はすべて日本標準時であるから、記録時刻は、たとえば「一一三五、日没」とあったりする。これをこのまま使用するとはなはだ不自然であって、当地の時間的自然現象が表現できないことになる。この場合、当地の経度に合わせて七時間プラスしてやると「一八時三五分、日没」となり、自然な時間となる。

本書では、以後このように船の移動とともに筆者の判断により最適の時刻修正を行ない、人間の感覚に近い現地時間《ローカルタイム》で記述する。

なお地球の全経度は三六〇度であるから、二四時間で割ると経度差一五度が一時間となる。日本時間は兵庫県明石市の経度一三五度の正中時刻（太陽通過時）となっているので、東に進む場合は経度一五度で一時間進め（プラス）、西に進む場合は逆に遅らせる（マイナス）。ただし日付変更線（一八〇度線）の通過による日付変更は、混乱を避けるため行なわず、日本使用日をそのまま採用する。

右舷後方の水平線上に僚艦の愛国丸がシルエットのように見える。水平線の視界ぎりぎりの位置を伴走し、敵発見の確率を高めるのだ。今日も一八時三三分の日没時を迎えた。曇天であったので、いつもより早めに暗くなるだろう。そうなれば、今日の見張りは実質終了となる。当直将校も見張員も操舵員も、それまでの緊張から解放される。

「今日も獲物は見なかったな」と、司令部参謀たちは一等ラウンジを改装した作戦室の壁に貼った手製の太平洋航跡図を見ながらため息をついた。ハワイ、マレー沖の華々しい戦果を聞いていた乗員は、「やはり戦争とは正規の軍艦と飛行機がやるものだな」と感じたから、自分たちは戦争には無縁のように思えてきた。

発見

日没時が過ぎ、まだ薄明りが残っているなか、今日最後のお勤めとばかりに艦橋右舷の双眼鏡で水平線を凝視していた見張員が、「右一〇度、黒煙一条」と叫んだ。

報国丸にとって幸運であったのは、視認した時刻が、日没後わずか一二分であったことであり、相手にとって不運だったのは明るさが最後まで残る西方に位置していたことであった。

いずれにしても薄明時《はくめいじ》の視認限度いっぱいであったことから、あと一〇分遅かったら両船の運命的関わりは存在しなかったであろう。

「なにー」と一斉に艦橋にいる全員が同方向を双眼鏡で注視した。そこには船は見えなく、煙だけが水平線からたなびき上がっていた。

「遠い、距離はどうだ」「約一二カイリ」（二万二〇〇〇メートル）と測距員が答えた。

「今どきの軍艦では煙は出ないから、商船に間違いないな」と武田司令官が言った。

藍原艦長は「合戦《かっせん》準備、戦闘配置につけ、愛国丸集結」と令した。右舷後方水平線上に見える愛国丸に向け「敵発見、集結せよ」と信号員が信号灯の開閉レバーを操作し、発光信号を打った。艦内ではけたたましいブザー音が一斉に鳴り響き、「戦闘配置につけ」と何度も放送された。八基の一五センチ砲の各部署に、鉢巻に鉄兜をかぶった砲員が駆け寄った。

直ちに第二戦速一八ノットに増速、一〇度右に変針、二三五度として商船の方へ船首を向けた。やがて黄色の煙突と二本のマストが水平線からせり上がってきた。大型双眼鏡の見張りが「商船、反航している」と大声で言った。

暗夜になる前に決着をつけたいと思い、さらに「最大戦速」（二〇ノット）に増速した。

相手船を右前方に見て小角度をもって接近中であるので、このままでは右舷対右舷で航過するようになる。相手船の速度が一〇ノットとすれば、ほぼ向かい合って接近中の相対速度は三〇ノットであるから、発見時の一二海里の距離はわずか二四分でゼロとなり、お互い反対向きで横に並ぶことになる。

「距離三〇〇〇メートル」と報告が入る。艦長は「武装していないか、よーく見ろ」と見張り一同に確認をとらせたが、「砲門等は確認できません」の報告が入った。

ある士官が「女装発令しなくていいですか」と艦長に尋ねた。

藍原艦長は「それはない。もう開戦しているし、秘密裏にここまで到着している。しかもこちらが臨検する立場だ」と言い放った。周囲は「そうだとも」と言わんばかりの顔つきでうなずいた。

「距離一〇〇〇」「どうも相手は日本船とはわかってないようだな」と誰かが口にした。

暗くなりかけているなか、双眼鏡を離さず相手船を観察していた見張員が「VINCENT、船名ビンセントでーす」と大声をあげた。

士官が分厚い英ロイド船級協会発行の船名録をパラパラとめくって「船名SS Vincent 船籍Newark NJ」にたどりつくと、「アメリカ船、間違いありませーん」と周囲にわかるように声をあげた。

「よーしわかった。武装してないか、よく見ろ」「旗旒信号はどうだ」「ありません」「今の距離知らせ」「八〇〇メートル」の声々が交差した。

もう距離は一海里を切って、このまま右対右ですれ違う関係になってきた。暗くなりつつあるなかに、戦時識別用の星条旗を中央に大きく描いた船体が見えた。単調な洋上生活のなか、出会った船を見つめることはごく自然のなりゆきであるが、迫り来る堂々の豪華大型貨客船を、うらやましくも興味ありそうにこちらを眺めている姿が見てとれるまで接近した。

「距離五〇〇」「距離三〇〇」と接近報告が入った。

藍原艦長は、ふと左方にいる武田司令官の顔を見るや「やるよー」と一言いった。武田司令官は「わかった、やろう」と相槌を打った。

「軍艦旗揚げー」スルスルと後部マストに大型の旭日旗が翻りながら昇った。引き続き前部マストに、「停船せよ」「無線発信を禁ずる」の国際信号の旗旒を揚げた。

「俺もあんなりっぱな客船に乗りたかった」と、広い洋上で出会った船に淡い思いを寄せて眺めていた「ビンセント号」の船長は、急きょ揚がった大きな旗を見て度肝を抜かした。ほんの数日前に日米が戦争状態になったことを船長は知っていたのだ。

しかし、ただでさえ船数の少ないこの南太平洋上に、まさか日本船が出没するとは夢にも思わなかったであろう。

船長はとっさに「hard port」「full ahead」と叫んだ。操舵手は反射的に舵輪を左に大きく何回も回し、やっと水面下にある舵板が三〇度左に振れた。機関室では当直機関士が蒸気バルブを最大限に開放し、高圧蒸気をシリンダーに吹き込んだつもりだが、大きなピストンが上下に動く早さにさして変化はなかった。

船長は「回れ、回れ」とただ船首を見ながら独り言のように口ごもったが、大型船は陸上のどの乗り物とも違って、舵を切ったからといってすぐ横に向くと思ったら大違いである。かすかに見える雲が右に流れ出し、コンパス盤も右に振れるように見えてきたのは、とりもなおさず船が左に回っているのだ。

船首が振れ出すと、回頭《かいとう》に運動エネルギーを使い、そのぶん速力が落ちることになる。九〇度も振れたころには、スピードは半分の五ノットまで落ちた。まだあと九〇度回らなければUターンできないが、その前にスピードは三ノットまで落ちた。もうそれは報国丸から見ると、まったく停止しているも同然であった。

船長は「通信長SOSだ。緊急電を打てー」と叫んだ。

通信士が必死の形相で電鍵を叩きだした。「トトトツーツーツートトトト……(SOS de KIZS Lat22-41S Long118-19W course 62 10knots SS Vincent suspicious orders stop 7 pm SOS SOS RRRR……)」

この緊急電は、僚艦の愛国丸にしっかりと傍受された。

攻撃

直ちに、この敵電は報国丸に発光信号によって転送された。

「ビンセント号」は反射的に救いを求めようとしたのだろうが、藍原艦長は無視したと判断して、砲術長に「威嚇射撃せよ」と叱咤するように命じた。

一五センチ砲八門は、二〇〇〇メートル以内の距離であれば、それぞれの砲側照準《ほうそく》で射撃できるが、そこが砲員にとっては醍醐味となる。

この日この時を砲員はいかに待っていたか、これこそ初陣《ういじん》である。本物に向かって実弾を発射することは、過去百回の訓練と違って戦争の実感がこみ上げてきた。

砲術長は一番と三番砲に「目標、右敵船前方二〇〇、砲撃用意」と令した。

「目標敵船前方二〇〇メートル、準備よし」と指定砲台から連絡が入ると、すかさず「撃ち方、よおーい」と一瞬の静寂が周囲を支配した。間髪を入れず「テー（撃てー）」の号令とともに射手が引金を引いた。ドカーンと大音響と砲煙があがり、第一弾が敵商船前方に発射された。乗員全員にとって初めて実目標に撃ち放った実弾に感きわまったのか、「わー」とあちこちから歓声があがった。

　対象は軍艦ではなく非武装の民間商船であったが、乗員は不思議な興奮に包まれた。

「ビンセント号」前方の水面に、マストの一・五倍ほどの水柱が夕闇の中に白いしぶきとして鮮明に立ち昇った。

　続いて二発目が左舷の間近に着弾した時、ビンセント号の船長は初めて戦争を意識した。湧き上がった水柱がスローモーションのように崩れ、滝のように落ちる姿を見て、今までに見たどの戦争映画とも違う実弾の威力を目の当たりにして恐怖に陥った。

「駄目だ」危険を察した船長は「stop engine」「full astern」と矢継ぎ早に命じて船脚を止めた。「白旗を揚げろ。なんでもいいから持って来い」と怒鳴り声を上げた。

　マストにシーツのような白い大きな布が揚がった。

　報国丸の艦橋では、双眼鏡で一部始終を見ていた見張員が「白旗揚がる！」と叫んだ。報国丸の全員が生まれて初めて見る白旗であった。

「やった」「勝った」「あれが白旗ちゅうもんか」

と、その思いはそれぞれであったろう。

　帝国海軍に白旗を揚げるという概念はまったくないが、その前に負けるという前提がないのである。したがって、たとえ敵側が掲揚した白旗であっても、それは不思議な感傷を醸し出した。

「よーし臨検だ。分捕るぞ」と武田司令官が言うと、司令部参謀たちも立場上同調した。

「そうだ、もったいない。分捕るべきだ」

「トラックまで回航しよう。戦利品だ」

　船乗りなら、この海上模様を見れば臨検用として搭載している一二挺漕ぎのカッターはもちろんのこと、内火艇だって降ろせるものではないとわかっていた。

司令官にはだれも異を唱えることができなかったが、さすが同期の藍原艦長が「いやー、そりゃ無理でしょう。暗くなったし波も高い、危険だ」と水を差した。

するとと周囲からもさまざまな意見が出始めた。

「船速は遅い。足手まといだ」

「相手は遭難無線を発信している。同位置に長時間留まるのは危険だ」

「夜間で波も高い。移乗は危険で時間もかかる。拿《だ》捕《ほ》はあきらめよう」

「海岸局も応答して、すでに警報を発している」

「夜が明けると、たまたま近辺にいる敵の軍艦が来るかもしれない」

「長居は無用だ」

総合意見としては、「処分してこの海域を急ぎ去るべき」が主流となり、司令官の拿捕話はお流れとなった。

司令官の発した言葉は絶対で、撤回も変更もありえないのが日本の軍隊である。だからこれは極めて異例だが、第二四戦隊は臨時の寄せ集め部隊であったことからして、意外と対応が柔軟であったのは長所であろう。

一方、恐怖に陥ったビンセント号では、「波が高いのでボートは降ろせない」などと言っている場合ではなかった。船長は「すぐにボートを降ろすんだ。急げ、全員退船だ。また砲弾がくるぞ」と、切迫した大声で命じた。一等航海士をはじめ甲板長、甲板員が両舷の四隻のボートを手分けして降ろす作業に取りかかった。

しかし整備不十分で、一隻のボートはダビットが錆で固まり動かなかったが、不慣れながらもなんとかあとの三隻の降下に成功し、退船することができた。

乗員は砲弾がいつ飛んでくるか不安のなか、とにかく急いだので、ほとんどが着の身着のままで上半身裸の者も多かった。私物は全員が持ち運べないまま残してきた。通帳、家族の写真、現金、土産品、買ったばかりの上等のスーツ、すべてを置いてきた。

船長は、一等航海士から全員三隻のボートに移乗した旨の報告を受け、以前横浜で買った『英日会話ポケット集』を持ち、最後にボートに乗り移った。

風上舷のボートは高波のため移乗に苦労したが、本船から離れるのは楽であった。ただじっとしているだけで、風圧の異なる船同士は簡単に離れた。しかし風下にあったボートは、屏風《びょうぶ》のような船体が覆いかぶさってくるので、船の外板を一生懸命オールで押しながら少しずつ船首のほうへ移動して行き、ようやく船首をかわしたところで本船から離れることができた。三隻のボートは日の暮れた闇の中に散りぢりになった。

しばらくして静寂が支配すると、乗員のすべてが底知れぬ不安に陥った。ある者はインディアンが白人を火あぶりにするのを、またある者はカリブの海賊が踏み板を歩ませ鮫のいる海中に突き落とす処刑を、そしてある者は〝ハラキリ、セップク〟を思い浮かべた。

しかし船長は、娯楽映画のようなことは連想しなかった。視点は大きく異なっていたのだ。

「非常用の清水も食料も前もってボートに積んである分だけである。これでは一週間ももたない。ほとんど裸同然の者は夜が明けると灼熱の太陽にやられてしまう。どうすべきか」と、広漠《こうばく》とした真夏の南太平洋で漂流する恐怖であった。

暗黒と静寂の中に、いきなりまばゆいばかりの光線に全員がアッと目を覆い、顔を背けた。ほんの数秒だったが、その光が外れたと見ると、次の行き先に同僚が乗ったボートがあった。このとき初めて探照灯《サーチライト》による照射であることを理解した。

強烈な照射ビームは、次々とボートを照らしたり海面をなめていたが、やがて闇の中の一点で止った。その先には、まるで舞台のスターがスポットライトを浴びたように星条旗が浮かび上がっていた。そのサーチライトが左右にゆっくりと振られ、船尾から船首と船体の全体が確認されると、再び船体中央の星条旗にきて止まった。

「ビンセント号……。たった今までわれわれの世界だった船だ」乗員はそれぞれに声を上げた。

その光源である報国丸艦橋では、司令官、参謀、艦長ほか士官たちのさまざまな会話が取り交わされた。

「確認できたか」

「はい、全員救命艇に移乗完了した模様です」

「何名いる」

「三五、六名のようです。船名録から推測すると全員だと確信します」

「船名はビンセント、国籍はアメリカ、間違いないな」と念を押したあと、「よし、乗員収容後、直ちに撃沈処分する」と決定が下された。

ビンセント号の船長は日本へは横浜、神戸、大阪の各港へ延べ五回寄港したことがあったが、三割の乗員も日本に行ったことがあるという。

船長は日本人がそんなに悪い人種だとは思わなかった。代理店の社員は紳士だったし、船食屋の食料積み込みも丁寧であった。威勢のいい花札ばかり打っていた沖仲仕《おきなかし》や刺青を入れた荷役人足が、休み時間に通路でごろりと寝そべっていても、自分らが通るときはちゃんと道をあけてくれた。街に出かけて道を尋ねた時も多くの日本人は、ニコニコ笑ってばかりであったが、親切にも一時間もつきあって行き先を教えてくれた人もいた。

ある乗員は、東京のある駅で忘れ物をして、三日も経ってあきらめながらも届け出たら、きちんと保管してあったので感激したという。こういうケースはほかの国では、長い船乗り生活の中で一度もなかった。

船長は日本に行った時に覚えた日本語を一生懸命思い出そうとした、「こんにちは」「はじめまして」「さようなら」「お元気ですか」「ありがとう」と会話集をめくってはつぶやいた。

サーチライトの照射を受け、まばゆくてなにも見えないのが幸か不幸かわからないが、機銃が一斉にこちらに向けられて今にも引き金が引かれるのか、それとも砲の一撃で木っ端微塵となるのか、気が狂わんばかりの時間が過ぎていった。

しかしサーチライトの光芒《ビーム》がいつの間にかなくなり、代わって普通の照明が舷側一面を照らした貨客船の威容が迫ってきた。

収容

舷側には舷梯《タラップ》が下ろされていたし、ほかに二本の縄梯子《なわばしご》（ジャコブスラダー）が水面近くまで下ろされていた。

「ジャコップに着けろ。タラップは危ないぞー」と英語が飛んできた。

ボートが外舷に横付けしても、波の高さに合わせて二メートルほど上下するので、縄梯子《ジャコップ》に手をかけるタイミングは波高が最頂部に達した時のみで、その瞬時にボートから梯子に身を預けることになる。

報国丸は三隻のボートの風上に順次接近し、約二時間かけて「ビンセント号」の乗員を収容した。

収容人員は全乗員の三八名。船長の名前は「アンガス・マキノン（Angus Mackinnon）」船長だけが個室で、あとの乗員は三等客室に案内された。上半身裸の者もいたので、帝国海軍の通称〝ナッパ服〟と呼ぶ作業着（事業服）が支給された。

その後、報国丸、愛国丸はどっぷりと暮れた暗夜の中、探照灯で照射した無人の「ビンセント号」に向け砲撃を開始し、二隻で合計一二発を発射、全弾が命中した。

「なかなか沈まんもんですなー」「砲員もやけくそになっておりますかな」と艦橋ではささやかれていたが、艦長は、一〇本しか搭載していない貴重な魚雷を今や使用せざるを得なくなったと思い「時間がない。魚雷攻撃せよ」と命じた。

直ちに二本の魚雷を発射したが一発しか命中せず、しかもまだ浮いていた。焦った艦長は「確実に狙って撃沈せよ」と再度の命令を出した。今度は、慎重に狙いを定め、追加魚雷一本を発射した。すると船体中央に命中、轟音と水柱の中に船体がVの字に折れて、暗夜の海にたちまち消えていった。時は二二時三〇分、南緯二二度三八分、西経一一八度一四分の南太平洋であった。

その後、二隻は直ちに南西へ針路をとり、全速で撃沈海域をあとにした。

なお艦内での調べで、以下の詳細が判明した。

船名：ビンセント号（VINCENT）

国籍：アメリカ
総トン数：六二一〇トン
建造年：一九一九年
積荷：クローム鉱一〇〇〇トン、マンガン鉱二〇〇〇トン、羊毛二〇〇〇トン、木材一八〇〇トン等
仕出港：シドニー
仕向港：ニューヨーク

高級船員以外は、日米開戦の報は知らされていなかったという。

乗員三十八名の内訳はアメリカ人三三名、スペイン、ギリシャ、イギリス、アルゼンチン、ラトビア各一名であった。

それから一週間の航海後、一二月一九日から二二日にかけてピトケアン島（英艦バウンティの叛乱者の子孫が居住している）南方の南緯三六度、西経一三〇度付近の海上で、報国丸と愛国丸は交代で停止し、漂泊のうえ機関整備を行なうことにした。

商船と異なった機関使用方法による心臓部の機関は限界に達し、ここらで主機関を完全に停止し、部品交換や点検整備など小修理を行なわなければ、やがて航走不能に陥る恐れがあった。

一隻が漂泊整備中には、もう一隻がゆっくりとした速度で整備艦からの発光信号到達距離限度の一六海里（三〇キロ）で周回し警戒、昼間は水偵も周囲三〇海里（五五キロ）を飛行、索敵を続行した。そして四日間にわたる二隻の整備は無事に終了し、次の作戦に向けて航海を開始することになった。

マラマ号（MALAMA）

昭和一七年元旦

年が明け、一九四二年（昭和一七年）一月一日を迎えた。

一番マストの頂部には松飾りがそびえ、一等客室甲板の右舷エントランスホールのドア前には総出で作り上げた孟宗竹の豪奢な門松が立ち、その上部には注連《しめ》縄《なわ》が張られていた。艦内各所には船上でついた鏡餅が

供えられ、遠い異国の海でも日本本土同様、歳神様《としがみさま》を迎えることができた。

まだ暗い午前五時から、艦橋にある報国神社と名付けられた商船時代からの神棚に乗員が交代で初詣に上がってきた。通常は士官室通路にある分祠《ぶんし》の神棚にお参りするのであったが、元旦は艦橋神社の参拝も許可され、正月ムードはいやがうえにも高まった。

日課はいつもの通りであったが、当直員を除いて全乗員が集合し、〇九時一五分から新年の式典が行なわれた。

まず遥拝式《ようはいしき》である。総員整列し、日本の宮城に向かって号令とともに敬礼するのだ。そのあと艦内〝御真影《ごしんえい》〟（天皇皇后両陛下の肖像写真）に向かって深々と頭を下げ、引き続き神職乗員の神主が、安全航海と戦勝祈願の祝詞《のりと》を謹んで奏上した。最後に藍原艦長が新年の挨拶と対米戦の心構えを述べた。

「我が日本海軍はハワイで大勝利した。山本長官の目的は緒戦で徹底的に敵を叩きのめし戦意を喪失せしめることにあるという。もっともである。はるばるこの南溟《なんめい》の地まで来た我々の目的も連合艦隊と同じである、大敵といえども恐れず、小敵といえども侮らず、必勝の信念をもってこれを殲滅すべし。しからば、たとえアメリカといえども軍門に下ること間違いなし」

この年は開戦直後の正月であったから、乗員はいやがうえにも心が引き締まり、新年の誓いも特別なものになった。

屠蘇、雑煮、お神酒にはじまり、おせち料理に赤飯、正月お菓子に舌鼓を打ちながら会話が盛り上がった。

「海軍の正月は何度かやったけど、こんなご馳走は生まれて初めてだよ」

「うちの賄《まかな》いは外国航路客船のコックだからな、出港前から正月のご馳走の振る舞いは考えていたんだろう」

「これからどんどんよくなるぞ。今年は戦争に勝つから、その時はまた戦勝祝いのご馳走だな」

「ビンセント号の奴らも喜んでいたよ。クリスマスは何にも出なかったけど、正月はご馳走と酒にありつけたんだからな」

午後、報国丸（一番機）と愛国丸（二番機）から偵察機を飛ばすことになった。

一番機が二五度方向（北北東）、二番機が六五度方向（東北東）で進出距離は一八〇海里（三三〇キロ）、左側程四〇海里（七四キロ）の偵察である。

全航程約四〇〇海里、巡航速度は一〇〇ノットであるから四時間の飛行となる。上翼の中央に注連縄を飾り付けた水上偵察機は海上に降ろされ、予定時刻の一三時三〇分に白い航跡を残して離水発進した。

その後、二隻は四五海里北上し、一七時には収容予定海域に到着し漂泊を開始した。

一番機はほぼ時間通り一七時四五分、報国丸の近くに着水し無事収容された。そして機長は「敵影を見なかった」と報告をした。

その三〇分後、愛国丸から「二番機一七時三〇分頃までに帰艦の予定がいまだ見えず、貴艦の方に見えるかもしれず注意をお願いする」との発光信号が入った。

「まだ日没まで四〇分ある。帰って来るさ」と楽観的な空気ではあったが、念のために東の空を重点的に見張った。

しかし日没の一九時を回っても「まだ帰艦せず」の通報が入ると、新年の祝賀ムードも吹き飛び、沈痛な思いが広がった。

飛行時間はどんなに頑張っても一二時間であるから、二日の〇一時三〇分過ぎには空中には存在し得ないことになるが、少なくともどこかに着水していることを願って目視、聴覚その他すべてを駆使して見張りを続行した。

今まで何回も飛び立ち、いかなる場合も無事帰艦していたではないか。優秀な飛行兵曹の三名がそう簡単に、悪天候でもない日に未帰還になるとは考えられない。

偵察飛行時、原則無線の発信はしないことになっていたが、緊急時の発信は認められていたのだから、どうしたことかと心配が募った。

報国丸では司令部と幹部が集まり、捜索予定海域と方法を検討し、全力をあげて捜索を行なうことに決定した。

二〇時、報国丸は二番機の到達方面に向けて針路七〇度、速力一六ノットで航走を開始し、夜明けとともに捜索の水偵を発進させることにした。愛国丸は針路八〇度で二番水偵最大進出海域を目指すことにした。

これら二本の針路は、二番機の往復路コースの内側にあたるので発見の確率は高いと思われ、夜を徹して見張りを厳重にしたが、手がかりは得られなかった。

夜が明けた二日〇五時、報国丸は停止し、水偵を降ろす準備に取りかかった。乗員と藍原艦長にとってこの時ほど焦りを感じたことはなかったが、水偵が捜索に飛び立ったのは一時間後の〇六時である。

上空で円を描きながら飛行し、徐々に渦巻き状の輪を広げているうちにやがて見えなくなった。その後、西南西方向を軸にジグザグに飛行して広範囲の海面を捜索するのである。

報国丸は、二番機の往路飛行予定コースに至るよう針路を南南東に向けて航走し、到達したらそこから右転し飛行コースの反方位二四五度に向かって左右にとてつもなく大きな波形を描きながら航走し捜索を続ける予定とした。

偶然の発見

走り始めて三時間近く経った〇八時五〇分、電信室から艦橋の伝声管を通して「敵信が入ってまーす」と緊急連絡が入った。武田司令官、藍原艦長など幹部らが電信室に駆けつけると、当直電信員が懸命にヘッドフォンに聞き入りながらメモをとっていた。やがて電信員は「傍聴電です。意外と近いです」と言って電報用紙をサッと差し出した。

「ZKR (Ralotonga) de Malama Ordered to stop by unidentified plane Lat 26-39S Long 151-24W」

「何だ、これは」と誰もが内心思った。

水偵および母艦同士は無線封止をしており、無線通信はしないことになっているので、敵性商船の発信電に間違いない。大阪商船の軍属電信員が手書きで日本

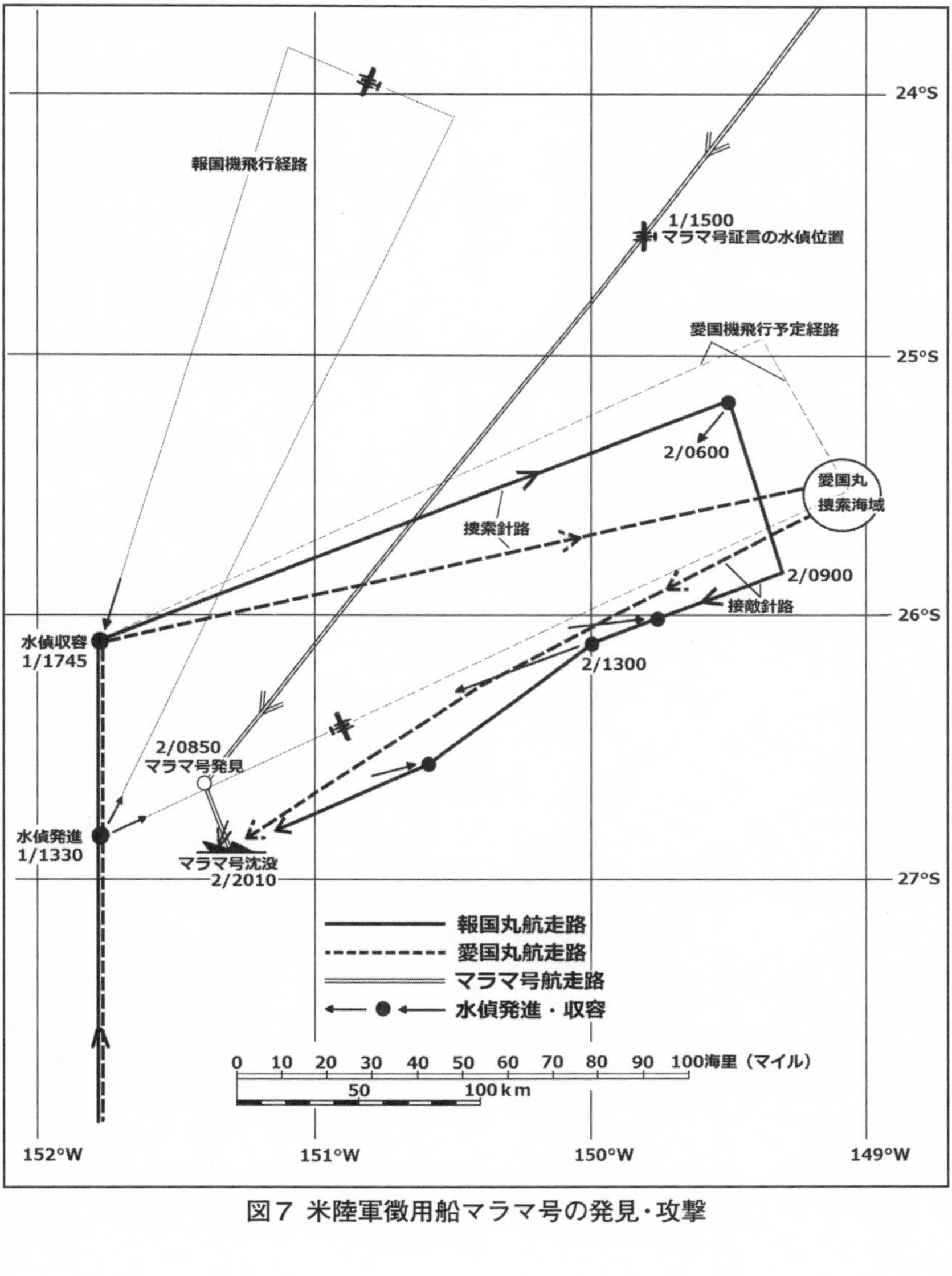
24°S
25°S
26°S
27°S
152°W
151°W
150°W
149°W
報国機飛行経路
1/1500
マラマ号証言の水偵位置
愛国機飛行予定経路
2/0600
愛国丸
捜索海域
捜索針路
2/0900
接敵針路
水偵収容
1/1745
2/1300
2/0850
マラマ号発見
水偵発進
1/1330
マラマ号沈没
2/2010
報国丸航走路
愛国丸航走路
マラマ号航走路
水偵発進・収容
0 10 20 30 40 50 60 70 80 90 100海里（マイル）
50 100km

図７ 米陸軍徴用船マラマ号の発見・攻撃

語訳の電文を提示した。

「マラマ号よりラロトンガ局へ　国籍不明機により停船を命じられる　南緯二六度三九分、西経一五一度二四分」

「敵だ、敵を見つけたぞ」

「水偵が触接している。やったな」

「敵は自分から位置を教えているぞ」「近いようだ。海図に位置を記入せよ」

「方位と距離はどうか」と言いながら、艦長と司令官が同時に海図室に入っていった。

「方位二五〇度（西南西）、距離一三〇カイリ（二四〇キロ）」と大声で航海長が叫ぶと、武田司令官はすかさず「二番機捜索一旦中止。敵攻撃に向かう」と発令した。

すぐに藍原艦長は「右回頭、針路二五〇度、最大戦速とせよ」と矢継ぎ早に命じた。

これを受けた砲術長は「砲術長操艦、面舵いっぱい、最大戦速」と号令を出した。

操舵員が舵輪を右いっぱいに回して艦首が徐々に右に振れだし、テレグラフ指示が「最大戦速（二〇ノット）」の位置となった。やがて二五〇度に艦首が向き、針路が安定するとエンジンの轟音とともに速力がぐんぐん上がっていった。

しかしすぐに、「艦長、最大戦速は無理です。第一戦速（一六ノット）なら何とか出せます」と機関長から悲鳴の電話があった。一週間前に漂泊して、機関整備を行なったばかりであったが、港や造船所での本修理でなく、会敵を気にしながら部品交換などの緊急的小修理でしかなかったから、ディーゼル機関の高速回転には無理が生じてきたのであろう。一三〇海里は細長い日本列島の横幅ほどの距離だが、一六ノットでは八時間以上もかかってしまう。

一一時、商船発見の水偵が帰ってきて報国丸上空を旋回、一刻も早く報告するべく通信筒を甲板に落とした。

通信筒を回収し、偵察報告速報を開封すると「中型商船マラマ号、〇九三〇の位置、南緯二六度四〇分、西経一五一度二〇分、針路二一〇度、七ノット、三島型、船体黒、居住区白、煙突一、マスト二、武装ナシがごとし」と記してあった。

すぐに停止して着水した水偵の揚収作業にかかった。その時、右舷後方の水平線に連絡を受けて駆け付けた愛国丸が見え出した。

水偵が甲板に格納されると、直ちに三名の搭乗員が艦橋に駆けつけ、次のように報告した。

「国際発光信号により停船を命じた。停船しないので針路前方へ向け機銃掃射を行なった。乗員の表情は不安そうであった」というものである。

報国丸は、再び船速を上げて敵商船へ向かった。

その途上、司令部と艦の幹部で緊急の作戦会議を行ない、傍受した敵信、警報の分析、作戦継続要領、当該船に対する処置などが話し合われた。今回も「ビンセント号」の状況とかなり似ているが、敵船は視界外の遠方にあるのと開戦以来日時が経過しているので、組織的警戒を強めているだろうと予想された。

「これを追跡、臨検、拿捕を実施するとすれば夜に入り、当該船を逃がすおそれがある」

「遭難通信をラロトンガ局（クック諸島）が了解し、全航行船舶に対し警戒放送を出した」

「長時間この海域付近で行動するのは作戦実施上不利だ」

「拿捕し日本の港に送致《そうち》するのは当隊の作戦継続上、実施は困難である」

「速やかなる処置が必要である」

武田司令官は、今度も決断を迫られる時がきたが、躊躇することなく、「一番機は爆装のうえ発艦、敵商船を撃沈すべし」と命令を下した。

水偵の攻撃

一二時過ぎに「水偵は、敵商船を撃沈すべし」との命令が出されると、急いで昼食を終えた搭乗員が「待ってました」とばかりに、爆弾搭載の手伝いにはせ参じた。

報国丸の爆弾庫には六〇キロ通常爆弾しか積載していない。これを二個にするか搭載限度の四個にするか関係者は苦慮したが、機長の飛行兵曹長は四個で行くと聞かなかった。

掌飛行長は重量計算を綿密に行ない、燃料の抜き取り、七・七ミリ機銃の取り外しなど三トン以内の重量軽減に努め、艦長の許可を得た。

爆装が終わると、塔乗員がテストのため投下器を引きコトンと架台に落ちるのを確認のうえ再度取り付けるので、どんなに急いでも六〇キロ爆弾四個の装着準備にかれこれ一時間を要した。

一三時、発進のため再び停止したが、後方から追い上げてきた愛国丸が漂泊している報国丸と並んだ。すかさず信号灯で「そのまま直進して敵に向かうべし」との指示が出され、愛国丸は前方の水平線に向けて先を急いだ。

報国丸は、デリックで爆装水偵を吊り上げ、海面に降下させた。一三時一五分、水偵は水しぶきを上げながら空中に飛び上がり、西南西の空に向かった。

航海長が「敵商船までの距離、ちょうど一〇〇カイリ」と言うと、掌飛行長が「水偵は一時間あれば目標船に到着します」と返答した。

速度を上げて敵商船に針路を向けた時、藍原艦長は「やはり飛行機は速いですな、本艦はまだ六時間半はかかるから夜になる。処分に時間は取りたくないですな」と武田司令官に漏らした。

ここからは「マラマ号」側から述べていく。

〇八時三〇分、当直交代したばかりの三等航海士は、奇妙な音が耳に入るのを覚え、急いで音のする左舷の船橋ウイングに出ると、左後方の上空から一機の複葉機が飛来するのを認めた。急いで船長直通電話で「キャプテン、飛行機です。接近しています」と連絡すると、船長が駆け上がって来た。

飛行機は、三回ほど上空を旋回したあと高度を下げ、マラマ号針路上のはるか前方に飛行し、かなりの距離でUターンするとマラマ号の正面に向かって飛んできた。ブリッジにいた乗員は「危険だ、危ない」と思った瞬間「ピカピカー」と発光信号が飛び込んできた。

通信士が「キャプテン、これは停船命令です」と伝えたが、「かまわん、走る」とそのまま航走を続けた。

マストをかすめんばかりの低空で後方へと飛び去ったが、今度は船尾方向で再びＵターンし、左舷後方から近づいてきた。

船長が、しゃがみ込んだ身を持ち上げた時、左舷ブリッジとほぼ同じ高さの超低空を轟音とともに迫ってきた複葉機の無天蓋コックピットから、白いマフラーをたなびかせゴーグル越しにこちらを見ていたパイロットと目があった。

通過直後、「ダダダー」という連射音とともに、機銃弾の水しぶきが列をなして前方の海面に上がった。この情景を見た時、いやが上にもマラマ号乗員は恐怖に陥った。

「また来るぞ、緊急電報を打て、ＳＯＳだ」船長が叫んだ。

「今度は船を撃ってくるぞ。退船準備にかかれ」と矢継ぎ早に命令を出したが、不思議なことに、飛行機は上空を二周旋回したあと、東方に去って行った。

「あれは日本機だ。近くに母船もいるはずだ。やられるぞ」

全員が危険を感じたが、それには理由があった。「マラマ号」は一一月三〇日、米国サンフランシスコ港をフィリピンのマニラに向け出港し、開戦直後の一二月九日、ハワイのホノルルに寄港したが、この時、船長をはじめ乗員は、パールハーバーの惨状を目にして、日本海軍の攻撃力のすさまじさに度肝を抜かれていたからだ。

この船は、陸軍徴用船で、陸軍の軍用トラック七五両、牽引車六〇両、その他合計六〇〇〇トンもの物資をマニラに向けて運送中であったが、日米開戦を受けて行先がニュージーランドのウェリントンに変更された。しかも、少しでも日本軍の勢力下から遠ざかるつもりで、東側に極端な弓なりとなった航路が指定されていた。その迂回路で待ち伏せにあったようなもので、行動が〝裏目に出た〟としか言いようがなかった。

「日本機が飛び回っている。太平洋に安全海域なんてあるもんか」と船長は陸軍船舶運用部の連中を恨みながら、この海域から逃げるように航海を続けた。

しかし七ノットの低速では、飛行機の追跡からはもはや逃れられなかった。案の定、五時間近くも経過した一四時一五分、同じ飛行機が飛来した。

飛行機が低空で直上通過した時、機体の中央に複数の黒い物体があるのを、船長も乗員も肉眼ではっきり見た。

同じ飛行機が、わざわざ重量物の爆弾を抱えてきたことは、撃沈を目的としているのは明白である。飛行機は、旋回を何度も繰り返し、そのたびに発光信号を出した。

「警告信号だ。攻撃してくるぞ」と船長は叫び、続けて「危険だ。爆弾をくらって沈むより、自沈する。いつでも船底弁を開けられるようにしとけ」と機関長に命令した。

急ぎ緊急船内放送と伝令によって、退船の準備が全乗員に伝えられた。

航海士、甲板長、甲板部員が、ボートの降下準備を始め、機関室船底では機関長と機関士三名が大型スパナとハンマーを使って、船外水中に直結している海水取り入れ用の大型のメインバルブ（キングストン）の固定ネジを両側からゆるめ始めた。

両舷の救命ボートに乗員が殺到したが混乱はなく、人員が揃った左舷ボートを先に降下離船させたが、右舷ボートは機関長を待った。

「機関長、退船するぞー。上がってこーい」と一等航海士が上から叫ぶと、機関長は最後のボルト二本を完全に外し大型バルブから急いで離れ、狭い階段を駆け登ってきた。

船底では、ボルトを抜かれたメインバルブが高水圧に堪えきれずドーンと浮き上がり、大量の海水が怒涛のように流れ込んできた。機関長はとてつもない罪悪感にさいなまれながら、救命ボートに向かった。

船長は「機関長、仕方がない、退船だ。この責任はすべて自分が負うから気を落とすな」と声をかけた。

高く低く旋回していた日本機は、全員の脱出を見計らったのか、直ちに二発の爆弾を投下した。一発は命中したが、もう一発が海上に落ち海面が持ち上がって水柱となった。その後、旋回を繰り返し、進入方法と投弾のタイミングを測ったのか、残り二発は完全に命中し、大火災となった。

終焉

報国丸はマラマ号に向けて航走しているが、一六時過ぎにもう一度停止しなければならなかった。爆弾攻撃を終えた水偵が帰投したのを揚収するためである。

水偵の機長は、嬉々とした表情で「爆撃報告。敵商船、投弾四、命中三、大火災発生」と報告した。

藍原艦長は「よし、わかった。あとは普通に話してくれ」と言うと、機長は「やりました。大火災です。船尾のほうが下がっていましたから沈むのは間違いありません。乗員は二隻のボートで退船しました。今も近くで浮いているはずです。燃料が気になって戻ってきました」と言い終えるや否や「ちょろいもんですよ」と別の搭乗員が付け加えたので、周囲の者がどっと笑った。

一七時、航走を再開し「マラマ号」へ向かったが、まだ三時間は要する。

一八時三〇分、愛国丸から燃え盛る「マラマ号」を視認したと連絡が入った。

南半球の当日は、まだ夏至を過ぎたばかりで日は長く、日没は一九時〇一分であった。

その一九時過ぎ、報国丸は針路右前方、水平線の彼方に、夕焼け空を透かした薄雲の中に同化したように立ち昇る黒煙を視認した。

「あれだ。見えたぞ」その指先の向こうを誰もがひと目見ようと凝視するが、すぐにその根元から赤い点がせりあがってきた。やがてそれはメラメラと揺れ動き、はっきりと〝赤い炎だ〟とわかるようになった。

一九時三〇分、炎の近くに先着した愛国丸から発光信号が入った。

「われ船長ならびに乗組員、三八名全員収容せり」

二〇時、報国丸はついに現場に到着したが、そこで目にしたものは、船尾方向の半分が約三〇度の角度で沈み、残りの船体が赤や黄色の大小の炎に包まれ黒々とした煙を暗空に巻き上げる商船の姿であった。

「武士の情け、介錯しましょうか」と砲術長が言ったが、「待て、そこまでするな。大丈夫、間もなく沈む」と藍原艦長は答えた。

それからほどなく、船首がもたげ上がったかと思うと、燃え盛る炎の中に忽然と消えてなくなった。すぐに炎の残痕もなくなり、二〇時一〇分、漆黒の闇と静穏な海に戻った。南緯二六度五四分、西経一五一度二〇分の位置であった。

暗い艦橋では「とうとう沈んだか、出る幕がなかったな」「水偵はやりますな」などの声がささやかれた。

遭難信号を受けて、クック諸島のラロトンガ局は航行船舶に対して警報を発したのと「アメリカ軍艦の付近海域通航のおそれあり」の情報によって、報国丸と愛国丸のコンビは、すぐにこの場を離れるべく全速力で北東へと針路をとった。

翌三日、愛国丸から不思議な連絡が司令部に入った。それは「マラマ号の捕虜が行方不明の愛国丸機を見た」というのだ。

捕虜の話を要約すれば、「一日午後三時ごろ、複葉機がマラマ号の上空一五〇〇メートルを東方に飛んでいった。その後しばらくして高度五〇〇メートルで引き返して、マラマ号上空を二周して西方へ飛び去り見えなくなった」という。

確かにその時間は二機が偵察飛行中だったが、報国丸機は「マラマ号」を見ていないので視認された水偵は愛国丸機に違いなかった。

しかし、飛行予定コースよりかなり左偏している。遠いところで七〇海里（一三〇キロ）、近いところで三五海里（六五キロ）も北西に偏っているのだ。磁気コンパスは周囲の磁気環境によって誤差が大きくなることがあるので、ひょっとしたらあらぬ方向へ飛行したのかもしれない。

幸いなことに「マラマ号」が〝見た〟という海域を通過するので、見張りを厳重にして捜索を行ないながら走った。やがて推定現場に一九時に到着したが、ここから西に向かって捜索すればいいのだが、ほぼ日没時であったから乗員すべてが希望を失ってしまった。愛国丸が、名残惜しそうに遠く離れて西方の水平線下を捜索したが、何ら手がかりはつかめなかった。

武田司令官は、この海域でこれ以上の長時間捜索を続行することは危険だと判断し、同日三日の二四時をもって捜索を打ち切り、ついに搭乗員三名の戦死認定をするに至った。

日本帰投

作戦完了

一月五日一八時から八日一二時までの間、タヒチ島の東方三〇〇海里（五五〇キロ）の海域で、両船は再び機関の整備を行なった。

そこはツモアツ諸島海域で、近くの小島や環礁からわずか一五〇キロしか離れていなかったが、戦争や文明社会のしがらみなど一切関係のない人々しか住んでいない過疎の島や無人島であったので、さして心配はしなかった。

機関の整備は、一二月と同様、二隻が交代で警戒艦となり、一方が機関開放して修理と整備を行なった。

その後、二艦はパナマとオーストラリアを結んだ航路と交差するように、西経一三五度線上を南緯二二度から南緯五度へと約一〇日間にわたって捜索しながら北上したが、敵を見ることはなかった。

航海中、敵の無線交信を何度も傍受したが、総合判断すると「ビンセント号」「マラマ号」の捕捉撃沈からかなり警戒しており、最寄りの港に避難したり航海を見合わせたり、あるいは極端な迂回をしているようであった。これらから敵に与えた脅威は大であるが、その後の会敵の機会は失われたと判断するしかなかった。

しかし、敵信の量が多く感度が良好となるにつれ、敵潜水艦の出現、あるいは敵空母との遭遇などが予想される状況が続き、報国丸は不安に陥った。特設巡洋艦の船体は商船であるため、正規の軍艦や軍用機と出くわすとひとたまりもないからだ。

一月二〇日、武田司令官は、二隻の船体の不具合状態と、これ以上南太平洋に居座わると、敵に捕捉される恐れが大きいと判断して日本帰投を決意し、針路を西に向けた。

そして一月二八日には一八〇度の日付変更線を通過し、日本委任統治領である南洋諸島のトラック島へと向首したのである。

帰路、二隻の船内では船員捕虜に尋問というより質問をして、さまざまな意見を聞き出した。

一例を挙げれば次のようなものがある。

〈問〉

一、「日米どちらが悪いと思うか?」

二、「ルーズベルト大統領は好きか?」

三、「どこ系のアメリカ人か?」

四、「戦争は日米どちらが勝つと思うか?」

〈平均した答え〉

一、「どちらかといえば、アメリカが悪い」

二、「三期もするのはおかしい」

三、「ドイツ系だ、イタリア系だ」

四、「最後はアメリカが勝つ」

であった。三問目までは日本側に迎合した答えになっているものの、四問目では祖国の勝利に自信を持っていた。

なお愛国丸の「マラマ号」船員捕虜の中に日系二世「前田ケンイチ」という者がいた。彼とは多くの問答会話があり、その一部を次に紹介する。

質問「お前は日本人か、アメリカ人か?」

前田「米国に生まれ米国で教育を受けた恩は米国にある。だからアメリカ人だ」

質問「どちらが勝った方がいいか?」

前田「アメリカだ」

質問「白人にいじめられないか?」

前田「船に乗っている限り、いじめられることはない」

これらの捕虜は憎むべき存在ではない。突然に居住所を奪われた不憫《ふびん》な者たちに過ぎなかった。したがって同じ海の男として〝便乗者〟のような扱いであった。

二月四日、日本委任統治領トラック島の環礁内に到着した。

トラック島は南洋諸島の中心である。ここはヤルート島と違って島々が大きく高さもある。しかも環礁内は広大である。まだ開戦初頭であるが、南方戦線の格好の中継軍事基地として拡充されつつあった。

翌五日午後、報国丸は抜錨し、環礁の北水道を一六時三〇分通過して再び外洋に出た。

北上して三日目、北緯二〇度線を通過すると立春が過ぎているとはいえ、北半球特有の寒さが迫ってきた。乗員は冬服に衣替えできたが、捕虜たちは海軍の事業服だけで、冬服の持ち合わせが艦内にはなかった。そこで乗員たちの善意で私物の服を集めて貸し与え、なんとか寒さ対策するしかなかった。

そのような時、「捕虜七六名は大分港で下船。その後、捕虜は上海に移送の予定」との電報が舞い込んできた。

「やれやれ、これで捕虜ともお別れか。呉まで連れて行くのかと思っていたが、軍港ではまずいのだろう」と武田司令官が言った。

藍原艦長は「捕虜たちとは結構うまくやりながら日本まで来たのに、なんでまた上海に送られるんですかね」と問うた。

「それはわからん。いずれにしても捕虜には冬服の支給をしてもらうよう手配せねばな」と司令官は答えた。

これには事情があった。戦争が始まってわずか二か月しか経っておらず、まだ日本国内には捕虜の収容施設はなかったのである。フィリピンでもマレー半島でも戦闘は続いており、現地では大量の捕虜が収容されているのだが、受け入れ態勢のほか、移送用の船もまだ段取りできる状況ではなかった。

したがって緒戦のころは、たとえは悪いが「泥棒を捕らえて縄をなうが如し」で、やっと一か所、四国の善通寺に捕虜収容所ができたばかりで、まだ運用には至っていなかった。国外でいちばん近くて充実した捕虜収容所は上海の呉淞《ウースン》にある〝上海捕虜収容所〟であった。とりあえずここに移送するしか方法はなかったのである。

臨検キム号

二月一一日、夕刻一八時過ぎ、九州と四国を隔てる豊後水道の中央に向け、針路三五〇度で北上中の報国丸は、左舷前方から接近してくる貨物船と出会った。

このまま接近すると衝突する角度であるが、海上交通ルールでは、相手船を右に見る方が相手の針路を避けるようになっているので、両船がそのまま進めば、その貨物船が右転して報国丸を避けなければならない。したがって相手船を左に見る報国丸は、そのまま直進しても構わないことになっている。

その船は日没時間に合わせて航海灯を律儀に点灯しており、右舷を示す緑灯がはっきりと視認できたが、まだ十分明るかったので貨物船の全体像を認めることができた。

「日本船か敵か?」

藍原艦長は日本近海であっても警戒をゆるめなかった。さらに接近すると、左舷見張員が「文字が見えてきました」と報告したので、すかさず当直将校が「船名知らせ」と言った。大型双眼鏡に顔を押さえつけたようにして見ていた見張員は「船名わかりません、読めません、KとかMがあります」と叫んだ。

当直将校が「どけ」とばかりに見張員を押しのけ大型双眼鏡をのぞき込んだ。しばらく凝視してから「あっ、ロシア文字だ。ソ連船だぞ」と大声を出した。

「艦長、ソ連船です。Nの裏返し文字がありますから間違いありません」と報告した。

「なに、ソ連船だと、なんでこんな所にいるのだ」「ここはもう種子島の目と鼻の先だ。おかしい」「あいつら日本を探《さぐ》っているな」と艦橋では士官たちが口々に言い出した。

その貨物船に向け、発光灯で「貴船の船名を知らせ」との国際信号を送った。ところが貨物船は「針路を避けよ」と勘違いしたのか、すぐに右転を始め、報国丸の船尾の方に首向した。

相手船の変針で衝突の危険はなくなったが、何回となく発光信号を送っても一向に応答がなかった。

「あいつ、帝国海軍をバカにしているのか」「露船め、ただじゃすまんぞ」と艦橋ではいきり立ったが、そこに水を差した水兵がいた。

「相手船は、こちらをただの旅客船だと思っているのではないでしょうか」

「はっ」と気づいたのは、司令官や艦長だけでなく、艦橋の士官たちすべてがそうであった。

去年の一一月に出港して以来、ずっと大阪商船の外観のままであったことを、長く乗っていたらいつの間にか忘れていたが、遠く離れて同行している愛国丸を見ればすぐわかるではないか。

「こちらは日本海軍。貴船の船名、国籍知らせ」と改めて発光信号を送った。するとすぐに「こちらソ連船KIM」と返事があった。

藍原艦長は「やっかいですな、どうしましょうか」と武田司令官に尋ねた。

日ソ間では去年(昭和一六年)四月一三日、「相互不可侵、軍事行動の中立」などをうたった「日ソ中立条約」が締結され、北からの脅威は取り除かれた。

しかし、その直後の六月には独ソ戦が勃発しているので、日本は三国同盟を理由に「ソ連を攻めて欲しい」ドイツと、中立条約遵守で「攻めないでくれ」のソ連との板挟み状態であった。

このようななか、一見別々の戦場に国運をかけていた日ソ両国は、不気味ながらも条約の信用のみによって、まるで「腫れ物に触る」かのように気を遣《つか》い、かろうじて中立保持に努めていたのである。

この海域を航行するソ連船がまったく情報収集に関与していないとは言い切れないし、戦時禁制品だって積載しているかもしれない。といって帰路を急ぐ報国丸乗員にしてみれば、夜間で波も高いなか、面倒な仕事は取り込みたくないのが本音であった。

臨検しなければ嫌疑は晴れない。波が高いので臨検隊が移乗するとなれば陸地に接近する必要がある。そうなれば引致《いんち》または回航命令となるから、日ソ間の外交問題にもなりかねない。報国丸は難しい局面に立ったが、武田司令官は「臨検する」とためらいもなく決断した。

直ちに「臨検の要あり。貴船は針路変更し北西とせよ」と発光信号を送り、鹿児島の志布志湾に向け「キム号」を引き込むことにした。報国丸は、ソ連船の左舷側を並んで航行し、愛国丸は右舷後方から続航して動きを警戒した。

翌日、夜が明けてくると、遠くに志布志湾から佐多岬に至る鹿児島の山々が浮かび始め、乗員たちは三か月ぶりに見る日本の姿に、無事帰還できた喜びがこみ上げてきた。

志布志湾まで行くまでもなく、種子島北端にさしかかると波高は急激に落ちた。そこで早目に臨検を行なうこととし、二月一二日〇九時、報国丸は「キム号」に完全停止を求め、臨検隊がカッターで乗り込んだ。

「キム号」は、五一一四総トン、一九三二年建造で乗員はすべてロシア人であった。乗員は緊張した顔つきながらも臨検には従順で協力的であったのは、日本軍の対米戦勝の実力を知っていたのと、災いが自分たちに及ばないようにしたかったからであろう。

臨検隊が積荷の中に武器や軍需物資などの禁制品がないか、船倉をくまなく調査したが、どの船倉にも〝バラ積みの麦〟が満杯に詰まっているだけであった。

「積地はどこか?」

「アメリカ、シアトルだ」

「荷揚げ港はどこか?」

「ペトロパブロフスクだ」

「そこはどこにあるのか?」

「カムチャツカにある」

「そんな船が、どうして九州の南を西から東へと航海しているのか?」

臨検隊はロシア人船長を問い詰めた。

「ウラジオストク経由なので、九州を回っているのだ」と船長は答えた。

「おかしいではないか。津軽海峡を通過した方がはるかに近いではないか」と海図を示して指摘した。

そもそも北米シアトルからであれば、カムチャツカ半島のペトロパブロフスクが先で、ウラジオストクが後となるのが航路的には順当である。日本を一周する形で、なんらかのスパイ活動を行なっているのではないか、と疑問はいくらでも湧いた。

しかし、国籍証書、船舶検査証書、乗組員名簿、積荷目録、出入港書類、その他の書類もすべて整っており、国際法上の問題はなかった。

臨検隊としては、これ以上の捜索はできないと判断し、一時間後の一〇時に報国丸へ「積荷、書類とも質疑ナシ。ロシア人乗員からは異議申し立てナシ」と連絡した。

武田司令官は、ソ連船とこれ以上に関われば二国間問題になりかねないと思ったのと、今後の予定が詰まっていることとから「よし、わかった。ソ連船釈放、直ちに臨検隊は報国丸に帰還せよ」と命令した。

ソ連船は東の方に向かい、報国丸は北へ向かって走り出した。

捕虜下船

報国丸は一刻も早く広島湾に帰投し、次期作戦の準備にかかるべきところだが、大分港に立ち寄り捕虜を引き渡さなければならない。ソ連船と別れたあと、二隻は豊後水道に向け北上を続け、四国の佐田岬と大分の佐賀関の間の速吸瀬戸を抜け、進路を左に向け別府湾に入った。大分港沖に投錨仮泊したのは深夜であったが、日本に帰着した喜びのなか、当直者以外は眠りについた。

二月一三日、早朝から大分航空隊の警備隊が通船でやって来た。

「ご苦労様です、捕虜の受領に参りました」と隊長が申告した。

「報国丸にはビンセント号の三八名、愛国丸にはマラマ号の三八名、合計七六名だ。マラマ号の五名を除いて全員民間の船員だから、そのつもりで頼むよ」と武田司令官は藍原艦長ほか乗員の前で言った。

「承知しました。しかし自分たちは本艦から大分航空隊に収容するだけです。本日昼までには佐世保鎮守府からやってきました警戒隊に引き渡します」と言って、捕虜名簿を受け取った。

捕虜たちは、大分航空隊が支給した冬服に着替え、下船準備に取りかかったが、もともと着の身着のままのため私物はなく、ほとんど手ぶらである。報国丸乗員も、ビンセント号の乗員もすっかり打ち解けていたので、一抹の寂しさがあった。

アンガス・マキノン船長は「大変いい船であった。艦長以下乗員にはすっかりお世話になった。戦争が終わったら、今度は客で報国丸に乗りたい」と言いながら、見送りの藍原艦長と握手を交わした。

数隻の通船に分乗した船員捕虜は、乗員の「帽子振り」に答えて、手やハンカチを振って別れを惜しむかのようにして大分航空隊の方向へ遠ざかって行った。

「やれやれお荷物がなくなった」とばかりに、二隻はすぐに揚錨し、広島湾に向け走り始めた。

その後の捕虜について述べると、このあと大分航空隊に収容、待機していた佐世保鎮守府の第一海兵団警戒隊一一名の所掌《しょしょう》となる。

警戒隊は、七六名の捕虜を引率し大分から列車に乗って九州を横断、有明海に面した三池港に移動、そこで捕虜は、大量の資材を積んで上海に向かう佐世保鎮守府所属の「第二興東丸」(三五五七総トン)に乗船した。

そして上海港入口にある呉淞《ウースン》に二月一六日に到着、捕虜収容所に入所し、海軍警戒隊から捕虜管轄権のある陸軍に正式に引き渡されたのである。

帰投報告

何とも知れぬ曖昧な命令を受けて作戦海域に向かってからほぼ三か月後の一九四二年(昭和一七年)二月一三日夕刻、報国丸と愛国丸の二隻は、連合艦隊の泊地広島湾柱島沖に投錨して帰還を果たした。

総航程二万一三三三マイル(海里)であったから、ほぼ地球一周に近い距離を走ったことになる。なぜ、ほぼ地球一周であるかといえば、マイルは角度の一分を表すので、二万一三三三マイルを六〇分(一度)で割れば三五五・五五度となり、それは円周の三六〇度に近いからである。

武田司令官と参謀、藍原、岡村両艦長は冬服の軍装で、出迎えの内火艇《ないかてい》(海軍の正式呼称は「うちびてい」)に乗り込み、連合艦隊旗艦に向かった。旗艦といえば

「長門」であったが、「一二月一二日一〇時をもって旗艦を大和に変更せり」との電報を帰着前に受信したばかりであった。

やがて遠くに「長門」が見えてきたが、旗艦として長年にわたり親しんできたので、通り過ぎて別方向に向かっているのは、なにか違和感があった。案内の中尉は「昨日から戦艦大和が旗艦になったのですが、今年はずっと引っ越しばかりで大変でした。なんとか昨日の正式日付に間に合わせましたが、まだまだ落ち着いておりません」と話した。

戦艦「大和」は開戦直後の一九四一年（昭和一六年）一二月一六日に竣工した。その新型戦艦に向かっている第二四戦隊のメンバーは、同年（昭和一六年）一一月から呉に職務上の関わりをもっていたので、この艦の存在は「一号艦」という名称で知っていた。すでにこの頃には海上試運転を繰り返していたことから、錨地や訓練中の洋上でも目にすることがあった。しかし、その「大和」に、帰ってきて早々乗艦できるとは夢にも思っていなかった。

広々としたデッキ、見上げるような艦橋、威容を誇る四六センチ砲の数々、どれをとっても今までの戦艦の概念を打ち破るものであったから、「この戦艦があったら、どんな戦争にも負けることはない」と誰もが信じるに至った。

長官公室に案内されたメンバーは、山本五十六司令長官からねぎらいの言葉を受けた。

「おー、ご苦労だったな、捕虜も取ったとか。やるじゃないか」に始まって雑談も交えて経過を話すことができた。

二隻コンビの第二四戦隊は、太平洋をもっと暴れ回るつもりであったが、連合艦隊の真珠湾での華々しい戦果とくらべて、わずか老朽商船二隻の撃沈と捕虜七六名とは、司令長官もいい顔はしないだろうなと思っていた。

しかし、司令長官は「よくやった。開戦と同時に、はるか南太平洋にも日本海軍あり、という宣伝になった。よっぽどの脅威となったのか、その後、敵商船は身動きできなかったのだから当分の間、南太平洋では輸送ができないだろう」と称賛してくれた。

ひとしきり雑談を交わしたのち、参謀たちにあとを頼んで司令長官は退室した。

戦争の様相は、日米で想定した洋上艦隊決戦ではなくなっていた。いや時代を変えたのは日本であった。世界中で航空母艦を保有し運用できる国は日米英のみであったが、その用兵方法は戦艦を中心とした艦隊の補助的なもので、それ以外はまったくの未知数であった。

しかし、世界に先駆けて日本が航空母艦を中心とした機動部隊を編成、洋上補給に長距離遠征、航空機の集中使用という前代未聞の方法で真珠湾攻撃を行ない、その答えを見せたのである。

新しがり屋のアメリカは、敵国日本の成功例を模倣することなど気にもとめないだろう。今後アメリカは、海戦は日本の機動部隊式で、陸上戦はドイツの機械化部隊式で戦うことになるかもしれない。

早くも、この一九四二年（昭和一七年）二月一日には、空母でマーシャル諸島にヒットエンドランの攻撃をしてきたのであった。

実をいうと連合艦隊内部では、報国丸、愛国丸がまさにこの時、この付近を航海中と推定していたので、この敵と出くわせばひとたまりもなく撃沈されかねないと心配していたのである。

実際、のちに二隻の位置と敵の動静をつき合せると、最接近距離は二四〇海里（四四〇キロ）で、航空機の時代これはまさに〝ニアミス〟であった。

このような状況のなか、太平洋での特設巡洋艦による通商破壊は危険過ぎるとして、今後の作戦海域と作戦目標を熟考した結果、連合艦隊司令部ではぴったりの任務が浮かび上がったのである。

第五章　呉軍港

作戦の推移

戦争拡大

日本海軍のハワイ真珠湾攻撃は世界に衝撃を与えた。なかでも、アメリカの挑発や敵対行動をあれだけ回避していたヒトラーにとって、日本が米英と戦争に突入したことは、好機と見たか危機と見たか、どちらであったろうか。

もともと日独同盟の主旨は、〝アメリカ参戦回避〟であったことから自動参戦条項もなく、日ソ中立条約を理由に対ソ参戦も拒否していた日本に対し、ドイツは対米戦に参加する義務も義理もなかった。

したがってヒトラーの胸の内は揺れ動いたに違いない。日米開戦の報を受けたヒトラーが発した言葉は「『われらは戦争には絶対に負けようがない』と叫んだ。『今われらには三千年の間、征服されたことのない同盟国があるのだから』」（イアン・カーショー『ヒトラー〔下〕』）だったという。

ここから、筆者はヒトラーの心の内に分け入って、次のような側近との会話を想像してみた。

頑としてアメリカの参戦を忌避していたヒトラーが、一転して「対米戦を行なうべし」と言い出し、側近たちを驚かせた。取り巻きの将軍たちは「総統閣下、まずは予定通りヨーロッパです。アメリカは、勝手に始めた日本に任せればよろしいのです」となだめると、ヒトラーは正気に戻った。

ところが二日後「プリンス・オブ・ウェールズとレパルスが日本軍に沈められた」とのニュースが飛び込んで来ると、ヒトラーは狂喜し豹変した。将軍たちを前に、「あの忌まわしきプリンス・オブ・ウェールズを日本は葬った。わが敵ロシア（ソビエト）でさえも破ったではないか。しかもいまだかつて日本は一度たりとも外国の軍隊に国土を蹂躙されたことはない。三千年もだぞ、見たか、こんな国がヨーロッパにあるか。日本は必ず奇跡を起こす。この東洋の神秘の国を取り込めば、アメリカといえども必ずや勝利は我がものとなる」と叫んだ。側近たちも、いったんヒトラーの頭の中に浮かんだ考えを変えられないことは重々わかっていたが、今度ばかりは顔面蒼白となった。

ついにドイツは一九四一年一二月一一日、アメリカに宣戦布告した。ヨーロッパの戦争に、またアメリカを巻き込んでしまった。ドイツ国民はさぞや落胆したであろうが、喜んだのは煩わしさから解放されて自由に攻撃できるようになったUボート艦長と、アメリカ参戦を切望していたチャーチル英首相だけだった。

いずれにしてもルーズベルト大統領は、外交圧力と計略だけで、あれだけ参戦を忌避していた米国民を「対日、対独戦争」へと向けることができた。

戦争は、本当の意味で世界大戦になった。日本とドイツだけではない、イギリスもアメリカも二面戦争になった。中国も、皖南《かんなん》事件に見られるように国共内戦はすでに始まり、敵は日本軍だけではなかった。ただソビエト連邦だけが、日本の脅威をうまく封じ込め、ドイツとの一面戦争にもっていった。

日中戦争が陸軍の戦いなら、日米戦争は海軍の戦いである。しかし、日本国の政策は〝北進〟か〝南進〟かであって、北進はソ連、南進は英蘭が敵のはずであった。「米も南進の対象に含まれる」というのは本来の意味からは異なる。なぜなら日独同盟でうたっているのは「極東と欧州の覇権をお互い認めつつ、目的達成のためアメリカの参戦を避ける」というのが本来の目的であったからだ。

海軍がしたことは、日本国の政策〝北進〟でも〝南進〟でもない、あえていえば〝東進〟だった。東進とは、広大な海洋戦であるからして、陸軍の発想では絶対にあり得ないから海軍の所為としか考えられない。

さらに東進は、日独同盟に違反していたうえに、最大の味方であったはずのアメリカ国民までも敵に回してしまった。過去の戦争標語「リメンバー・アラモ」「リメンバー・メイン」と並んで「リメンバー・パールハーバー」とルーズベルト大統領が訴えると、戦う気のなかった国民は「そうだ、やるぞ」と、いきり立ったからだ。

次期作戦

さて連合艦隊参謀は、藍原、岡村両艦長に向かって話を切り出した。

「報国丸、愛国丸には今までの戦争の推移により別の用法を考えております。通商破壊のみではなく、もっと有効に働いていただくようになります」と本題に入っていった。

「どのような使用方法があるのですか」

「はい。次回はもっと戦果が挙がりますよ。それは潜水艦部隊と協同作戦をやろうというものです。現在、潜水艦の編制替えを行なっている最中ですが、ほぼ終わっています。潜水艦の用兵思想は艦隊決戦における敵艦隊漸減《ぜんげん》でありますが、敵艦隊が攻めてくるのはもっとあとでしょう。潜水艦部隊からは待てないから早く戦争をさせろと矢の催促です」

「現在、壮大な作戦計画があります。それは潜水戦隊の大遠征ですが、それを実現するには、洋上において潜水艦に補給が是が非でも必要なのです。その任務を、通商破壊をしながら行なおうというものです」

「潜水艦に補給といえば燃料、清水、魚雷ですかね」

「そうです。もちろんそれらも入りますが、人員の交代、不要物の回収、故障した潜水艦の曳航なども考えております」

「わかりました。ところで次期作戦には、拿捕船が生じた場合の回航要員の件を要請していたのですが、それはどうなっておりますか」

「それはもちろん手配しています。一組およそ二〇名で合計四組を考えております」

「それはたのもしい、次回はぜひとも分捕り船を土産にしたい」

「なお出撃は、四月の予定です」

武田少将は、旗艦「大和」から帰る内火艇の中で

「第二四戦隊もこれで解隊だな。藍原艦長も岡村艦長もあとをよろしく頼むよ。必ず敵商船を捕まえてくれ」とさびしい口調で言った。

翌二月一四日、報国丸と愛国丸は錨泊地の広島湾から呉軍港に回航し、一一時に海軍工廠岸壁に接岸した。一九四一年（昭和一六年）一一月に出港してからちょうど三か月が経過していた。

軍港内には大小の艦艇のほか、改造商船も所狭しと係留され、工事の火花と独特の金属音が響き渡って多忙を極めていた。ここで両艦は再び大工事にかかることになった。

第二四戦隊は三月一〇日付けで正式に解隊となり、報国丸、愛国丸は元の籍である連合艦隊附属に戻った。

司令官もほかの司令部職員も乗員に別れを告げ、次の赴任地に異動していった。

そして同じく三月一〇日、大作戦を念頭に置いた新編成の〝第八潜水戦隊〟が正式に発足し、潜水艦隊である第六艦隊に編入された。

真珠湾で米海軍の戦艦もほぼ全滅したため、この一九四二年（昭和一七年）こそは、本当に勝てるチャンスが現実味を帯びてきた。今度こそハワイ攻略、アメリカ西岸攻撃と一挙に進展すれば、アメリカの降伏は間違いない。

アメリカと戦争になった以上、時間は限られている。帝国海軍は全力を挙げて南進ではなく、東進するであろう。

藍原、岡村両艦長は、敵の息の根を止める作戦に期待を膨らませるのであった。

第八潜水戦隊

割れる作戦構想

一九四二年（昭和一七年）春期は、連戦連勝であったから、しばらく敵は反撃できないと見込まれた。日本は、戦争は第二段階に入ったと見て次期作戦計画の検討がなされた。

しかし攻勢か守勢か、長期戦か短期戦か、太平洋かインド洋か、英国の脱落か蒋介石の屈服かそれとも米豪分断か、政府と軍部、陸軍と海軍、統帥部と実動部隊、そして海軍内部でも意見は大きく食い違い対立した。

日本はなぜ一九四一年（昭和一六年）一二月八日を開戦の日に選んだのか、これを忘れたらいけないのである。

「今なら勝てる。今しか勝つチャンスはない」と見てこのタイミングで開戦に踏み切ったのではなかったのか。検討も協議もない、はじめから太平洋、攻勢、短期、徹底戦でなければ対米戦の勝算がないのは自明の理であったはずだ。

もう時間はない。アメリカの生産力が軌道に乗らない昭和一七年中に、勝ちを積み上げられるよう総力を対米戦に傾注すべき時期であった。

しかし、昭和一七年三月九日に大本営政府連絡会議で決定した今後の戦争方針はなんとも不思議なものであった。

その冒頭の二項目は次の通りである。

一、英を屈服し米の戦意を喪失せしむる為、引き続き既得の戦果を拡充して長期不敗の政戦略態勢を整えつつ機を見て積極的の方策を講ず

二、占領地域及び主要交通線を確保して国防重要資源の開発利用を促進し自給自足の態勢の確立及び国家戦力の増強に努む（以下略）

この文面からは、攻めるのか守るのか、主敵は米英のどちらか、資源確保か戦力増強かどれが主目的なのかよくわからない。つまり結局どのようにも解釈できる、いわゆる玉虫色の文言なのである。

これを見て「集中使用すれば間違いなく勝てる戦力を、地域的にも時間的にもわざわざ分散させるという愚かさになりはしないか」と、海軍内部には疑問に思った人物もいたであろう。

日米開戦直後、ドイツ海軍総司令官レーダー元帥直々の名で「日本とドイツで共同して潜水艦作戦を行ない、毎月八〇ないし一〇〇万トンの商船を撃沈でき

れば、イギリスは屈服するであろう。日本にはインド洋で連合国の通商破壊をしてほしい」と日本側に要請があった。

その後、「日独伊軍事協定」が協議され、一九四二年（昭和一七年）一月一八日に参謀総長クラスによって調印された。その要点を述べると、

「作戦分担地域は、東経七〇度線の東側を日本、西側を独伊とする」

「インド洋の作戦状況によっては境界線を越えて軍事行動できる」

「通商破壊戦の相互協力を行なう」

東経七〇度線は、インド洋の中心よりやや西寄りの線で、現在のインドとパキスタンの国境の延長線付近にあたる。

軍事協定締結からちょうど一か月後の二月一八日、今度はドイツ海軍作戦部長のクルト・フリッケ中将から日本に対し、インド洋に潜水艦を派遣してイギリス輸送船団撃滅の要請がきた。

このような具体的な要請があるのには、次のような理由があった。

まず経緯を述べると、一九四〇年（昭和一五年）六月に参戦したイタリアが、ドイツのイギリス本土航空攻撃、いわゆる〝イギリス航空戦（バトル・オブ・ブリテン）〟真最中の一九四〇年九月、イギリスの敗戦を見越して火事場泥棒的にエジプト奪取は成功すると考え、単独でイタリア領リビアからエジプトに向けて侵攻した。

しかしイタリア軍は弱かった。返り血を浴びたばかりか、反対にリビアまで押し返され、ドイツに泣きつく羽目になったのだ。

「リビアでの敗北は地中海の喪失につながりかねない。南からの脅威は取り払わなければならない」と考えたヒトラーは、壮大なる次期作戦（ソ連侵攻作戦）があるにもかかわらず、要請に応えざるをえなかった。

本土で編成された派遣部隊の戦車、野砲、トラックは、暗い灰色から明るい黄土色に塗り変えられ、直ちに将兵とともにドイツからイタリアへ輸送された。そ

して一九四一年二月、その第一陣が地中海を渡ってトリポリの港に到着した。

ポーランド戦、フランス戦とくらべたら兵員一万五〇〇〇名とあまりにも小規模であったが、精鋭中の精鋭で、これをアフリカ軍団と呼んだ。このアフリカ軍団の司令官にエルヴィン・ロンメル中将が抜擢され、空路赴任してきたのが二月一二日であった。

ロンメル・アフリカ軍団は、イタリア軍と違って強かった。あれほどイタリア軍を圧倒していたイギリス軍を次々と撃破し、二か月後の四月中旬にはエジプト国境を越えたのである。しかしリビアの奪回に成功したものの、その後の戦いは守勢、攻勢の繰り返しが続いた。

さらに六月二二日から、ドイツの主戦場が対ソ戦に移ってからは、ロンメル・アフリカ軍団への増援は微々たるものとなり、さすがのロンメルも、もう一歩のところでいつも完勝できなかった。

それでは、なぜドイツ軍がエジプトのイギリス軍を、すんでのところまでいって破ることができなかったか。それはひとえにインド洋があったからだ。インド洋こそはイギリスの庭であり湖なのである。

ポルトガル人航海者バスコ・ダ・ガマのインド航路発見以来、アジアの富はインド洋経由で西洋にもたらされた。そして最終勝者の大英帝国は、二〇世紀のインド洋を支配し、わがもの顔で跋扈《ばっこ》していた。中東の豊富な石油、インド植民地軍と英連邦軍の派遣、アジア・オーストラリアからの食糧、北米からの迂回軍需物資など、戦争継続物はすべてインド洋経由であったからだ。そこはまさしく生命線であった。

いくらドイツのUボートが優秀で戦意があっても、その行動範囲はせいぜい大西洋までだったから、日本が一九四一年一二月に米英との戦争に突入したことで、ドイツは一進一退となっているアフリカ戦線の打開に一縷《いちる》の望みを託したのだった。

強力な日本海軍がインド洋を支配すれば、エジプトのイギリス軍どころか英本国自身が枯渇し、戦争遂行の道は閉ざされ、やがては脱落するのは目に見えていた。

日本海軍軍令部も、同盟国の要望もさることながら、このようなインド洋の戦略的重要性には理解を示したが、いかんせん走り出してみると、戦争の優先順位はインド洋のイギリスなのか太平洋のアメリカなのか、不明瞭となっていたのは前述した通りである。

大海指第六〇号と回航班

板挟みの軍令部は通商破壊作戦に躊躇はしたものの、一九四二年（昭和一七年）三月一日、永野修身軍令部総長の名で山本連合艦隊司令長官に大規模海上交通破壊作戦実施の指示を出した。この指示は「大海指第六〇号」であるが、海軍の作戦を考察するうえで重要なので全文を記す（一部現代文に修正）。

海上交通破壊作戦は次に準拠し実施すべし

一、作戦方針

太平洋及びインド洋全般にわたり極力敵海上交通線の破壊攪乱《かくらん》を計るものとし、主として次のごとく作戦する

(1)先遣部隊潜水艦をして太平洋方面敵海上交通線破壊の任務を兼ねしめ常時ハワイ近海に行動すると同時に機を見て豪州東岸ニュージーランド沿海、米国西岸、南太平洋島嶼要地、パナマ方面等へ派遣し、ハワイ米本土間及び米国西岸、豪州東岸間の連絡を遮断するに努めると共に、米国西岸或は豪州近海における敵の交通線を破壊攪乱し、敵国の世論を刺激し、敵艦隊を牽制する

(2)南方部隊配属の潜水艦をしてインド洋方面敵海上交通線破壊の任務を兼ね、主としてインド洋北部及び豪州西岸方面に行動すると共に、また機を見てその一部を南ア東岸方面へ派遣し、大西洋インド洋間の連絡を遮断するよう努める

(3)特設巡洋艦若干を主として本作戦のために使用し、機を見て潜水艦と協同し、パナマ、南ア或は南米西岸方面等に行動して敵交通線の破壊攪乱をする

(4)巡洋艦航空母艦等を以て各種の機動作戦を実施する場合、兼ねて敵海上交通線を破壊攪乱するように努める

二、船舶取扱上準拠すべき事項
(1)船舶取扱上純中立国と認める諸国を次の通りとする
ソ連邦、スペイン、ポルトガル、アルゼンチン、チリ、トルコ、スウェーデン、フランス（ドゴール政権統治下を除く）、スイス
(2)前項記載国以外の中立国船舶は、これを敵国船舶に準じ取り扱うものとする
(3)潜水艦及び航空機の作戦実施に当たりては、第(1)項記載の中立国船舶なること一見明瞭である以外の船舶は、国籍の如何を問わず無警告撃沈を行なうことは可とする
但し日本近海、ロシア領沿岸及びペルー以南の南米沿岸等においては、努めて船舶の国籍を確認した後、攻撃を加えるものとする
(4)水上艦船の作戦実施に当たりてはできる限り正規の手続きを踏み臨検することを建前とするが、状況止むを得ず撃沈した場合はできる限り人命の救助に努める
(5)敵性船舶はできる限り拿捕しこれを内地港湾に回航することを建前とする
状況により出来ない場合には適宜最寄りの味方港湾に回航するか、もしくは人員載貨を処理したる後処分する
(6)敵国並びに蔣介石政権側の軍人軍属、高級船員、技術者及び政府要人は捕虜となすことを建前とする

この「大海指第六〇号」は、ドイツの要請を受けた軍令部が連合艦隊司令部の作戦構想を意識して作ったものだが、ダラダラとした長文になっているので、焦点が不明確なうえ行動範囲が広すぎ、欲張ったものになっている。しかし要点の「敵海上交通を破壊する」という点では一貫したものになっている。

この方針により通商破壊を念頭に置いたインド洋派遣の潜水部隊として、前述したように一九四二年（昭和一七年）三月一〇日、一一隻の潜水艦からなる〝第八潜水戦隊〟が編成されたのである。

戦隊は三個の隊に分けられる。

第八潜水戦隊：司令官 石崎昇少将（四二期）
伊号第一〇潜水艦（以下「イ10」のように略す）
第一潜水隊：司令 今和泉喜次郎大佐（四四期）
「イ16」「イ18」「イ20」
第三潜水隊：司令 佐々木半九《はんく》大佐（四五期）
「イ21」「イ22」「イ24」
第一四潜水隊：司令 勝田治夫大佐（四六期）
「イ27」「イ28」「イ29」「イ30」

これらはすべて最新鋭の強力な潜水艦の組み合わせである。しかも特殊潜航艇を搭載して真珠湾攻撃に参加した五艦すべてが含まれているうえ、時の指揮官であった佐々木半九大佐も第三潜水隊司令として入っているからだ。

第八潜水戦隊の司令官は石崎昇少将で、二月二〇日に発令を受けて、前任職の戦艦「日向」艦長から呉、倉橋島の南東にある大迫基地に赴任していた。

過去に特務艦の艦長も務めたことはあるが、軍歴はほとんど潜水艦関係の配置であって、いわゆる「潜《もぐ》り屋」といわれる潜水艦専門の軍人であったので、この発令は古巣に帰ったようなものであった。

各潜水艦も、続々と呉軍港や大泊基地周辺に集結してきた。

インド洋に進出する本来の目的はあくまで通商破壊である。しかし、ただ商船攻撃だけを行なうことには海軍の性分として承知できなかったのは、実動部隊の第八潜水戦隊だけではなく、上層の第六艦隊もその上の連合艦隊も同じであった。

そこで連合艦隊は、壮大なる計画を作った。それはアフリカ東岸とオーストラリアで、潜水艦による港湾停泊中の敵軍艦を隠密裏に攻撃し、敵味方を〝唖然〟とさせることであった。「この作戦の終了後に通商破壊をやれば辻つまが合う。これなら一石二鳥、誰も文句は言わず、名声も得られるというものだ」と考え、兼務作戦が進んでいくのである。

日本軍は作戦ごとに本来の部隊を臨機応変に組み合わせることがあるが、その臨時の組み合わせとその時の名称を「軍隊区分」という。

第八潜水戦隊は、アフリカ、オーストラリア攻撃に分けて軍隊区分を作り、甲、乙、丙の三個の先遣支隊を編成して、次のように潜水艦を振り分けた。

甲先遣支隊：「イ10」「イ16」「イ18」「イ20」「イ30」
乙先遣支隊：「イ27」「イ28」「イ29」
丙先遣支隊：「イ21」「イ22」「イ24」

このうち甲先遣支隊がアフリカ東岸攻撃用に計画されたもので、その随伴《ずいはん》母艦として報国丸、愛国丸に白羽の矢が立ったのだ。三月二〇日、二隻は正式に「軍隊区分：先遣部隊指揮下」と令された。

オーストラリア大陸には、二か所の攻撃に「乙先遣支隊」と「丙先遣支隊」の軍隊区分が組まれたが、あまりにも劣勢だとして、乙、丙二つの先遣支隊を合わせてオーストラリア東岸の攻撃をすることにし、これを「東方先遣支隊」と名付け、佐々木半九大佐が指揮することになった。

攻撃予定日はどちらも五月下旬と内定した。

インド洋派遣は、このようにして潜水艦数が二分されて戦力は半分以下となり、作戦は変質し、敵艦攻撃が優先された。その結果、インド洋の敵補給線の遮断という第一目標は、うやむやあるいは二の次になり、まさに〝二兎《にと》を追う〟作戦となった。

また通商破壊と敵船拿捕を目指した回航要員が、三月二〇日から二五日にかけて次々と赴任してきた。回航要員の一グループは、班長が予備士官、副に予備機関士官、その他兵曹長と下士官兵の一二名で、合計一四名であった。予備が付いているので、高等商船学校出身の海軍士官のことである。学校出の航海と機関の士官であれば、拿捕した船を日本まで回航できるということだ。

なお四グループある回航班の班名と班長および配乗船は次の通りである。

第七回航班：浅見喜重郎予備大尉　報国丸
第八回航班：後藤弘明予備中尉　報国丸
第九回航班：安永文友予備中尉　愛国丸
第十回航班：藤平兼雄予備中尉　愛国丸

甲標的：特型格納筒

もちろん真珠湾攻撃に参加した五隻の潜水艦すべてが、これらの部隊に含まれているということは、今度の作戦にも特殊潜航艇の出撃を画策したものであった。

実は〝特殊潜航艇〟という用語は一般呼称であって海軍正式名称ではなく、部内では一貫して〝甲標的〟と呼んだ。その理由は、この兵器の存在は海軍部内でも極秘中の極秘であったから、「あの長い丸状のものは何か」と聞かれた時、「あれは洋上訓練用の標的です。最初のものですから甲を頭に付けました」と答えて秘匿したからである。部内では単に〝的〟や〝マル甲〟などと呼ぶこともあった。

このため戦果を新聞などで公表する時だけ〝特殊潜航艇〟を使用し、秘密兵器の存在を隠したのである。

「甲標的」の要目は、長さ二三・九メートル、直径一・八五メートル、全没排水量四六トン、電動六〇〇馬力、二重反転プロペラ、九七式（四五センチ）酸素魚雷二本搭載、水中速力四～一九ノット、乗員二名である。

電池式駆動のため航続距離は極めて短いことから、元来の運用構想は、洋上の作戦海域まで大型の専用母艦「千歳」「千代田」「日進」で進出するようになっていた。敵艦を水平線の彼方に認めた時、搭乗員が甲標的に乗り込み、目標に接近、魚雷発射して反転、母艦まで帰投、揚収するというものである。

これは航空母艦の飛行機運用方法とまったく同じであるが、この運用方法はもはや航空機が著しく発達してきたこの時代に大型の甲標的母艦が、敵艦船を水平線に見るところまで接近することなど現実的には不可能となっていた。

真珠湾攻撃は世界初の機動部隊による航空機攻撃のみの計画であったが、甲標的部隊は、これに水中からの攻撃のために参加したのである。

使用構想がまったく異なるため、参加には無理があるとして当初は反対されたものの、次々と改善策を持ち込み、陳情に陳情を重ねたその熱意もさることながら、真珠湾攻撃に意表性を模索していた連合艦隊司令

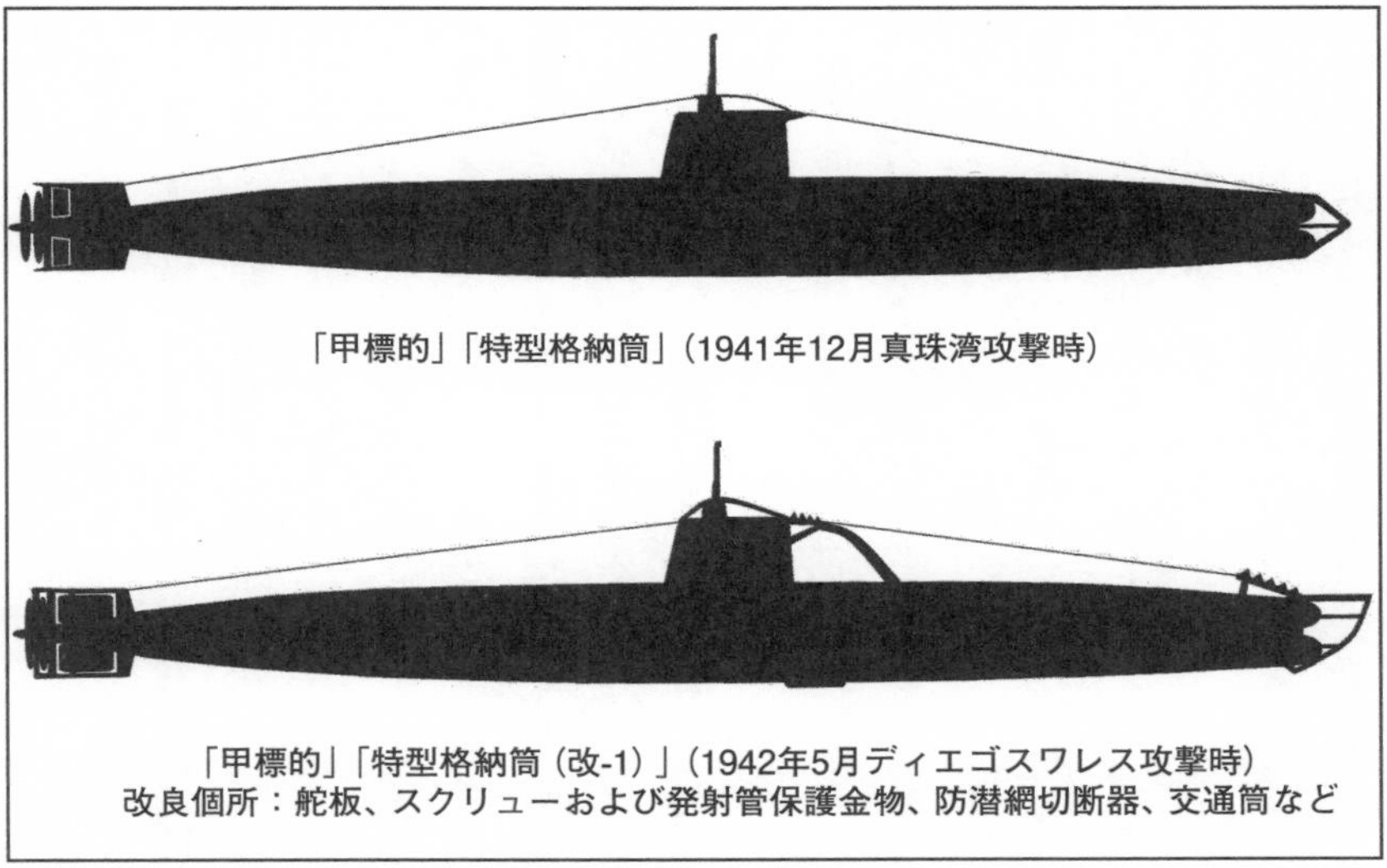

図8 特殊潜航艇(甲標的)
(勝目純也『海軍特殊潜航艇』、奥本剛『図説帝国海軍特殊潜航艇全史』を参考に筆者作成)

部に最終的に受理されたのであった。

洋上攻撃から港湾侵入攻撃に変わったからには、どのような変更が必要だったのか。まずは発進母艦を潜水艦に切り替えたことだ。この運搬発進方法なら潜航して秘密裏に港口に接近し、切り離して港内泊地に潜入、奇襲攻撃ができるはずだ。

ところが、潜水艦の甲板上に搭載すれば、その外観は際立ち、またもや「あれは何だ」となるため、ここでまた秘匿名が誕生する。

「あれは潜水艦外付けの格納筒です、形が特殊なので〝特型格納筒《とくがたかくのうとう》〟といいます」となったのである。車でいえば「あれはルーフ・ボックスだ」と言うのと同じである。

このようにして、真珠湾攻撃用として潜水艦搭載用に改変した甲標的を〝特型格納筒〟と名付け、単に〝筒《つつ》〟と呼ぶこともあった。

したがって「甲標的」「特型格納筒」「的」「筒」「特殊潜航艇」の単語が出ても、すべて同じものだが、用途や状況によって使い分けしていると思えばわかりやすい。

蛇足ながら、戦車のことを〝タンク〟というが、第一次世界大戦時イギリスにおいて秘密兵器秘匿のため使用された隠語「タンク（貯槽）」が、そのまま戦車の呼称になったのと由来は似ている。

真珠湾攻撃は、甲標的五艇の生還者もなく戦果についてもまったく不明であったから、もはや兵器として使用できないのではないかと問題にされたが、搭乗員が九軍神となり国民的英雄に祀り上げられたことで、この部隊の地位と発言権は強まり、再び港湾侵入攻撃の場がめぐってきたのである。

甲標的の真珠湾攻撃で判明した欠陥は多々あったが、最大のものは潜航中に潜水艦から搭載艇に直接移乗できなかったことだ。移乗するためには潜水艦が、敵地に接近した海域で浮上し、二名の搭乗員がすばやく外に出て乗り移るわけであるから、その手間と危険は計り知れなかった。

次に舵の効きが悪いことであるが、これは欠陥ではなく形状による固有の特性である。船は、当時の潜水艦を含めすべてが、スクリューの後ろに舵がある構造になっている。これによりスクリューの回転が生み出す強力な水流が舵板に当たることによって船の向きが変わるのである。ところが甲標的は円筒形特有の構造から舵板とスクリューの位置が逆転しているのだ。

したがって舵板はスクリューの噴出流を受けることなく前進水流のみによるから「舵の効きが悪い」となる。つまり舵輪を回しても思った向きにならないということで、大変針が多い曲がりくねった港湾への侵入には不向きだったのである。

さらに電流が不安定でジャイロコンパスの指示が不正確となり、敵艦に到達する前に陸地に乗り上げる危険があった。ほかにも多数あるのだが、考えてみればこれらは欠陥というより洋上運用から港湾侵入に用途が変わったことに起因している。

元来の構想である水上の母艦からの発進であれば、搭乗員は飛行機のように攻撃直前に乗り込めばよいし、いったん離艦すれば高速直進で敵目標に向かうので小刻みの針路修正だけで済むから大変針の必要はない。またジャイロコンパスにしても、洋上で視認しながら敵に突進するのであるから少々狂っていても支障はないのである。

とにかく当然のごとく次期港湾侵入攻撃に向けての準備と訓練はどんどん進んでいった。

真珠湾作戦と異なる主な改良点は、

1、潜航中でも潜水艦から甲標的に自由に出入りできる交通筒を新設した（甲標的底に穿孔を作り、潜水艦の後部昇降ハッチと水密対面にする大工事）。

2、操舵装置の改善で旋回圏の縮小を図った（舵板の拡大、操舵装置も空気式から油圧式に変更）。

3、ジャイロコンパスの性能の向上（針路指標の確実性）。

4、全体の防潜網《ぼうせんもう》切断機能を強化した。

5、魚雷発射口の保護枠形状を改良した。

6、尾部にスクリュー・ガードを取り付けた。

ほかにも多くの改善が行なわれ、この改良型を「特型格納筒・改一」と名付けたが、外観は真珠湾攻撃時と一見して判別できるほどになった。

訓練は主に、

1、発進と会合

2、防潜網突破

3、攻撃

ほかにもあらゆることを想定した実戦訓練を熾烈なまでに繰り返し、搭乗員の納得がいくまで行なわれた。

以上のような結果、改良点といい、搭乗員の練度といい、作戦準備の具合は、真珠湾攻撃時と比較にならないほど向上したのである。

武装強化

砲の交換

呉海軍工廠では、艦政本部の仕様書により報国丸と愛国丸の工事が進んでいた。艦砲八門すべてが一五センチ砲から一四センチ砲に換装することになった。

旧砲は、近代戦においては使い勝手が悪く速射ができなかった。それは本艦が作戦行動中に訓練と実戦によって明らかにされていた。まず砲弾が四五キロもあり、給弾《きゅうだん》装置のない人力では、いくら訓練をしても装塡時間を短縮することはできず、持久力の上でも問題があった。海軍当局も火砲の生産が追い付いてきたのと実戦優先ということで、換装に踏み切ったのである。

そして旧砲が撤去され、今度は防楯式《ぼうじゅん》（シールド付き）一四センチ砲が順次搭載された。正式には「五〇口径三年式十四糎《サンチ》砲」といい、大正三年に制式化された艦載砲であり、砲身長は七メートルである。

砲員は喜んだ。「今度はむき出しではない、シールド付きだ。砲弾の重量は三八キロと軽くなったので取り扱いが容易で、射撃速度は向上するだろう」

しかし、一五センチが一四センチになるのだからその分、威力は落ちるのではないかと思われるかもしれない。

確かに一発あたりの威力は落ちたかもしれないが、発射速度は一分あたり六発から一〇発に向上したことで、単純計算でも六×四五キロ＝二七〇キロから一〇×三八キロ＝三八〇キロとなり、単位時間あたりの撃ち込む砲弾重量ははるかに増加したことがわかる。

射程は二一キロから一九キロとやや短くなったが、二〇キロ前後の距離はちょうど水平線にあたるので、実戦使用についてはさほど影響はない。

これからわかるように信頼性、操作性などを含めた総合的戦力は向上したのである。

迷彩塗装

報国丸が、工廠の乾《かん》ドックに入渠《にゅうきょ》したのは三月一二日であった。大量の水が排出されると、大きな船底が露わになった。艦長も担当士官と連れだって工廠の造船官とともに、まだ水滴したたる船底を直接目にしようと渠底《きょてい》に下りて行った。

前回の入渠は前年の九月、神戸の三菱造船所で改造工事をした時であったので、ほぼ半年ぶりになる。

藍原艦長は、その時は単なる無機物の鉄として何の感慨もなかったが、今回は船体を支えている数々の盤木の間をぬって船底を見上げながら進んでいくと、連続している船底の鋼板に「〝板子一枚、下は地獄〟とはよく言ったものだ。この鉄板に支えられて我々は南太平洋まで行って戦争をして帰ってきたのだからな」とこみ上げる不思議な感慨を周囲に漏らした。

水面下の工事は次の入渠までなにもできないので、入念に施工する必要がある。バルブの交換、吸入口などの金具類取り替え、凹みやひび割れした船底外板の修復、推進器（スクリュー）や舵板の可動金属部の取り換えなど例記をするときりがないが、いずれも水面上の工事と違って、やり直しができないのが水面下の工事なのだ。

さらに大切なのが、水面下外板の塗装である。工廠の作業員の手で、水面下の外板に付着していたカキ、フジツボ、藻類などが徹底的に落とされると、全般に水洗いがなされた。そして乾燥を待って海軍指定の船底塗料が幾重にも入念に塗られていった。

船底は直接海水という液体に接しているので、接触面は滑らかな方がいい。長い航海中に船底に付着物があると滑らかさが失われ、船速が落ちていくので、塗料には水棲《すいせい》動植物が付着できないような毒性物質が含有されている。

このようにして船底の工事はいつもと同じように進行していったが、船体上部塗装に関しては完全に違っていた。

船体は黒で一本の白い線が船首から船尾にかけて帯状にかかっており、居住区の純白とあいまって客船特有の優雅さがあった。開戦早々の「ビンセント号」はこの美しい姿に引きつけられるように接近してきたのだった。

今回は船体全体が軍艦色の灰色に塗装された。船体だけでなく、白いハウスも黄色のデリック・ポストもすべて軍艦色に塗装されたのだ。

乗員の多くは、これで戦時体制の軍艦になったと思ったが、足場に乗った造船官や塗装工員たちがなにやら図面を見ながら巨大な直線、曲線、斜線やらを灰色の船体外板や居住区にも描きだしたのである。

その線引きには三日ほどを要したが、なんのことやらさっぱりわからなかった乗員が、休憩中の塗装工員に「あの線は何かね」と尋ねた。

「あれは迷彩ですよ。あの区分け線に沿って一つおきに黒色で塗りつぶす予定です」とあっさり答えた。

「めいさい？　それは何だ？」水兵はまだピンとこなかった。

やがて、軍艦色に塗り替えられた船体は、その上に濃い灰色や淡い灰色、それに黒色で直線とカーブ、あるいはその組み合わせで塗装されていった。特に艦尾と艦首には帯状の折れ曲がった線が描かれ、これによって「船体の向きや大きさを見間違う効果を狙った」と造船官は言った。

確かに洋上で遠く離れると、船体の大きさ、船種、船速、船首方向などが実際と違ったように見える。敵を欺くという意味で、これを欺瞞《ぎまん》といった。

いずれにしても豪華客船とはまったく別物で、誰が見ても軍艦というより得体のしれない不気味な戦闘艦になった。

この迷彩を見た乗員たちは、かなり凝っていて複雑ながらもよくできているものだと感心し、「もうこれで女装なんて必要ないな」「誰でも逃げ出すな」「これで正々堂々と戦える」と口々に言い合った。

その効果は、どんなものであるかは実戦でしかわからないだろうが、次回作戦からは、外見は一般商船ではなく、軍艦だと認識されることだけは確かである。したがって敵艦船から見れば、もはや武装商船でもなければ仮装巡洋艦でもない、れっきとした軍艦であって、弱いと見たら攻撃の対象となり、強いと見たら遁走の判断にもつながるということである。

もともと軍艦の迷彩は、近くで見る限り人間の目をごまかせるものではない。いくら近視眼的に色調や図案を見てどうこう批評しても意味はない。海上で会敵する時は一〇海里（一八キロ）以上離れているのが普通で、せめて敵を錯覚させ、こちらの識別と動向の判断を少しでも遅らそうとするものである。

なお姉妹艦の愛国丸も迷彩に塗り替えたが、こちらは軍艦色の上から黒ネズミ色を使って三角や台形を飛び飛びに塗り込んであった。この迷彩にしたことにより報国丸と愛国丸の区別は一目瞭然となった。

軍艦の迷彩は、昆虫や水棲生物ほどの擬態《ぎたい》や保護色ではないし、ある種の海中生物のように背景に応じて色調を変えることはできない。下手をすると天候、時間によってはかえって迷彩が浮かび上がって見えることもあるので、その効果は万能ではない。

魚雷格納庫と新型偵察機

次期作戦は、インド洋において潜水艦とともに行動することで、その主任務は五隻の潜水艦に洋上補給することだった。

インド洋作戦は大がかりなもので、燃料、清水、食糧、魚雷、砲弾の供給のほか、病人や負傷者の収容など多岐にわたる。このため、呉での主改造は燃料、清水タンクと食料庫の増設、そして潜水艦用魚雷収納庫の新設であった。

五〇本の九五式魚雷を搭載収納することになったが、その場所が船尾側中央の五番船倉と指定され大問題となった。なぜなら五番船倉上部全面に飛行機甲板を張り付けたので、デリックでの重量物積載は不可能になっていたからだ。

海軍の設計担当者は、その場所への出し入れ方法の図面を用意して説明した。

それによると、六番船倉用デリックで吊り上げた魚雷を台車に載せて五番船倉横まで運搬するまでは同じだが、そこで魚雷を天井に吊り上げるのだという。方法は飛行機甲板の裏面、つまり五番ハッチから見て天井にあたるところに、三トン天井クレーン用の軌道を船幅いっぱいに取り付け、船横から五番船倉中央ハッチまでカバーするというのだ。

「よって二トン前後の魚雷は、自由に出し入れ可能となる」と締めくくった。

五番船倉を用いるのはハッチ口が広く、長さ九・九メートルもあるので、七・一五メートルの魚雷の搬出入が容易だったからである。

しかしここで疑問がわく。「二番船倉のハッチは長さ一〇メートル以上もあり、クレーンも使える。なぜこちらを採用しないのか」。確かにその通りで、そうしたかったに違いないが、それができない事情があった。

それは船の形状である。船首側は、速力を出すために二番船倉あたりから急激に船体が細くなっており、潜水艦の洋上接舷には適していなかったからだ。

「それなら台車レールを船尾部まで敷けばいいではないか」となるが、そこに至るには居住区があって、とてもそのスペースは得られなかったのである。

藍原艦長も、少し複雑な積み込みになるが、次期作戦に必要なものであればやむを得ないと判断した。いずれにしてもこれで愛国丸と合わせて一〇〇本の補給魚雷を積載できることとなった。

伊号潜水艦は、六から八門の発射管に装填済みの魚雷を含めて一七~二〇本の魚雷を搭載できる設計になっており、一〇〇本あれば潜水艦五隻に各二〇本供給できることになる。

「九四式水上偵察機」が、新型の愛知航空機の「零式水上偵察機」に更新された。複葉機で閉囲風防もなかった旧機に見慣れていた乗員は、新型機を見て、その洗練された機体に、同じ水偵とは思えない優雅さと精悍さを感じた。

最高速度三七六キロ、航続距離三三〇〇キロは、前機種とくらべて五割近くの増大で、偵察能力は飛躍的に向上する。

兵装は、六〇キロ爆弾四個、または二五〇キロ爆弾一個、七・七ミリ機銃一丁である。

海上訓練

渠内での工事も終わり、迷彩を施した報国丸が再浮上し、出渠したのは三月一九日であった。翌二〇日、「軍隊区分、先遣部隊指揮下」となり、若干の人事異動あった。士官では実質〝副長〟であった砲術長の八木伊太郎少佐が、選修学生で一期後輩の竹山安次少佐と交代した。

三月二三日から工事の確認のため海上運転が始まった。運転は、一か月半にも及んだドック期間中の空白を埋めるための慣熟訓練も兼ねていた。

呉軍港を出港、広島湾から伊予灘に出て機関の確認に始まり、航海機器、武器など多岐にわたって作動具合を確認していった。

三月二六、二七日の二日間は、潜水艦との洋上補給訓練を実施した。海上を七ノットで航走しながら、船尾より潜水艦にホースを渡し、直列で給油や給水を行なうのだが、これを母艦二隻と潜水艦数隻が組み合わせを変えては納得いくまでやるのである。

零式水上偵察機（wikimedia commons）

四月になって、潜水艦との訓練はいよいよ大詰めとなったが、最大の難物はやはり魚雷補給であった。

昼間も夜間も、強風でも平穏な時も、インド洋を想定した各種訓練をこなしてきたが、魚雷補給だけは海上静穏でなければ無理であることがわかった。

波浪があれば、デリックで吊り下げた重さ一・六トンもある魚雷が振れて、とても潜水艦の収容ラック上にピンポイントで置くことは不可能だった。

艦長や士官は、訓練のあい間にも先遣部隊に呼び出されては潜水艦部隊との作戦、補給、連絡、手順、通信方法など確認事項が山ほどあり多忙を極めた。

しかし攻撃部隊は、さらに潜水艦と甲標的とで、搭載、離脱、会合、通信などの訓練を何回も繰り返していたので、その苦労は水上艦どころではなかった。

甲先遣支隊

第八潜水戦隊の司令官、石崎昇少将（四二期）は、今作戦では報国丸、愛国丸を含む甲先遣支隊を指揮することになる。

前述の通り報国丸、愛国丸が母艦として行動をともにする「甲先遣支隊」の五隻の潜水艦は「イ10」「イ16」「イ18」「イ20」「イ30」である。

この五隻は「巡洋潜水艦」と呼ばれ、長大な航続距離を利用して遠方へ進出、敵を攻撃する構想で建造されたものである。漸減作戦時に大艦隊とともに配置につく構想の「海軍大型潜水艦」とは性格が異なる。

「巡洋潜水艦」には「甲型」「乙型」「丙型」があるが、これは変遷を表すのではなく、種別を表し、それぞれ若干用途が異なる。

「甲型」……旗艦型、飛行機搭載、魚雷発射管六門、搭載魚雷一八本

「乙型」……偵察重視型、飛行機搭載、魚雷発射管六門、搭載魚雷一七本

「丙型」……攻撃重視型、飛行機なし。魚雷発射管八門、搭載魚雷二〇本

「甲先遣支隊」および甲標的搭乗員の一覧は次のようになる。

指揮官 石崎昇少将（四二期）「イ10」座乗
　艦長 栢原保親《かやばらやすちか》中佐（四九期）
司令 今和泉喜次郎大佐（四四期）「イ20」座乗

［攻撃］
「イ16」艦長 山田薫中佐（五〇期）
　艇長 岩瀬勝輔少尉（六九期）、艇付 高田高三二曹
「イ18」艦長 大谷清教中佐（四九期）
　艇長 太田政治中尉（六八期）、艇付 坪倉大盛喜二曹
「イ20」艦長 山田隆中佐（四九期）
　艇長 秋枝三郎大尉（六六期）、艇付 竹本正巳一曹

［偵察］
「イ30」艦長 遠藤忍中佐（五二期）

［補給］
「報国丸」特設巡洋艦 艦長 藍原有孝大佐（三八期）
「愛国丸」特設巡洋艦 艦長 岡村政夫大佐（三八期）

「イ10」甲型は、特に旗艦としての設備を有する艦であったが、偵察もできるよう飛行機搭載型で、石崎

昇司令官自ら乗艦し「甲先遣支隊」の指揮をとる。

「イ30」乙型も、飛行機搭載型で特に偵察能力を重視したものである。今作戦は偵察以外に重要な任務を帯びていたが、これは後述する。

「イ16」「イ18」「イ20」は丙型で、発射管、搭載魚雷とも多いが、その分スペースの関係上、水上偵察機の搭載設備はない。この三隻が真珠湾で「甲標的」発進を敢行した戦歴を有しており、今回も搭載、攻撃を担当する。この三隻の司令は今和泉喜次郎大佐（四四期）で「イ20」に座乗する。

今回の作戦は真珠湾攻撃のように、あらかじめ場所と目標が設定してあるのではなく、「アフリカ東岸にいる敵艦船の攻撃」という漠然としたところが異なる。

すなわち敵のいそうな所に出かけて行って、自分の手で港湾をくまなく偵察し、有望なる敵艦船を発見して攻撃するというものだ。

作戦の計画概要は次の通りである。
①潜水艦および報国丸、愛国丸は四月中旬に呉を出港、マレーのペナンに向かう。
②四月末、ペナンにて「日進」で運送した「甲標的」を搭載する。
③五月上旬ペナンを出撃、アフリカ東岸の各指定海域に展開する。
④「イ10」「イ30」は、アフリカ東岸の主要港を搭載機により偵察する。
⑤報国丸、愛国丸は適宜洋上において補給に従事する。
⑥目標港が決定したら集合のうえ「甲標的」による攻撃を敢行する。
⑦「甲標的」の搭乗員を収容する。
⑧最後にモザンビーク海峡において通商破壊を実施する。
今回の作戦で藍原艦長にとって、大きく変わっていたのは「第二四戦隊」の時は二隻だけで、しかもそれをまとめて指揮する司令官の武田盛治少将は報国丸に座乗し、同期の気楽さもあって連絡、決断、指揮、行

動は軽快で、しかも通商破壊という単純明快な任務だけであったが、今度は潜水艦五隻と計七隻でひとチームとなったことと補給任務が追加されていることだった。つまり「大所帯と二足のわらじ」になったことである。

しかも司令官である石崎昇少将は四期も後輩で、作戦中は旗艦潜水艦の「イ10」に乗り込むことになるため、作戦指示は常に暗号電報という回りくどいことになる。

石崎司令官にしてみれば、敵艦攻撃だけが主目的なので、補給の報国丸、愛国丸の面倒は「藍原艦長らが自分たちで適当にうまくやってくれた方がよい」というのが本音であったろう。

いずれにしても石崎司令官にとって、藍原、岡村両艦長は先輩であり、組織上は石崎少将が上官であっても、面と向かっては指揮命令ができるかは疑問である。

しかし、そこは水上艦と潜水艦である。まったく性質も運用方法も異なる艦種であるから、大まかな指示と会合時間とかの連絡さえつけば、あとは今まで通り、報国丸と愛国丸はペアで行動できるだろう。

四月上旬、出撃直前の甲先遣支隊の面々は、「インド洋で機動部隊の活躍により大戦果が挙がった」というニュースを聞いて、先を越されたものだと悔しがった。

藍原艦長は「次は俺たちの出番だ。敵艦隊もこれだけやられたら委縮してインド洋には出てこないというのも困るが。その時はとりあえず商船でもなんでも片っぱしから沈めてやろうではないか」と部下たちに語った。

第六章　インド洋作戦

作戦始動

呉出撃

四月一一日、「イ30」が敵情偵察を行なうため、呉軍港を先行出港して前進基地のペナンに向かった。

翌一二日、報国丸と愛国丸は呉軍港の岸壁を離れたが、報国丸だけが広島湾に投錨《とうびょう》し、愛国丸を見送った。愛国丸は「イ30」への補給任務のため、ひと足早く単独でペナンに向けて出港したのである。

一四日、報国丸は、潜水艦用の燃料を積み込むためいったん徳山に回航した。そして翌一五日午後、満載した報国丸は再び錨地に帰ってきた。

夕刻になると同じ錨地に次々と潜水艦が集結してきた。翌日は出撃の日であるから、今夜が日本最後の夜となる。さぞかしどの潜水艦もゆっくりとしているだろうと思ったが、なにやらピカピカと潜水艦のまわりで信号灯が点滅しているではないか。伝え聞くところによると、最後の夜間会合訓練をしているというから、その熱意には報国丸乗員も頭が下がる思いになった。

四月一六日、いよいよ出撃の時となった。この日の天候はあいにく春雨で、周囲はぼんやりとして薄暗い感じであった。そんななか一一時、旗艦潜水艦「イ10」が抜錨して航海の途につくと、戦艦「大和」の連合艦隊司令長官から「ご成功を祈る」の発光信号がきた。

続いて「イ20」「イ18」「イ16」の順序で、「イ10」に続航して行った。

また遠く離れた錨地から、水上機母艦「日進《にっしん》」が、並行して走り出していた。この艦は、全長一九八・五メートル、幅一九・七メートル、排水量一万二五〇〇トン、速力二八ノット、兵装一四センチ連装砲三基、二五ミリ三連装機銃八基と軽巡洋艦なみの強力な兵装を有したうえ、水上機二〇機搭載可能で、今年（昭和一七年）二月二七日、完工したばかりの最新鋭艦であった。

極めつきは、秘密兵器「甲標的」を収納、運搬、発進ができるようになっていることだ。「日進」は、もともと機雷敷設を含む多用途艦であったが、内部の機雷格納庫空間を「甲標的」搭載格納仕様に変更したものである。

この格納庫は、水上機用の昇降機《エレベーター》のほかに、特別に作った長さ二六メートル、幅六メートルの細長い開口部が上甲板の中央部にあった。四六トンもある「甲標的」の積み降ろしは本艦の四〇トンと二〇トンのクレーンで合吊《あいづ》りして、この開口部を通じて行なうようになっていた。

格納庫内部には、四列のレールが並び、降ろされてきた「甲標的」は専用台車に載せてレール上を移動し、分岐振り分けられ、発進順に並べられていくことになるが、一レール上に三艇が載るので、最大一二艇が格納できる仕組みになっていた。

中央二列のレール後方は、それぞれ海面に通じる開口部があって、通常は水密扉で厳重に仕切られているが、いよいよ敵発見攻撃の時は開放され、中央二列のレールから順次幅二・五メートル、高さ四メートルのトンネル状スロープ通路を抜け、艦尾から素早く発進する。その後、敵艦に肉薄して魚雷二本を発射し、戦果確認ののち一目散に母艦に引き返して、クレーンで乗員とともに収容するという構想である。

したがって一般的な艦種名称である水上機母艦というよりも、その特殊性から甲標的母艦あるいは特殊潜航艇母艦と呼んだ方がはるかに理解しやすいが、使用方法と作戦構想は軍機密であったため味方にさえその存在を知られないよう、あえて水上機母艦という艦種を通したのである。

その「日進」の格納庫には、改良を加えた〝甲標的、特型格納筒改一〟三艇が積まれていた。その艇長と艇付の六名は、この特型格納筒とともに乗艦し、ペナンまでの途上、毎日のように自分の艇に乗り込み、機器の作動や点検のほか、襲撃のイメージトレーニングを行なうのである。

報国丸は最後に抜錨し、潜水艦のあとを追って動き出した。潜水艦四隻は編隊を組み堂々と航走しているが、「日進」と報国丸はすでに単独航海に移っていた。夕刻になると天候はある程度回復したので、伊予灘から豊後水道に至った時には左舷に四国、右舷に九州を遠く拝《おが》むことができた。やがて日が暮れたころには茫漠たる太平洋に出た。

出撃して二日目の四月一八日の朝、沖縄東方海上を航走中に緊急電が入った。

「敵空母三隻、東京より七五〇カイリ東方に現る。付近行動中の潜水艦はこれを撃沈すべし」というものであった。しかし甲先遣支隊は、距離が遠いのと重大任務のため、対応はできなかった。

この空母の正体は、夕刻のラジオ放送ですぐにわかった。いわゆる〝ドーリットル空襲〟であり、日本側の被害は軽微との発表であった。

甲先遣支隊の誰もが、自分たちの壮大な作戦とくらべれば、この気まぐれな空襲は取るに足らないことだと思った。

ペナン島基地

四月二〇日、台湾とルソン島の間にあるバシー海峡を通過し、南シナ海に入ると南洋特有のジリジリ照りつける太陽と、無風のダラダラした空気が重くのしかかってきた。

報国丸から潜水艦は視認できなかったが、時折水平線上に出没するシルエット姿の「日進」は、日本の軍艦とは思えない優雅な機能美を浮かび上がらせていた。

やがてシンガポールが近づくにつれ、甲先遣支隊は各艦集合が命じられ、互いに視認できるところまで接近した。

四月二五日早朝、「イ10」「イ20」「イ18」「イ16」「報国丸」の順番に編隊を組んで堂々とシンガポール海峡を通過した。

シンガポールは二月一五日に陥落したばかりで、日本軍の占領下であったから、その沖合を航走する潜水艦と報国丸も日本を誇示するものであった。ジャンクやサンパンが日の丸を振って堂々たる海上部隊を出迎え、そして見送ってくれた。なお「シンガポール」は「昭南《しょうなん》」と改称されたが、ここでは「シンガポール」の名称を使用する。

日本軍が進攻してきたマレー半島からシンガポールにかけて、昨日まで君臨していた白人が武器を捨て両手を上げ震えながら日本兵に移送される姿を見た地元住民は、「なんだ、白人もただの人間ではないか。我々はこんな奴らにペコペコして使われてきたのか」と感じたのであった。

難攻不落のシンガポール要塞が日本軍の手に落ちたことは、アジアにおける白人植民地支配の長い歴史が終焉したといってよいだろう。

四月二六日午前、甲先遣支隊はついにペナンに到着した。

報国丸は岸壁に横付けしたが、各潜水艦は錨泊して待機中のタンカー「東亜丸」に順次横付けし、給油を開始した。前日の二五日に到着していた「日進」は、秘密兵器を積載しているため沖泊まり待機していた。

ペナンはマレー半島西側に隣接した小さな島で、アンダマン海に面している。この地のイギリス軍守備隊は、迫り来る日本軍に恐怖を覚え、早々とインド方面に撤退したので戦闘は起こらず、日本軍は一九四一年(昭和一六年)一二月一九日に無血占領した。

この時のイギリス司令官は、あまりにも早い撤退は逃亡とみなされ、軍法会議にかけられたが、地元住民にとっては、むしろ戦火に巻き込まれずに済んだことは幸いであった。

その後の日本側調査により、この地が潜水艦基地の適地として選ばれ、一か月後の一九四二年(昭和一七年)一月二〇日には早くも基地開設となった。ほかにも哨戒飛行基地として中型攻撃機や水上偵察機の部隊も進出してきた。

なぜ適地かというと、インド洋進出には地勢的に好都合だったばかりではなく、大陸のマレー半島からわずか三キロだが、隔離された東西一二キロ、南北二四キロのほぼ四角形の小島で、治安もよく統治が容易であったことだ。

また中心街ジョージタウンは港湾設備が整い、市中にはトロリーバスが走り、街は上下水道完備で衛生状態も良好、大小宿泊設備もあり、食料も豊富だった。さらに島周回道路と避暑地の山へと至るケーブルカーもあり、風光明媚な風情と相まってとても便利で快適な地であった。

報国丸乗員は、日本を出て開戦以来、初めての外地占領地の訪問には期待と不安があったが、海から見る英国風の目立った建物は、童話の中の街のようでロマンチックな理想郷のような感じさえした。

上陸の許可が出た乗員は、こぞって街に繰り出すことにした。岸壁は日本海軍の管理施設のためフェンスで囲われていた。そのペナン特別根拠地隊の門を出ると、たちまち地元の行商人や客引きがどっと押し寄せ「ジャパン、トモダチ」「マスター、宝石あるよ」「あにきー、輪タク乗らないか」「へいたいさーん、クーニャンいるよ」とか大声でまとわりつくのだった。

乗員の不安は、一瞬にして吹き飛んだ。ここには戦争とはまったく関係のない親日的世界が広がっていたからだ。いや特に親日的というわけではなく、ただその時の支配者に寄り添っているだけかもしれない。現地の人にとっては、イギリスが去り日本が来たからといって、日常の生活が変わらなければよいのである。

街は一見すると英国風であるが、よく見るとマレー、ビルマ、タイ、インドなどの民族や人種、宗教が混在していたが、やはり華僑による中国風が突出していた。そんななか、多民族都市の知恵として、お互いの習慣や文化を尊重し合う気風が醸成されていたのか、日本人に対しても違和感のない振る舞いであった。

中国系の人々にとって、日本人がここまで来ている理由は、もともと支那事変に起因しているのだと知っても、中国本土にいる野望家が勝手にやっている戦争など無関係だと意にも介していないどころか、目ざとく日本人相手に商売して賢く儲けることこそが、華僑の本分だと心得ているようだった。

街はよく整備され美しい建物や公園があったが、帝国海軍の夏服を着用した日本人は金持ちにでも見えたのだろうか、みすぼらしいマレーの老人から病的なインド人少女まで、金銭や食べ物を乞い求めて来るのであった。ここにもやはり貧困にあえぐ数多い底辺層がほかのアジアの都市同様存在していたのである。

商船用の船員クラブが接収されて、海軍の水交社《すいこうしゃ》として娯楽提供の場となっていたが、乗員は、やはり街に繰り出してレストラン、食堂で飲み食いし、市場などで土産を買い、楽しく過ごしたのであった。


四月二九日、日没前の一九時、三隻の潜水艦が密かに沖合に出た。指定場所には秘密兵器の「甲標的」を積載している水上機母艦「日進」が待っていた。

日没後の闇に乗じて「イ18」と「イ20」が「日進」の左右舷にそれぞれ横付けし、兵器の搭載を始める作業にかかった。艦内から「甲標的」が専用のクレーン二基で吊り上げられ外舷に振り出されると、接舷している潜水艦の後部デッキにあらかじめ設置してある架台に降ろされた。

「甲標的」の向きは母艦の潜水艦とは逆向きになっているが、これは潜水艦と「甲標的」との間に交通筒を新設した時、互いの穿孔箇所を合わせたのと発進には都合がよかったからである。

いずれにしても夜を徹して慎重で確実な作業が進められたので、三隻目の「イ16」に搭載が終了したのは、翌日五時三〇分であった。その時には、すでに搭載が終了していた「イ18」「イ20」の姿は、インド洋に向かったのか見えなかったが、旗艦潜水艦の「イ10」だけが錨泊し待機していた。「イ16」が終了し「日進」を離れると、「イ10」も揚錨し、二隻いっしょにインド洋に向かって進発した。

なお「日進」は、作業が終わると同時に錨を揚げ、日本に向けて走り出した。

報国丸は、それら潜水艦を追ってインド洋に進出する予定であるが、先行の「イ30」に随伴してインド洋に出ていた愛国丸が、洋上補給を終えてペナンに帰港したのが同じ三〇日早朝であったから、愛国丸自身の燃料と清水の補給、それに食糧の積み込みを終えるまでそのまま沖合で待つことにした。

藍原艦長は「急がば回れだ。戦争は慌てるほどどろくなことはない。潜水艦ぐらいすぐに追いつくさ」と、落ち着いていた。

愛国丸の準備が整ってペナンの岸壁を離れたのは、その日の夕方であった。沖で待っていた報国丸は頃合いを見て揚錨すると、二隻そろって空を真っ赤に染めながらインド洋に沈みゆく太陽に向かって速力を上げていった。

躍進のインド洋

インド洋作戦ほど、不思議なものはない。

イギリスにとっての主敵はなんといってもドイツであって、本国に危機が迫っている以上、何も日本と砲火を交える必要はなかった。そんなイギリスは日本にとって、脅威でもなんでもないから放置しておけば済むように思える。

しかしインド洋には戦争遂行上、政治的ともいえる次のような重大な事情があった。

①ドイツ側がインド洋での通商破壊を強く日本に要望したこと。

②インドではガンジーの独立運動の機運があること、インドの回教徒が反英武装闘争を宣言したこと、ドイツに亡命中のチャンドラ・ボースが日印提携の声明を出したこと。

③フランス領マダガスカル島のフランス・ビシー政権側が日本の進出に期待したこと。

④イギリスの援蒋ビルマ・ルートを完全遮断すること。

このような理由から、一九四二年（昭和一七年）二月七日、「アンダマン群島方面の要地を攻略すべし」の大海令第十五号が発令された。

日本陸軍のビルマ進攻の支援、その妨害を企てるイギリス軍の遮断、そしてイギリス東洋艦隊をおびき出したうえで撃滅というものであった。
インド洋遠征軍は、次のような強力な航空艦隊と水上艦隊であった。
空母「赤城」「蒼龍《そうりゅう》」「飛龍《ひりゅう》」「瑞鶴《ずいかく》」「翔鶴《しょうかく》」
戦艦「金剛《こんごう》」「比叡《ひえい》」「榛名」「霧島」
重巡「利根」「筑摩」
軽巡「阿武隈《あぶくま》」
駆逐艦　一一隻
総勢二三隻からなる大艦隊は、一九四二年三月二六日、セレベス島東岸のスターリング湾から出撃し、四月上旬にセイロン島付近で小型空母一隻、重巡洋艦二隻、軽巡洋艦二隻、駆逐艦二隻、哨戒艇一隻、商船二七隻を撃沈、飛行機一二〇機撃墜という大戦果を挙げたのである（大本営発表）。
これと同時に、インド洋ベンガル湾の通商路攻撃を目的に第一南遣《なんけん》艦隊も作戦を開始していた。
この海上部隊は次の通り構成されていた。
空母「龍驤《りゅうじょう》」
重巡洋艦「鳥海」「最上」「三隈《みくま》」「鈴谷《すずや》」「熊野」
軽巡洋艦「由良」
駆逐艦「天霧《あまぎり》」「夕霧《ゆうぎり》」「白雲《しらくも》」
四月一日から一一日にかけてベンガル湾に面した港湾を次々と攻撃し、敵商船二三隻を撃沈したのである。
これによりイギリス軍のインド、ビルマ間の海路は消滅し、日本の陸軍部隊によるビルマ進攻はさしたる障害もなく成功していった。
イギリス軍とインド植民地軍は、各地でなすすべもなく大混乱に陥って壊滅、潰走、降伏の憂き目にあったのである。ビルマ進攻とは何か、それはイギリス支配の終焉、ビルマの独立、援蔣ビルマ・ルートの遮断、アジアの解放となったのだ。
イギリス東洋艦隊は、その後インド洋では積極的な作戦には出ないようになり、ある意味では成功したといえるが、それだけでは無意味であった。つまり日本の勝機が高まったこの時、ドイツと戦略的共通の構想でもって、徹底的にイギリス東洋艦隊の殲滅と海上輸送路の遮断を遂行しなければ、本来の目的完遂には至らなかったからだ。

一方で「インド洋よりも太平洋だ。積極的に進出してアメリカ太平洋艦隊を徹底的に撃滅すべきだ。そうでないと真珠湾攻撃の意味も薄れるし、相手に再起の余裕を与えてしまう」という対アメリカ主義が海軍内でも主流であったことから、インド洋作戦は副次的扱いとなっていた。しかし、国家戦略としての戦争遂行の優先順位は、インド洋のイギリスなのか、太平洋のアメリカなのか、まったくわからなくなっていた。

さらに不思議なことに「日本海軍は開戦と同時に石油のことを忘れたのか」である。緒戦に確保できた蘭印とボルネオの石油で事足りるなら何も対米戦は必要なかったのである。その根拠は、何度も言うように対英蘭戦争になってもルーズベルト大統領は戦争不介入の公約で三選を果たした手前、攻撃されない限り口が裂けても「参戦する」と国民には言えなかったからだ。

しかし日本は、〝清水の舞台〟から飛び降りたつもりで、対米戦に突入したからには「対日石油禁輸解徐」を引き出すまで、攻撃の手をゆるめるわけにはいかないはずだ。

時間的にも場所的にも戦力を分散し、しかも表面的な勝利に満足しているからには、「昭和一六年一二月開戦」の切羽詰まった意識がいつの間にか消え去ったのであろうか。

しかし、そのような高度な戦略は、報国丸も含め出先の部隊にはまったく関係なかった。全力を尽くして敵撃滅に邁進することが国家のためになると信じるのが自然な感情であった。このようにしてインド洋に出撃した甲先遣支隊は、どこに去ったのか杳《よう》として知れないイギリス東洋艦隊を求めて〝攻撃を加える〟作戦に黙々と従事した。

ヘノタ号（GENOTA）

追跡

甲先遣支隊の作戦は、アフリカ東岸の港湾での敵艦船への攻撃であるが、石崎司令官は出撃前の作戦会議で、敵大型艦の存在が予想されるダーバンに向かうことを指示していた。

五月四日、赤道を通過し南半球に入った。報国丸の視界には「甲標的」を背負った水上航走中の「イ20」と「イ16」が遠くに視認できた。

五月五日、第一回目の会合日である。

報国丸は、夜明けとともに予定海域に到着すると、「水偵降ろし方用意」を発令した。更新したばかりの新型の零式水上偵察機がデリックで吊り上げられて海面に降ろされた。旧機とは違った鋭いエンジン音を発している水偵からは、いかにも低翼単葉機の精悍さがにじみ出ていた。

天候は晴れ、長大で低いうねりはあったが、風浪のない平穏な海上は飛行日和である。

零式水偵は海面に達すると、すぐに吊環を解放して助走水域に向かい、やがてエンジンを噴かすと空中に飛び上がった。

いつの間にか周囲に四隻の潜水艦が集合していた。

報国丸は「イ10」と「イ16」に、愛国丸は「イ18」と「イ20」に、船尾から長いホースを水面に流し、燃料と清水の補給を行なった。一艦あたり三時間から五時間を要したので、日中は補給の連続であったが、その間、水偵は遠く近くと飛行し哨戒を続けていた。

補給が終了すると、針路二二〇度の南西に向け、一二ノットの原速で訓練を繰り返しながら航海した。

四日後の五月九日、午前七時三〇分のことであった。

雲は多いが時折太陽が出る空模様で、南東の風一四～一五メートル、波浪はかなり高いなか、前方一〇海里（一八キロ）を走っている愛国丸から「針路上の水平線下にマスト発見」の発光信号を受けた。艦内に「合戦準備、戦闘配置」のブザーが鳴り響いた。

「軍艦らしき船、本艦左舷前方一二カイリ、船体右舷視認、北西に首向しているがごとし」

「敵左回頭、左舷前方同航、遁走の模様」

「敵右回頭、再び右舷見せる。船種タンカーのごとし」と続けざまに発光信号が入ってきた。

愛国丸が、一〇海里先陣を切って縦列で航海している。後方の報国丸からはまだ視認できなかった。

報国丸は直ちに「愛国丸は第二戦速（一八ノット）とせよ。敵船の針路を押さえるように進出せよ」と、信号を送った。報国丸も同じく増速、元高級貨客船は一八ノットでインド洋の波浪をものともせず切り進んだ。

「敵船、見えた」左前方に右舷を見せて横切る態勢の敵船が遠望できた。右前方には、白い航跡を残しながら、その進路をふさごうと邁進している愛国丸の姿が見えた。

藍原艦長は「油断するな。愛国丸に連絡、五カイリ以内に接近するな」と指示を出した。

やがて報国丸にもはっきりと船体シルエットが視認された。ハウスが中央と船尾にある。「やはりタンカーだ」と誰かが叫んだ。艦長は水偵を飛ばしたかったが、この風と波では無理だと判断した。

進路を妨害するように愛国丸が迫ったことで、敵船は速力を落とし始めた。

「間合いをとって見張れ。砲を持っていないか確認せよ」と愛国丸に念を押した。

愛国丸が敵船に向かって警告信号を出した。

「直ちに停船せよ。無線の発信を禁じる」

艦橋で二隻の様子を注視していた藍原艦長が見張員に向かって叫んだ。

「どうだ止まったか」

「いえまだ走っています。前進の切波《きりなみ》が見えます」

との答えだった。

「愛国丸は警告発砲せよ」と艦長は命じた。間もなく敵船針路前方に二本の大きな水柱が音もなく上がったのが認められた。

ここにきて観念したのか、商船はオランダ国旗と船名符号旗を揚げ、さらにいかにも渋々ながらといった様子で、小さな白旗がマストに揚がって停止した。報国丸は、全砲をこの商船に指向しつつ距離を詰めていった。

砲術長が電信室伝声管に向かって、「無線を出してないか」と叫んだ。

「まだ何も発信しておりません」と伝声管の奥から籠《こも》った返事が来た。

拿捕

やがて報国丸は、停止漂泊中の二隻にたどり着いたが、距離をおいて見守った。

「よーく見張れ、砲はないか。機銃はないか」と艦長が問うた。

「艦長、船尾になにやらカバーがかけてあります。場所と形から備砲だと思われます」と航海長が答えた。

「そうか、よし敵船の船尾には絶対に寄るな」と艦長は厳命した。

出港前、シンガポールでの作戦会議で、臨検および拿捕の担当艦の順番はあらかじめ決めてあった。一隻目は愛国丸である。

「愛国丸は接近し直ちに臨検せよ。船尾に備砲がある模様、絶対に船尾に回らないよう注意せよ」と指示した。

藍原艦長は砲術長に向かって「いいか左舷砲は敵船の備砲に照準しとけ。カバーに手をかけるようであったらためらわず発砲せよ、わかったか」と釘をさした。

愛国丸は五〇〇メートルまで接近し、小型艇が一団の臨検隊を乗せて発進した。この時の臨検隊ほど緊張感と恐怖を強いられるものはないであろう。乗り込む直前に発砲されないか、数の優勢で逆に人質にとられないか、凶器で襲われ海中に突き落とされるかもしれない。

愛国丸と報国丸は、睨《にら》みを利かせながら様子を見守った。臨検隊は武器の携行と非常時の信号弾なども用意して乗り込むが、よもやこの期《ご》に及んで抵抗することはあるまい。しかし、そこは海上の敵船、何が起きてもおかしくない。

小型艇は木の葉のように揺れながら、敵商船の舷側に到着したが、垂直にそそり立つ外板は乗船を拒むかのようであった。やがて乗員がやってきて縄梯子《ジャコップ》を外板に垂らしてくれた。臨検隊の小船は、次々に寄せる波に翻弄され、外板に沿って大きく上下動する。隊員は、波の頂点に押し上げられた時、すかさず縄梯子を掴み、急ぎ登らなければならない。

隊員は選りすぐりの者たちであったが、銃や弾薬、手榴弾、ほかに書類や用具など、結構な重量を携行している。ある程度の人数が乗り込み、ロープを船上から投げ下ろして資材や機材や武器の残りなどを引き上げると、あとの組は最小限の所持品だけとなって少しは楽になった。

縄梯子であるから一人ずつよじ登るので、敵にとってはその一人とだけ戦えば楽に勝てる。しかしそれをすれば、国際法違反になるどころか二隻の日本軍艦から十字砲火を浴び、あえなく沈没する羽目になる。

やがて無事に臨検隊長の大泉康男予備大尉以下一〇名の臨検隊と第九回航班長の安永文友予備中尉の移乗が完了した。

隊員たちは、迎えの商船士官に案内されて、船長の待つサロン室へ向かった。武装しているとはいえ緊張の連続であったが、相手もその表情から恐怖に怯えていたようであった。

不気味な対面ながら簡単な挨拶を終えると、船長は招かざる客に向かって「coffee or tea?」と尋ねて礼を尽してくれた。ボーイに「お茶とお菓子をお持ちしなさい」とでも言っているようだったが、大泉隊長は「残念ながら時間がない。早く臨検を終えたいので気遣いは無用である」と丁寧に断った。

愛国丸、報国丸は海賊船ではない。正式書類をもって敵船拿捕の手続きを国際法に従って進めていくのである。

船長は不機嫌そうな顔をしていたが、臨検には協力的であった。

「キャプテン、日本に降伏したことを認めますか。抵抗はしませんね」と隊長が念を押した。

「イエス……」

「それでは、無線室を封鎖し武器を押収します」と言って、すぐに指示を出した。

「一班は無線室に行って真空管を全部抜け。二班は武器を収集して保管隔離。場合によっては海上投棄せよ。船尾の砲は撃鉄を外せ」と指示した。

「キャプテン、船舶国籍証書、乗員名簿と積荷目録の提示を願います」と、次々に必要事項を進めていった。大泉大尉と安永中尉は手分けして数ある書類に目を通し、敵国船に間違いないか、乗員も敵性国籍か、忙しく確認していった。

オランダ人船長からは降伏と拿捕、それに回航への協力を取り付けると大泉大尉と安永中尉は調書を作成した。「臨検捜索調書」「船舶拿捕に関する調書」「拿捕船舶を付近の帝国港に送致したることに関する調書」その他もろもろの「同意書」など、書類に顛末を記入していった。

時間、場所、書類の確認、通貨や貴重品の引き渡し、押収文書の封印など多岐にわたっていたが、各書類の最後に「日本海軍愛国丸乗員　臨検士官　海軍大尉大泉康男　捺印」で終了となる。

ほかの乗員も特に嫌疑をかけるような素振りもなく、すべての手続きは順調に運んだ。

船名：「GENOTA」、船種：タンカー、要目：長さ一四七メートル・幅一八メートル・七九八七総トン、一九三五年ドイツ建造。国籍：オランダ、乗員：オランダ人船長J.Int Velds（ヤン・イン・フェルツ）氏を含めオランダ人一三名、中国人三八名、計五一名であった。

積み荷は空で、オーストラリアのジェラルトンからイランのアバダンへ、石油を積みに向かう途中であるという（船名の発音は原語では「ヘノタ」。英語読みほかでは「ジェノタ」「ゼノタ」「ゲノタ」などあるが、すべて同じものである）。

大泉臨検隊長は乗員全員に集合を命じ、「本船は愛国丸艦長の命令により、日本海軍の拿捕船となった。これよりペナン島に回航する。貴殿たちの生命と財産は保証する。したがって今後は各自の職場で今まで通り職務を全うするように」と通告した。

最後にオランダ国旗を降ろし、代わって帝国軍艦旗を掲揚、愛国丸に向かって「臨検終了、乗員は服従中、直ちに回航班の移乗を求む」と発光信号を送った。時刻は九時三〇分、位置は南緯一七度四〇分、東経七六度二〇分、まさにインド洋のど真ん中であった。

残りの福ノ上國夫予備機関中尉以下一三名の回航班の移乗は、持ち込み荷物も最小限にしたにもかかわらず、波浪により手間取り、実に三時間もかかった。そのあと臨検隊一〇名は下船し、愛国丸に帰艦した。

この地からペナンまで二一九〇海里、一二ノットで七日と一五時間かかる。

一二時三〇分、北東に針路をとって走り始めた「ヘノタ号」のセンターマストに高々と、はためく旭日旗を見て感動したのは愛国丸、報国丸の乗員であったが、それは取りも直さず初めての分捕り船であったからだ。両艦の乗員は「整列、帽振れ」のあともデッキの各層に鈴なりになって歓喜の万歳を叫び、大きな日の丸を振りしきった。

やがて報国丸、愛国丸も次の作戦に向け、反対方向の南西に向かって船速を上げた。

五か月前の太平洋作戦では、拿捕できず処分したが、今回初めて拿捕船を得て藍原艦長は満足した。船船というものは、とてつもなく高価な戦利品であり見栄えもいいし、実利もあるが、なんといっても〝勝った〟という達成感が湧き上がってきたからだ。

ペナン回航

ペナンに向けて東進中の夕刻、フェルツ船長は乗員全員を食堂に集め、現状について説明した。

「今こうして我々は、当初の航路予定が運命によって変更となった。したがって東に向かっている。今後の運命はどうなるかわからない。私が権限と責任をもっていたが、今はこちらの日本海軍士官の方が握っておられる。この方が言われる通りにやっておけば平穏は保たれる。どうか今まで通りの職務を行なってほしい。戦争が終わったら私も会社もできるだけのことはしてやりたい」と話し、いつの間にかその眼から涙がこぼれていた。乗員も神妙な気持ちで頭をうなだれて聞き入っていた。

船員はそのまま職務につき、甲板部、機関部とも本船の当直割に従って航海当直を続行した。航海術に心得のある者は最高責任者の安永中尉のみである。天測あるいは推測で本船位置が記入されると、ペナンに向けた針路を安永中尉が海図に書き込んだ。

安永中尉は多忙であった。回航班の配置を決め、船内巡回の手順と時間割を決めるのだ。

初日の夜はお互いに緊張の連続であった。当夜は特に相手がどういう動きをするのか、皆目つかめないうえ、兵隊は言葉の問題もあった。

安永中尉は、船長室の隣の部屋に居住したが、船員と船長が、何を企み何を仕出かすのか、心配で結局一睡もできなかった。

二日目、再度船内の巡回と検分を行なったが、それでも心配事は尽きなかった。前夜のうちに乗組員リストと乗員を一名ずつ照合したが、広い船内のどこかに武器を持った一団が隠れていないとも限らない。機関室で大きな船底弁を開放して沈没を企てないかなど、心配事はいくらでもあった。

しかし三日目、フェルツ船長はうんざりした顔つきで「もう止めてくれ、なにもないよ。もう降伏しているのだから、検分も巡回も武器をかざしての乗員見張りもやめてくれ」と申し出た。

すでにこの頃は、なじみの顔となった乗員と回航班の間には、信頼関係ができ始めていたことと、安永中尉自身も部下たちもかなり憔悴していたので、要所の配備は半分、武器類も最少とし、小銃や拳銃も構えることは止めにした。

カバーがかけてある唯一の備砲について、フェルツ船長は「積んでいるだけだ。軍から砲員の配備は間に合わなかったが、もともと会社も国も兵員を配置する気はない」と言った。

回航班の中には砲術科の隊員もいたので、カバーを外し敵性武器の研究と、万一の場合を兼ねて操作してみることにした。長い間使用していなかったせいか旋回俯仰《せんかいふぎょう》の操作はほとんどできなかったが、隊員が慣れた手つきでグリースを塗り、ハンマーで叩いて各部に注油すると、作動するようになった。そして最終動作を確認すると「これはいけるぞ」と声を上げた。砲弾を砲尾に込めるころには、非番のオランダ人や中国人がもの珍しそうに取り囲んで見ていた。

「発射用意完了」「用〜意」「テェー」ドカーンと、ものすごい音響と同時に白煙が吹き出すと、遠くの海面に水柱が上がってゆっくりと砕け落ちた。その瞬間、「おー」と感嘆の声が起きた。乗員にしてみればお飾りでしかなかった大砲を、日本人がいとも簡単に試射してみせたのだ。

「日本人はすごいことやるな。これは負けるわ」と、怯えたのか感心したのか、その手際のいい所業に仰天した。さらに仰角や方位を変えて合計五発を放ったあと、「これは使える」と回航班長に報告した。

囚《とら》われの身となったフェルツ船長は当初、不運と思ったが、潜水艦に撃沈されて溺死するより幸運だったと考え直していた。

中国人はどうであろうか。確かに中国本土は日本と戦争しているが、ここの中国人はシンガポール出身者ばかりで、そんなことはまったく気にしていなかった。この戦時下でもいい金になればと海上で働いていたのだが、最大の心配事は「抑留中も会社は家族に給与を仕送りしてくれるだろうか」であった。いずれにしても民間の自由人としては、戦争とは迷惑なものに違いない。

安永中尉は、この戦利品を無事日本まで持ち帰らなければいけないが、まずは日本占領下のペナンまでは、なにがなんでも到着する必要がある。

そのためには、船位の確認と乗員の反乱防止が必要である。

安永中尉は、毎日正午になると六分儀《ろくぶんぎ》を手にオランダ人航海士とともに、太陽正中高度を計測し、正確な正午位置を求め、そこから中尉自身が、目的のペナンに向けてコースを引いていった。これについてはまったく問題なかった。

次に、乗員とのトラブルだけは未然に回避する必要があった。回航班はあらかじめ、「拿捕船回航の際の心得」を勉強していた。その中に、「みだりに捕虜と親しくするべからず」「みだりに物品の提供または受領するべからず」等々があった。だが、ある程度打ち解けてきて、そのような規則を遵守すればかえって逆効果であることは目に見えていた。

日本人回航班は、自分たちの食事は、持ち込んだ糧食を使い、食事当番を決めて自分たちで賄っていた。積み込み時間の関係で、一〇日分の米は積み込んだものの、味噌、醤油、小麦粉、漬物類は予定量の半分、鯨肉《げいにく》、牛肉、カレー缶など副食類に至ってはさらに少なかった。

四日目ともなると、見かねた中国人コックが、味噌汁に入れる豆腐を提供してくれ、回航員を喜ばせた。

安永、福ノ上の二人の士官は、フェルツ船長からサロン食堂でオランダ人といっしょに食事するよう誘いを受けたが、規則と部下の手前、最初から断っていた。しかし五日目の夜ともなれば無下《むげ》にもできず〝一度だけ〟ということで、二人そろってサロン食堂に入った。

中国人ボーイが次々とご馳走を運んできた。食後のケーキ、アイスクリーム、コーヒーを頂き、少々のウイスキーまで飲んだ。話題は国際情勢や家族のことだった。

予備中尉の二人は、商船上がりの甲板士官と機関士官だったので、商船仲間としての話題には事欠かなかった。

翌日、船内通路でオランダ人と中国人がなにやら押し問答をしていた。日本人回航班の兵曹長が中に入ると、背の高いオランダ人事務長が、中国人コックに「この肉はなんだ。これは今日、使う予定はないではないか、貯蔵庫に返してこい」と詰寄っていた。

中国人コックは、たしなめられ怖じ気づいていたが、兵曹長を見て急に表情が変わり、「この肉は日本人に食わせるのだ。文句あるかー」と大声で言い返した。

事務長は口をつぐんだまま、兵曹長をチラリと見て行ってしまった。その中国人は日本人に「謝謝《シェシェ》」と言いながら厨房に消えていったが、その肉は日本人に回ってはこなかった。

中国人は、下級船員食堂でいつも大釜と大鍋を囲んで丼椀を各自が手に持って、早いもの勝ちのようにして食べていた。給料は食費込みであったので、中国人チーフ長が給料日に一人ひとりから食材費を集め、寄港地で食材を買い込むのだが、内容は質素そのものであった。食費を節約すればするほど、仕送り額が増えるので、できるだけ切り詰め辛抱しようとするのが常態であったから、この際オランダ人用の食材をかすめ取って、ご馳走にあずかろうとしたのだった。これ以降、中国人は公然と食料調達するようになった。

同じ日の夕方、安永中尉のところにオランダ人機関長が、「このままでは機関が止まります」と苦情を言いに来た。話を聞くと「中国人船員が、今まで通り職務を遂行しません。どうしても中国人船員に協力してもらわなければ駄目です」ということだった。

機関部の中国人下級船員は、熱気充満の船体後部最下層の機関室で、毎日仕事をしていた。炎天下の赤道直下では極端に暑く、騒音と相まって労働環境は悪かった。

このような環境で、オランダ人機関士の言いつけに従って、機械に注油し、汚れ箇所を拭き、温度を測るなど黙々と我慢強く家族のために働いていたのだ。

そんな中国人がなぜストライキ（怠業）を起こしたのか。

彼らが目にしたのは、「日本人が乗り込んで来るなり、オランダ人を服従させる。てきぱきと命令する。お飾りの大砲は整備して試射を行なう。威張り散らしていた白人たちが、自分たちと同じ容貌の日本人にペコペコと言いなりになっている。雲の上のオランダ人船長だって、安永少尉に付き従っている」という現実であった。

オランダ人機関長がいくら命令しても丁寧に頼んでみても「白人の言いなりにはなるものか」と、中国人船員は言うことを聞かなくなったのだ。

福ノ上機関中尉と兵曹で機関室に下りて行くと、中国人船員は車座になってトランプで博打をやっていた。中国人たちは日本人を見るとニヤニヤして「兵隊さん、ご苦労さん」「マスター、ありがとね」とか好き放題に日本語で言葉を発した。

兵曹が「サボるな、働かんかー」と一喝したが、機関中尉は「悪いようにはしないから、今まで通りに仕事をしてくれ」と頼むように言った。そして再び怠業を起こさないよう形だけではあるが、武装した兵隊を交代で機関室に配した。

ペナン到着予定の二日前、ブリッジ当直者は、突然の轟音に一瞬度肝を抜かれたが、目に入ったのは、すでに右舷前方へ低空で飛び去った大型双発機の姿であった。

「敵機か……」。双眼鏡で飛行機を追った日本人見張りが「日の丸でーす」と大声を出すと、班長はすかさず日章旗を持って来させた。そのころには、はるか隔てた前方で旋回し終えた飛行機がこちらに向かってきた。

日の丸旗を大きく振ると、答えるように主翼を振りながら、今度は左舷前方から左舷後方に、ものすごいスピードですり抜けて行った。何度も高く低く鷹のように飛び交い、あらゆる角度から観察したらしく、そのうち東の方へ飛び去った。

「これで日本の哨戒圏に入った。無線が打てるぞ」と、ペナン基地に向け連絡電を打った。

五月一七日一八時、「ヘノタ号」は無事にペナン沖に到着した。ところが在泊の日本艦船が砲門を向けていたのである。回航班員が慌てて軍艦旗を所定の位置に掲げて「ワレ拿捕船ナリ」の信号を送り、同時に日の丸をブリッジから一生懸命に振って事なきを得た。

そして投錨すると、回航班はその大任を果たしたのであった。

ディエゴスワレス港

潜水艦による索敵

甲先遣支隊は一路ダーバンを目指した。五月一〇日、強風にもかかわらず二回目の補給を強行した。さらにマダガスカル島の南東四〇〇海里（七四〇キロ）まで達した一五日も、愛国丸、報国丸は往路最後の補給を四隻の潜水艦に行なった。

さて先行した「イ30」は、インド洋北西部、紅海入口にあたるアラビア半島南端にあるアデン港を五月七日に、対岸のソマリアにあるジブチ港を五月八日にそれぞれ飛行偵察した。

その後アフリカ東岸を南下し、五月一九日にダルエスサラームからザンジバルと偵察したが、波高が増した海面に強行着水する羽目となって、フロートが破損してしまった。このため次のモンバサ港の偵察は、「イ30」自身が陸地に接近して潜望鏡偵察を強行したが、果敢な行動にもかかわらず、イギリス東洋艦隊ほか港湾停泊中の大型艦船の発見には至らなかった。

なお旗艦潜水艦「イ10」も、五月二〇日、南アフリカ、ダーバンの飛行偵察を行なったが、敵艦は発見できなかった。石崎司令官は、三か月前から練りに練った計画と厳しい訓練、「甲標的」の大改造、そして闘志に燃えた乗員とともにアフリカまで来たというのに、敵艦船の不在を知り愕然とした。

司令官が意気消沈していた時、フランス海軍から「マダガスカル最北端ディエゴスワレス湾に英国の戦艦『レゾリューション』と空母『イラストリアス』が五月一七日から在泊中」との朗報がもたらされた。

寝耳に水であった。マダガスカル島はアフリカ大陸からやや離れたインド洋にある大きな島であるが、ビシー政権フランス領であったため、てっきり味方の島だと思って偵察対象外にしていたのだ。ところが、イギリスはこの島を日独で共同使用すれば、インド洋シーレーンの脅威になると危機感をつのらせ、ディエゴスワレス攻略を五月五日に開始、五月七日に占領したばかりだった。

五月二一日、ドイツからも同様の情報が入ってきたが、石崎司令官はまだ決心がつかなかった。なぜなら甲先遣支隊はマダガスカル島のはるか南洋上のダーバン沖に展開していたので、マダガスカル島北端までは日本の沖縄から北海道までの距離にあたることから、各艦の進出には四日ないし七日を要するため、再び敵艦が不在であれば徒労に終わるからだ。

ところが同日（二一日）の夕刻、「イ10」艦内で、明治大学出身の通信士が「近々ディエゴスワレス湾で戦没者の慰霊祭が執り行なわれる。これに海軍の将官二名が参列する」という英語のラジオ放送を聞き逃さなかった。

直ちにこの情報が石崎司令官に伝えられると、「これはドイツ・フランスの情報通り大物艦船がいるぞ」と確信し、最終決断した。石崎司令官は、モザンビーク海峡を北上しディエゴスワレス港外に集結できる日数を計算し、「五月三〇日黎明《れいめい》をもって攻撃する」と作戦行動予定を各艦に発した。

また、報国丸、愛国丸は「攻撃終了まで身を隠せ」との命令を受けた。

藍原艦長は「いよいよ攻撃日は五月三〇日と決まった。成功を祈る。攻撃が終わればすぐに補給や戦傷者の収容があるかもしれない。我々はマダガスカル島東方に進出し、ディエゴスワレスの東海上二〇〇カイリほどで待機する」と指示を出した。

航海長は、すぐに海図を広げて距離を測った。「およそ一二〇〇カイリあります。一二ノットで一〇〇時間、ほぼ四日かかります」と報告した。

「三〇日までに着けばよい。ゆっくりと上がっていこう」と指示して、目的海域に向かって北上を開始した。

また各潜水艦は、一斉にアフリカ大陸とマダガスカル島の間のモザンビーク海峡を北上して、一路ディエゴスワレスを目指した。途上に何隻もの敵商船を見たが、作戦秘匿のため潜航したり、やり過ごして攻撃しなかった。

実は五月一八日ごろから、マダガスカル島の南方海域では猛烈な時化が続き、どの潜水艦も機関故障に悩まされていた。それは潜水艦の排気口は水面ギリギリであるので、浮上航走中に激しい追い波をまともに受ければ、海水が機関のピストンにまで達して、エンジンが停止することがあったからだ。

どの艦も不具合はあったものの、なんとか五月二九日にはマダガスカル北端のディエゴスワレス近くに到着した。しかし「イ18」はほぼ近くまで来たが、再び両舷機とも停止し、復旧の見込みが立たず、予定日に間に合いそうになかった。

石崎司令官は「イ18」艦長に、なんとか「甲標的」だけでも切り離して派遣できないかと尋ねたが、艦長の大谷中佐は、ディエゴスワレス港までは、電池駆動の「甲標的」ではあまりにも遠過ぎて不可能だと返信し、タイミングの悪さに悔しさを募らせた。

また偵察担当であった「イ30」は特別任務を控えているため、作戦を見守ることとし、港口から遠く離れて警戒することとした。

五月二八日夜、偵察飛行の予定であったが、悪天候のためできそうになかった。二〇時三〇分、石崎司令官は「飛行機偵察不可能につき、攻撃日時は特令あるまで見合わせ」と攻撃を保留した。しかし「イ20」座乗の第一潜水隊司令の今和泉喜次郎大佐は、敵艦の移動や天候悪化を懸念して、「至急予定通り攻撃の要あり」と意見具申した。

石崎司令官は、プレッシャーの中にあったが、翌五月二九日夜、運よく天候が回復し、ほぼ満月の夜と重なり最適の偵察日和となった。二〇時、旗艦「イ10」は偵察機を発進した。飛行機の飛来は敵側も確認したが、日本機とは思わなかったのが幸いして、湾内の偵察は成功した。戦艦ほか多数の艦船が在泊していることが直接確認できたのである。

二九日二三時三〇分、石崎司令官は甲先遣支隊の全艦に「攻撃は三〇日二〇時三〇分決行。目標クイーン・エリザベス型戦艦、成功を期す」との機密電を発した。

発進と攻撃

「イ16」「イ20」の両艦の艦長は、真珠湾攻撃で「甲標的」を発進し、その搭乗員が未帰還となる憂《う》き目にあった経験者だったが、今度は違うと確信した。帰還収容の方法と訓練は、納得いくまで何回も繰り返してやってきたではないか、「襲撃、脱出、収容」は確実だという自信がみなぎっていた。

ここで改めて「甲標的」搭乗員を記す。

「イ16」艇長 岩瀬勝輔少尉（六九期）、艇付 高田高三二曹

「イ20」艇長 秋枝三郎大尉（六六期）、艇付 竹本正巳一曹

五月三〇日一六時には、「イ16」と「イ20」はディ

エゴスワレス港外のそれぞれ六海里から一〇海里に到着した。

日没は一七時二六分であるからまだ明るい。二隻の潜水艦は潜望鏡による観察を入念に行なった。「イ20」の山田艦長は、位置と港外状況の確認などひと通りの偵察が終わったあと、司令塔に昇橋していた秋枝艇長と竹本艇付に交代で潜望鏡をのぞかせた。

「ディエゴスワレスの入口だ。二人ともよく見ておいてくれ」

二人は、交代で港口、山並み、灯台、半島、小島など納得いくまで観察していった。

「敵地がよくわかりました。これで大丈夫です。ありがとうございました」と、秋枝艇長が艦長に潜望鏡を返した。

攻撃は、二〇時三〇分である。港外の発進地から港内目標艦までは、ほぼ一五海里と見込まれるので三時間前の一七時三〇分には発進しなければ間に合わない。

発進時は日没直後であるから、薄明を利用して少なくとも一八時までは地形を目視しながら航行できる。三〇分も進めば、ディエゴスワレス湾の中央にあるランゴロ島灯台が見えてくるから、それを真西に見て進めば、間違いなく湾内に侵入できる。

一六時四五分、いよいよ秋枝三郎大尉と竹本正巳一曹が「甲標的」（以下：「秋枝艇」）に乗り込むことになった。潜水艦の機械室天井にある小さいながらも頑丈な円形扉が開かれた。この穴こそが今回の作戦のために大改造して作られた交通筒なのである。

二人は乗員と握手を交わしラッタルを昇っていき、窮屈そうに交通筒に身をねじらせながら入っていった。その後、弁当、缶詰、お菓子、果物などが詰まった箱がロープで引き上げられ艇内に送り届けられると、「成功を祈る」「頑張ってこい」「落ち着いてやれ」「待ってるぞ」「帰ってきたら一杯やるぞ」「無理するな」など励ましの言葉が天井の交通筒に向かってかけられた。

秋枝艇の底扉《ていひ》が閉められると交通筒の中は真っ暗となり、「イ20」の水密ハッチも閉鎖された。

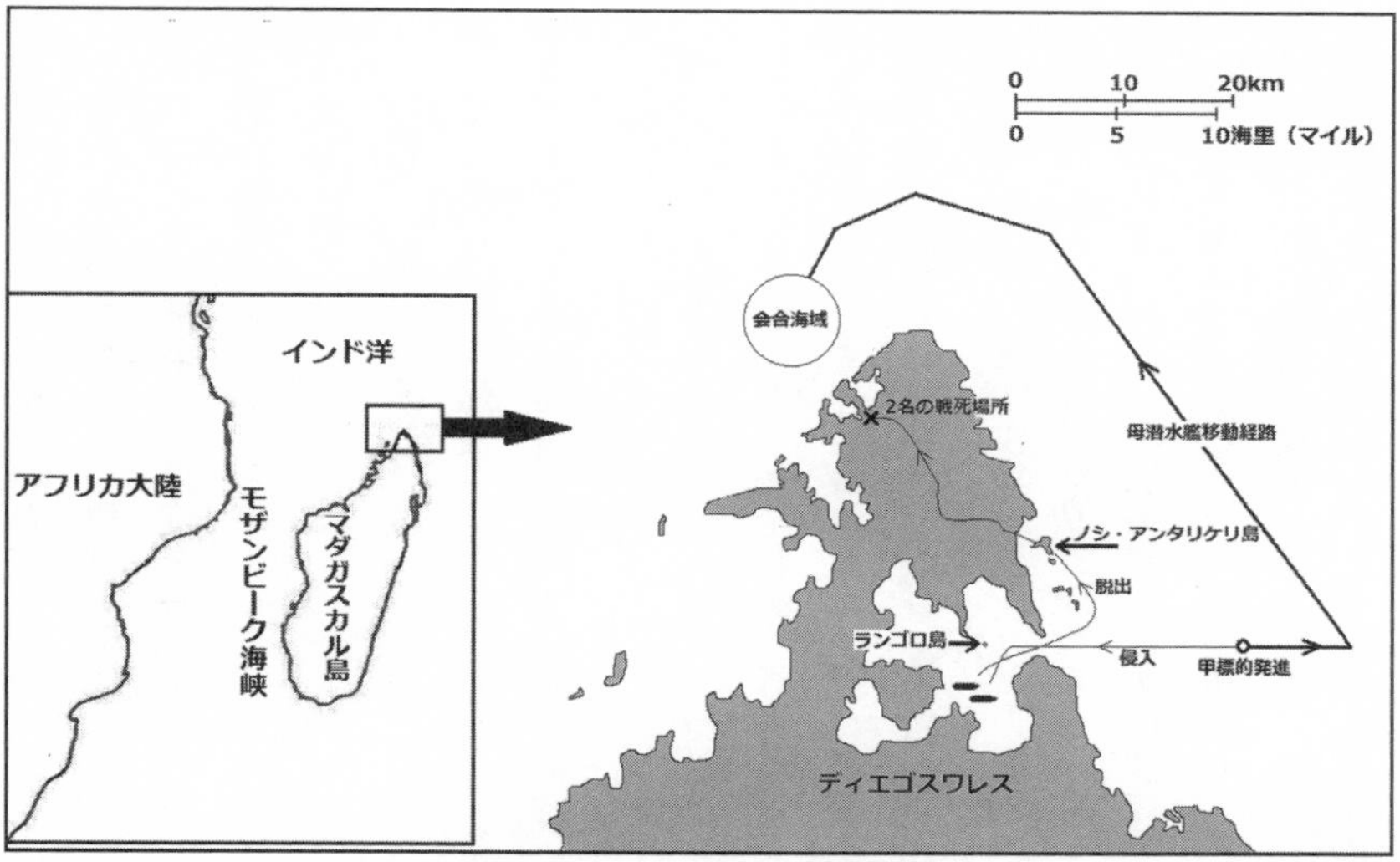

図9 ディエゴスワレス港攻撃

一七時一五分、「イ20」は、港口の東九海里の位置で反転、針路を西向きから東向きへと変え、速力をぐっと落として二ノットとした。これで潜水艦の艦首とは反対向きに搭載している「秋枝艇」は西向きになり、ディエゴスワレス港を指向したことになる。

今和泉司令と山田艦長が、電話で激励の言葉を秋枝艇長に送った。その後、電線が切断され、すぐに艇固《こ》縛《ばく》の鉄バンドを解放すると、交通筒内に注水が始まった。母潜水艦に水圧のみで吸い付いていた「秋枝艇」は内外水圧差がなくなると、水中でふわりと母潜甲板から離れた。このとき一七時三〇分であった。

もう一隻の攻撃艦「イ16」も似たような手順で作業を進めたが、岩瀬勝輔少尉と高田高三二曹が搭乗している「甲標的」（以下：「岩瀬艇」）は、どういうわけか発進が一時間も遅れて一八時三〇分となった。

しかも「イ16」の位置は、「イ20」よりやや北側であったから、「岩瀬艇」は真西ではなくて西南西に首向しなければたどり着けない。夜間の暗さと相まってディエゴスワレス港口を目指すには、「秋枝艇」よりは状況的にはるかに難しいものとなった。

しかし「イ20」座乗の今和泉司令は、今回は真珠湾攻撃の時とは、搭乗員の練度も潜航艇の性能も格段に違うから絶対に成功すると確信した。成功とは搭乗員収容までをいう。

その後、二隻の潜水艦は港外東北東二〇海里まで移動して浮上、二艇の帰還を待った。しかし、待てど暮らせど艇どころか連絡電波も来ず、敵側の様子も不明だった。

翌三一日、収容配備点であるディエゴスワレス港の裏側にあたる北西の海上まで移動すると、そこにはなんとか修理を終えて片舷スクリューだけで航走してきた「イ18」が到着していた。これで旗艦「イ10」を含めて捜索にあたる艦は四隻となった。

日没後、「イ10」から水偵がディエゴスワレス港内に向けて発進したが、夜間偵察のため確認は不完全で「なんら異常は認められず」の報告で終わった。

六月一日も搭乗員の帰還を待ったが、なんの情報も得られなかった。この日の夕方、「イ10」の水偵がディエゴスワレス港の裏にあたる西の海岸線上をくまなく飛行したが、何も発見できなかった。

一八時、石崎司令官は「明日の一七時三〇分の日没をもって捜索を打ち切る。それまでできる限り昼間も浮上して捜索せよ」とした。

六月二日、夜明けとともに四隻の潜水艦は捜索にあたったが、この日は日本側の動きを察知したのか、頻繁に敵飛行機が飛来し、そのつど急速潜航を余儀なくされ、まともに捜索できる状態ではなかった。

業を煮やした石崎司令官は苦渋の決断をした。「本日（二日）一二時をもって捜索を打ち切る。各艦は次作戦の予定配備点に向かえ、なお『イ20』は明一八時まで当地に留まり、搭乗員の収容を期せ」と発令した。

「イ20」は命令通り発進から丸四日目の六月三日一八時まで、一刻千秋の思いで二艇四名の帰りを待ったが、今和泉司令と山田艦長はもちろんのこと全ての乗員は後ろ髪引かれる思いでそこを離れざるをえない結果となった。

戦果も搭乗員の安否も不明な状況で、潜水艦乗員は落胆し、無念の思いにとらわれていた六月五日の昼、思わぬところから大ニュースが飛び込んできた。それは遠く離れた日本から発信されたものだった。

「五日、大本営発表、帝国海軍部隊は、特殊潜航艇をもって五月三一日未明、マダガスカル北端の要港ディエゴスワレスを奇襲し、英戦艦クイーン・エリザベス型一隻並びに軽巡アレスーサ型一隻を撃破せり」

この大ニュースでどの艦も歓喜に溢れた。彼らの壮絶な死は無駄ではなかったからだ。大本営は、同盟国、中立国からの通報や敵国放送などにより情報分析し公表したのである。

参考ながら、日本から潜水艦向けに一日一二回、定時に戦況や国内ニュースを潜航中であっても受信可能なVLF（超長波）で発信していたので、潜水艦内でも国内外の情勢はほぼ知り得ていたのである。

内容は少々異なるが、戦果は大きかった。

停泊中のイギリス戦艦「ラミリーズ」（満載排水量：三万一二〇〇トン、三八センチ連装砲四基）は、二〇時二五分、左舷前方に魚雷を受けて大破した。

そのわずか五分後、近くに停泊中であったタンカー「ブリテッシュ・ロイヤリティー」（六九九〇総トン）の船尾に魚雷が命中、機関室の六名が死亡、一時間後に沈没した。

「ラミリーズ」には戦死者はいなかったが、ダーバンで仮修理し本国に回航、修理のため一年間にわたり作戦行動はできなかった。

なお「ラミリーズ」は、ロイヤル・サブリン型であったが、日本側は一貫してクイーン・エリザベス型としていたのは、夜間偵察のほかに、敵艦船識別能力が米英海軍と比較して低かったからであろう。

攻撃隊員の謎

ところが、この戦果を挙げたのは「秋枝艇」と「岩瀬艇」のどちらなのか、それともそれぞれ別々に戦果を挙げたのか特定されていない。

電池駆動の小型潜水艇が、水面下より潜望鏡一つで波高い外洋から湾内に潜入するには、好条件と相当の技量が必要である。

まず発進時刻であるが、一時間の差は大きく、それは目視航行ができたかできなかったかという重大な問題を含んでいる。

さらに経過時刻であるが、「ラミリーズ」被雷が二〇時二五分なので、発進時刻から大略の所要時間は四・七ノットで三時間の「秋枝艇」が妥当である。それに対し「岩瀬艇」は一時間遅く発進しているので、二時間で目標に到着するためには七ノットの速力が必要であり、少々無理ではないかと思われている。

戦後明らかになったことであるが、三〇日の攻撃から三日後の六月二日、二人の日本軍兵士が島内で発見され、英軍捜索隊と銃撃戦のすえ、射殺されたという事件が起こっている。この二人は艇から脱出して上陸を果たした搭乗員ペアであるのは間違いないが、はたしてどちらの組だろうか。

また二週間後の六月一四日、ディエゴスワレス港口から北五海里にあるノシ・アンタリケリ島という小島で無人の「甲標的」が見つかっている。

これらから、次のようなことが推測できる。

「ある艇が、夜のため小島の浅瀬に座礁《ざしょう》した。その後、艇から離れて本島に渡った二人は、陸路ジャングルや荒地の中を会合地点に面した海岸線をめざして進んだ。日本兵の存在を知ったイギリス軍は捜索隊を派遣した。六月二日早朝、日本兵は発見されたが降伏を拒み、ついに銃撃戦となって戦死した」

この場合三通りが考えられる。

(A)一艇は侵入したが脱出できなかった。一艇は侵入できず座礁した。

(B)一艇は侵入のうえ脱出し、その後座礁した。一艇は消息不明となった。

(C)二艇が侵入したが脱出した一艇が座礁した。一艇は消息不明となった。

「秋枝艇」の港内侵入が確実としたら、「A」「B」「C」すべてが考えられるが、襲撃後イギリス側も熾烈な爆雷攻撃を加え防潜網を強化したので脱出は不可能だと断定したら、「B」「C」は除外となとなる。
る。すると「A」に該当し、座礁したのは「岩瀬艇」
それは、やや北寄りの位置から遅れて発進した「岩瀬艇」は、ディエゴスワレス港に向かって西進したが、夜の暗さと海流により港内に潜入できず、港口から五海里北のノシ・アンタリケリ島にそのまま乗り上げたとも考えられるからだ。この場合は、装塡魚雷の有無が判断材料となるが、それについては不明である。

しかし、現在では各種記録や戦史研究者などの調査から、銃撃戦での戦死者は秋枝・竹本ペアと断定されていることから脱出、座礁したのは「秋枝艇」だとされている。この場合は「B」「C」となり、「岩瀬艇」は港内または港外で消息不明のままとなる。

改めて、経緯を詳述すると次のようになる。

「攻撃後、港外へ脱出に成功した艇は、会合地点に向けて北に針路をとったが、夜の方向違い、潮による圧流《あつりゅう》、舵の故障、または電池切れなど、何らかの原因で小島の浅瀬に座礁した。

その後、地元漁師の手助けで本島に渡った二人は、陸路ジャングルや荒地の中を会合地点に面した海岸線をめざして徒歩で進んだ。

途中に出会った原住民は概して友好的であったが、ある者が英軍側に通報した。すぐに捜索隊が組織され、追跡が始まった。三日後の六月二日早朝、日本兵は捜索隊に追いつかれ、降伏勧告されたが、二人はこれを拒み、拳銃で抵抗、銃撃戦となった。イギリス兵一人を倒したが、二人とも戦死した」となる。

二人は、故郷の期待、大義、海軍魂、九軍神などが脳裏をよぎるなか、無念の最期を遂げたことであろう。

このように生存者がいたということは、ある意味で作戦は成功していたのだ。

なぜ生存していた日本軍兵士は、秋枝・竹本ペアと断定されたのか。その理由は、イギリス軍が回収した所持品の中にあったメモ書きによるものだという。

『特殊潜航艇戦史』(ペギー・ウォーナー、妹尾作太男共著)によれば、ウォーナー女史がイギリス軍秘密戦時日誌にメモの記述を発見したとある。そのメモ書きには「雷撃の成功とその時間が書いてあったこと」「脱出に成功したこと」「舵の故障により座礁したこと」に言及しており、さらにその封書は「イ20」の艦長宛になっていたなどが確証となっているという。

しかし、肝心の現物や押収品は公開されていないことと、複数の現地聞き取り調査で得た戦死者の容貌などからも、謎は残ったままである。

甲先遣支隊の攻撃は、敵側から見ると図らずもイギリス占領直後のディエゴスワレス奪還作戦のように見えた。次に日本軍が大挙して攻めて来る前兆ではないか、とイギリス軍は一時的にせよ恐怖に陥った。そして、島の南部に逃亡し、ささやかな抵抗をしているフランス植民地軍にとっては、日本軍が来てイギリス軍を駆逐するに違いないと考えると、痛快な思いであったろう。

しかし、この戦果はドイツとの共同作戦でもなければ、マダガスカル島占領を企てた作戦でもなかった。もちろんインド洋制圧などの軍事的な目的でもなく、単なる「一つ驚かしてやろう」式の単発的攻撃でしかなかったので、崇高で勇猛果敢な精神は伝わっても、戦略的意味はまったくなかったのである。

エリシア号（ELYSIA）

通商破壊戦開始

甲先遣支隊は、一刻千秋の思いで二艇の帰還を待ったが、六月二日、日没までに姿を現さなかったので、石崎司令官は断腸の思いで次の作戦命令を下達した。

「一次作戦は、六月五日から一二日まで指定海域において通商破壊作戦を実施する。作戦終了後の会合は六月一六日（予備日一八日）、マダガスカル島南端から南三〇〇海里の地点」というものである。

作戦海域とはマダガスカル島とアフリカ本土との間のモザンビーク海峡で、これを四等分して担当海域を決めた。緯度で言えば南緯一〇～二六度で区切った海域で、緯度差は一六度であるから、一分割は四度（二四〇海里＝四四四キロ）となる。

マダガスカル島は、日本列島の北海道から九州本土までの長さにほぼ等しいから、分かりやすく言えば、日本列島で囲まれた日本海を四等分した海域といえる。この四海域に、北から「イ20」「イ16」「イ18」「イ10」の四艦が配備についた。「イ30」のみはマダガスカル島の東方海上配備であった。

潜水艦への補給に専念してきた報国丸、愛国丸の割当は、潜水艦作戦海域南端の南緯二六度以南であったから、マダガスカル島南端より南側となる。

マダガスカル島北端の洋上にあった各潜水艦と報国丸、愛国丸は、それぞれの指定海域に展開すべく全速で向かった。報国丸でも「またひと暴れするか」という空気がみなぎってきた。

藍原艦長も策を練っていたが、今度は何隻戦果を挙げられるか楽しみであった。というのもモザンビーク海峡は大西洋から喜望峰を回ってスエズ、中東、インドへの通過航路で、戦果が期待できた。しかし、イギリス軍もディエゴスワレス攻撃を受け、日本軍の動きには相当警戒しているだろうと読んだ。

地中海はドイツ軍の脅威下にあり、今やモザンビーク海峡は中東およびエジプト在留イギリス軍の生命線となった。だが重要警戒区域であっても、ヨーロッパと大西洋で多忙であったイギリス海軍は、なかなか広大なインド洋までは本気で進出できなかった。したがって一九四二年（昭和一七年）六月は、日本軍にとってまたとない〝商船狩り〟のチャンスであった。

六月三日、報国丸はマダガスカル島の南端を回った。いよいよモザンビーク海峡の南入口だ。ここからアフリカ大陸、ポルトガル領ロレンソ・マルケス港方面に向けて航行すれば、北航する敵輸送船の航路と交差するから、必ず発見できる。

藍原艦長は、ほぼ真西に向けて航走し、アフリカ陸岸から一五〇海里（二七八キロ）まで接近したら反転して東南東と東向きに針路を変え、一八〇海里（三三三キロ）の距離を走ることにした。これを繰り返せば、長い周期のジグザグを描きながら敵の航路とクロスするように南下することになる。二隻は横陣《おうじん》隊形としたので、並行方向の水平線付近にお互い船体あるいはマストが見えるか見えないかの距離となった。

六月四日、正式命令が石崎司令官から来た。「六月五日、日本時間一二時〇〇分をもって作戦開始せよ。会合の予定変更一七日一五時〇〇分、南緯二八度三〇分、東経五一度〇〇分」と、場所が緯度経度で示されていたが、当初予定より三四〇海里（六三〇キロ）東に偏っていた。「わかった、はやく仕事をさせろ」と誰もが思いながら、「獲物は絶対見つかる」と乗員は目を皿のようにして水平線を眺めた。

商船発見

早くも、発動時間直後の六月五日午前七時（日本時間一四時）、左舷見張りが「左舷三〇度方向、マストあり」と報告してきた。「敵船発見、合戦用意、総員戦闘配置につけ」とともに艦内一斉にサイレンが鳴り響いた。「よーし、やるぞ、いただきだ」と砲員が持ち場の各砲台に駆け寄った。

針路二五〇度に向けて航走していたが、「三〇度取舵に向け、最大戦速」と続けざま号令が出されると、針路はマストの見える二二〇度方向に向き、船速もぐんぐん上がり、二〇ノットに達した。

「北の風、風力四か、飛ばせるかな」と、藍原艦長は聞こえるように独り言を言った。「水上偵察機は爆装のうえ、降ろし方用意、そのまま待機」「回航要員、整列」と、次々に発令された。

凝視していた見張員が「マスト二、煙突一見える」引き続き「船体右舷確認」と大声で報告した。「やはり北上中の船だ。やったな」と艦橋では狙いが的中したことに喜んだ。

その時、愛国丸はほぼ左舷正横の水平線下にあって、上部マストだけが見えていた。その愛国丸に向かって、「敵発見、直ちに合戦準備のうえ、報国丸に接近せよ」と緊急発光信号を送ったが、念のため信号弾も打ち上げた。

発見場所は、南アフリカ、ダーバン港から北東三五〇海里（六四八キロ）だが、この距離が遠いのか近いのか、軍艦で一七時間、飛行機で二時間の距離である。

やがて敵商船は、左回頭して南西方向に走り出した。ちょうど報国丸に背を向けた形で船尾が見えるが、距離はぐんぐん狭まってきた。

「あいつダーバンに逃げ込むつもりだな、逃がすものか」

「どうだ、武装していないか確認急げ」

「特にありません」

「敵は貨客船の模様」

「船名はどうだ」

三〇分以上が経過し、すでに二海里まで距離が詰まったところで、船尾の船名を読んだ見張員が「ELYSIA、エリシアと読めまーす」と大声で言った。

船名を聞いた士官が船名録を調べる。

「SS ELYSIA、貨客船、船籍 グラスゴー英国、長さ一三四メートル、幅一六メートル、総トン数 六七五七トン、船主 アンカー・ライン社」と矢継ぎ早に報告した。

艦長は「エリシア号か、イギリス船だ。臨検する」と言った。すでに報国丸のマストには旭日旗がひるがえっていた。これで正々堂々と攻撃ができるというものだ。

国際法規もさることながら、報国丸も敵船舶取扱上の指示は十分意識していた。まず相手船の国籍確認である。間違って中立国船舶を攻撃したら国際法違反になるうえ、さらに当該国を敵に回す結果にもなりかねないからだ。

また、日本海軍の通達である大海指でも、報国丸のような水上艦船である場合は、できる限り正規の手続きを踏み臨検すること、止むを得ず撃沈した場合はできる限り人命の救助に努めることが建前だった。開戦以来、報国丸はすでに二隻撃沈、一隻拿捕、一隻臨検を行なっているが、一人の敵も殺していない。

敵商船との船速差は大きかったので、いつの間にか駆け付けた愛国丸と、後ろから挟み込むような態勢で接近していった。報国丸は発光信号で「電波の発射を禁じる。直ちに停船せよ」の信号を送ったが、なんの返答もなかった。

身を隠す意図なのか救難発煙筒を一〇個ほど船尾から落とし、赤や黄色の煙がもくもくと煙幕のように上がったが効果はなかった。右に左にと変針しながら船体をくねらせていたが、かえって舵角抵抗によりスピードが落ちていった。

接近しながら動向を見守っていた艦橋の士官と艦長は、電信室との伝声管から「敵船、救難信号、電波発射しつつあり」と、こもった電信員の声を聞いた。

「なんだと、打ちやがったか、ちくしょう」と士官たちは悔しがった。

すぐに電信員がタイプした敵電を艦橋に持参した。

「SOS SOS QQQQQ ///attacked by Japanese raiders position 27S 37E……」

これを見た藍原艦長は烈火のごとく怒った。

「敵船、臨検拿捕は行なわない。直ちに撃沈する」

艦長は当たり散らすように即断した。

さらに「愛国丸に連絡、水偵を直ちに発進し、爆撃せよ」と命令した。横並びに航走していた愛国丸は、すぐに停止し後方に残った。

気象条件がよくなかったので、愛国丸の岡村艦長は心配して、発進の可否を掌飛行長に確認したが、搭乗員から「このくらい大丈夫ですよ。もっと悪い気象条件で飛んだこともあります」との返事を受け、安堵し、発進を認めた。

北の風が七～八メートルは吹いている。海上の様子は白波がややあったので、波高一・五メートルはあるはずだ。しかも六〇キロ爆弾四個を搭載しているから、かなりの重量である。

愛国丸は完全に停止して、新たに搭載されていた零式水上偵察機をデリックで吊り上げ、海面に降ろした。水偵は波に揺れて見守っていた乗員たちをハラハラさせたが、エンジン回転を上げ風上に向けると姿勢が安定し、やがて無事に離水、上空に飛び上がった。

そのころ報国丸は、停船警告砲弾を左舷前方の「エリシア号」進路上に向け発射した。するとすぐに停船し、マストになにやら信号旗が揚がった。しかし逃走中何回も救難信号を発射し、少なくとも三回の陸上無線局からの応答を報国丸は確認していた。

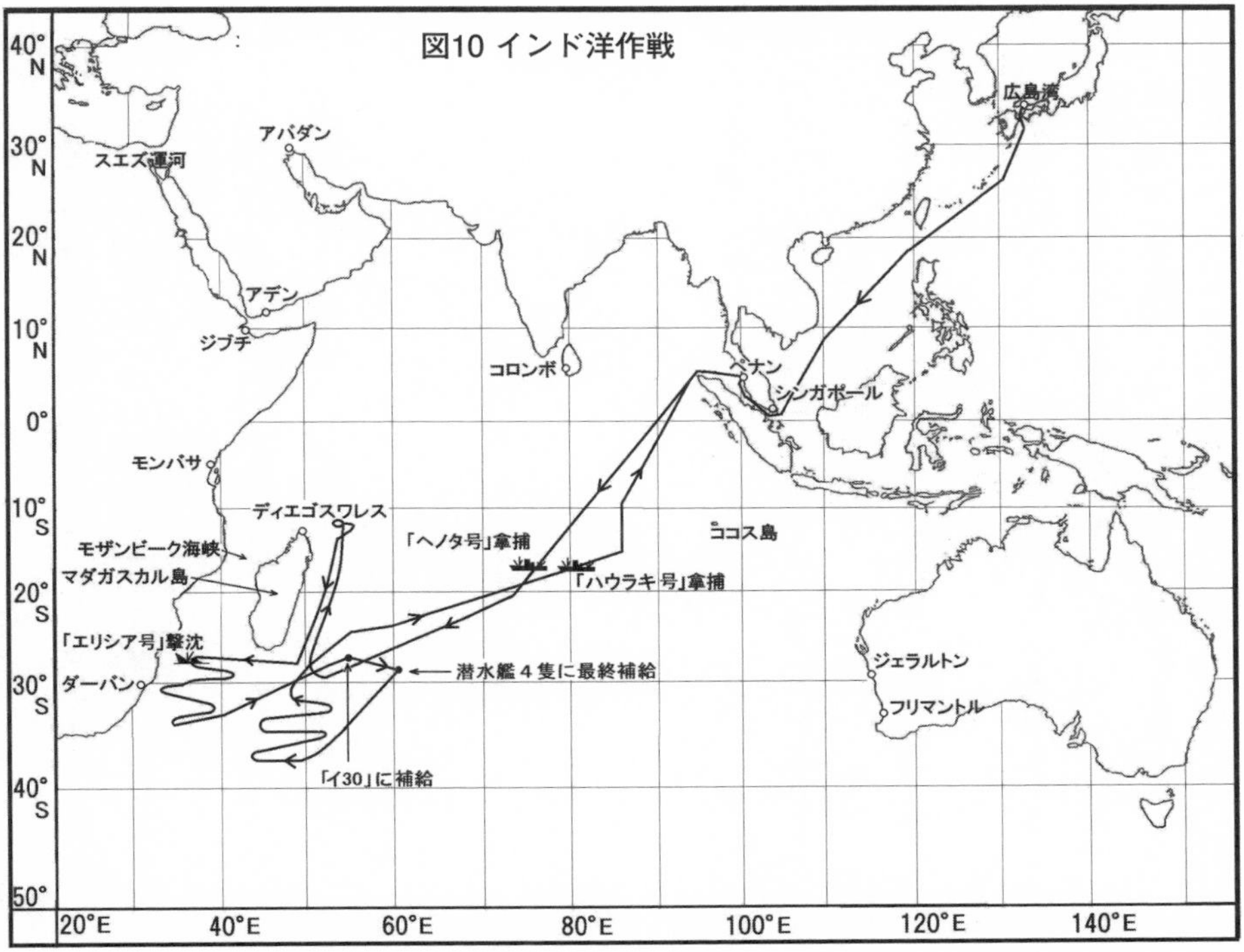

図10 インド洋作戦

「もうだめだ、飛行機ならダーバンから二時間で来る。かまわん早く撃沈して避退しなければ」と藍原艦長は焦った。

敵商船の右舷側を六ノット以下に落とし、約一海里（一八〇〇メートル）の距離をとって追い越すような位置関係で接近した。

双眼鏡で敵船の様子を見ていた艦長が「砲術長、直ちに砲撃せよ」と命じた。

「左舷砲、二、四、六番、目標、敵船船尾砲撃開始」と砲術長が砲台に指示した。

喜んだ砲員たちは、まるで演習をするかのように、目と鼻の先の敵商船に向けて発砲した。

「エリシア号」は、船尾に数発の命中弾を受けた途端、両舷からボートが降ろされ、次々に人が乗り移るのが見えた。両舷で救命艇は六隻である。ボートが離れるのを見守っていると、波をかぶり今にも沈没しそうになったボートもあったので、その狼狽ぶりは手にとるようにわかった。

「砲撃を再開する。砲戦開始」と発令された。さらに五発の命中弾を認めたが、まだ沈みそうになかった。しかし、すぐに水偵が飛来した。

「直ちに爆撃せよ」の合図を送ると、水偵は「エリシア号」の右舷側からほぼ直角に進入し、爆撃態勢に入った。「やるぞ、見とけ」艦橋では固唾を呑んで見守った。

水偵の六〇キロ爆弾が二個投下され「エリシア号」に吸い込まれていくように見えたが、ドーンと大きな音とともに二本の水柱しか上がらなかった。

「当たったか」「外れたようですね。ちくしょう」

水偵は少し上昇したあと右旋回し、「エリシア号」の前方に飛んで行った。二キロほど飛んだあとUターンして、今度は正面から爆撃コースに入ってきた。

「今度はやるぞ」とばかりに報国丸乗員は水偵に注目した。

水偵は残りの六〇キロ爆弾二個を同時投下した。すると船体中央やや後方、長くて黒い煙突のすぐ後ろ付近に落ちたと思った瞬間、轟音とともに黒煙と火柱が上がった。

「命中だ。命中したぞ」嬉しそうに報国丸乗員ははしゃいだが、「四発中一発だったな」と誰かが言った。爆弾を使い果たした水偵は、戦果確認のためか三度ほど上空を旋回したあと、愛国丸の方向に去っていった。

藍原艦長は「こりゃぁ時間かかるな。魚雷をぶち込む」「左舷魚雷戦、用意」として、報国丸は「エリシア号」右舷の射点につくよう進んでいった。調整深度三メートル、有効射程距離一〇〇〇メートルで二本、発射することにした。

左舷の魚雷発射管に配置された魚雷員が「魚雷発射用意……テェー」の号令で引き金を引くと、スポーンと空気の破裂音とともにスルスルーと海面に落ち、右舷にやや傾斜し停止しているイギリス商船に向かって突き進んでいった。

乗員一同、命中の瞬間を見つめていると「ドーン、ドーン」と船体の中央少し後ろに大きな水柱が連続して上がった。それから沈没までは五分もあったろうか。

右舷に傾斜を強めながら船尾が水面下に消え始めたかと思うと、船首がグーンと持ち上がった。そして動きが一瞬、止まったかのように見えたが、早いとも遅いとも思われない速度で、船体重量で圧縮された空気が吹き上がってできた白く泡立つ渦中に包まれるようにして消えていった。南緯二七度二九分、東経三七度〇一分の位置であった。

所々に救命ボートが浮かんでいた。救命イカダに乗っている者もいる。ボートに乗りそこねた乗員だろうか、海面に数名浮かんでいた。艦橋から双眼鏡で脱出者を見つめてみたが、彼らは一様に不安そうであった。

「艦長、浮遊している人間がいます。救助し捕虜にしましょうか」

「できない、時間がない。敵は応答しているうえ軍艦か飛行機の攻撃があるかもしれない。我々にはまだ潜水艦への補給任務がある。一刻も早くこの場を立ち去ることだ」

「敵の救助船も向かっているはずだ。ボートもある。遭難者は全員助かるよ。心配は無用だ」

それから二隻は反転してアフリカ大陸を背にし、二〇ノットの高速でひたすら東に向け走った。

報国丸はいったんアフリカ大陸から四五〇海里（八三〇キロ）ほど遠ざかったが、ほとぼりが冷めたころの六月一〇日、再び獲物を求めて西航し、大陸に接近することにした。

陸地に寄せれば必ず敵商船は見つかると確信していたが、敵商船はなかなか発見できなかった。

そんななか、もうこれ以上陸地に接近すると敵に察知されかねないと限界点に達したころであった。無数の星が輝いていた満天の夜に大型双眼鏡にしがみついていた見張りが「西の方、ぼんやり明かり見える」と叫んだ。なにやらそこだけ水平線からぼんやりとした明かりが夜空に少し浮き上がったように見えていた。

航海長が「方位と距離からして、あれはダーバンの街です。間違いありません」と言った。

「そんなに見えるかな、遠いはずだ」

「はい四〇カイリ（七四キロ）は離れています。普通は見えないのですが、蜃気楼現象で水平線から浮き上がって見えています」

「そうか、俺たちは、とうとうアフリカまで戦争をしにきたか」

「これ以上接近したら危険だと思いますが」

「そうだな、反転しよう」

今度は東に向けて針路をとった。

不思議だったのは、なぜダーバンの街が灯火管制していなかったかであった。

「待てよ、あれは偽装ではなかったのか、原野に煌々と灯火をつけ、あたかも都市の存在のごとく見せかけて、そこに攻撃を仕向けさせ、実際の都市ダーバンは助かるという魂胆ではなかったのか」と艦橋で話題になった。

なぜダーバンの話がこれほど話題になったかというと、ペナンで作戦打ち合わせ中に、甲先遣支隊のある司令部職員が「もしダーバンに敵有力艦が集結しておれば、報国、愛国の両艦は港を閉鎖すべく港口で自沈したらどうだろう」と軽口をたたいたからである。

藍原艦長は、ムッときて「もともと作戦の主旨は通商破壊ではないか。軍艦などは港に放っておいて、兵隊、トラック、戦車、武器弾薬、糧食を積んだ敵商船をドボンと沈めた方が手っ取り早いのではないか」と言い放ったことがあったからだ。

洋上会合

洋上補給

その後、報国丸、愛国丸は敵商船を発見することはできなかった。

イギリス軍は「エリシア号」からの緊急電を受けて現場に到着、乗員を救助したが、その位置に衝撃を受けた。ダーバンから三五〇マイル（六四八キロ）、いちばん近いアフリカ大陸から二〇〇マイル（三七〇キロ）に日本の水上艦が現れて、白昼堂々とイギリス商船を沈めたことは、ディエゴスワレスの被害と考え合わせると、もはやインド洋は日本海軍に埋め尽くされたような錯覚に陥ったからだ。

イギリス軍は武装した軍用商船をＡＭＣ（Armed Merchant Cruiser）と呼んだが、特に商船狩りの船を「レイダー（Raider：襲撃者）」と呼んで恐れた。

このような理由から、敵商船は警戒してこのあたりの洋上航海を見合わせていると推測された。

六月一四日、索敵を中止して、会合地点の南緯二八度三〇分、東経五一度〇〇分に向かうため針路を東北東の七五度とした。この地点は、敵の警戒を恐れて当初の予定より三〇〇海里沖側にしたものである。したがってマダガスカル島の南沖ではなく、南東沖となる。集合時刻は一五時（日本時間）であったが、早めの一二時には指定海域に到着した。一二時とは現地時間で六時三〇分であったので、早朝の夜明け前であった。

実をいうと報国丸は、ここ二、三日前から頻繁に敵信が行き交うのを傍受していた。意味不明の電波は、敵が日本側の行動を察知して、包囲しているのかもしれない、それには空母部隊もいるかもしれない、と不安が募っていた。そして会合前日の一六日、報国丸は旗艦「イ10」に敵情を報告した。

すると石崎司令官は、再び会合地点と日時を変更した。

「新会合点は六月一九日一四時〇〇分、南緯二八度三〇分、東経六〇度三〇分、なお『イ10』および愛国丸は先行す」との暗号電を発信した。

しかし、全艦が新情報を得たとは考えられず、報国丸は危険を承知で旧指定場所に急行したのである。そして目を皿にして水平線を見つめた。

ぽつんと船影が見えると、たとえ味方のはずであっても緊張するものだ。潜水艦から見れば、報国丸は大型船舶であるからすぐに識別できるのだが、反対に潜水艦の判別は船体のほとんどが水没しているので難しい。やがて次々と潜水艦らしき船が近づいてきたが、報国丸は砲を船影に向けたまま確認した。大型双眼鏡の見張員が「味方、伊号潜水艦、徐々に接近する」の報告でやっと安心できるのだ。

結局、「イ16」「イ18」「イ20」の三隻の潜水艦が集まったので、報国丸の判断は正しかった。

ディエゴスワレス攻撃に参加できなかった「イ18」の艦上には、搭載されていたはずの未使用の「甲標的」はもはや見られなかった。

潜水艦は、報国丸を見て頼もしく安心できる存在であっただろう。やがて始まる補給に期待を膨らませた乗員が上甲板に大勢集まっていたのは、艦長が交代で新鮮な空気を吸わせているのかもしれない。

しかし、報国丸は、期待と裏腹に酷な通知をしなければならなかった。「付近に敵空母あり、警戒を厳にせよ。敵情により補給地変更、新会合点一九日、位置……以上、司令官より」との発光信号を各潜水艦に送付した。

事情を知らなかった潜水艦は、新会合地点までさらに東に四八〇海里（八九〇キロ）、一〇ノットで丸二日かかる距離であるから、おそらく失望したであろうが、薄氷を踏む思いの作戦である以上致し方なかった。

六月一九日一二時、報国丸は新会合地点に遅れて到着した。潜水艦はすでに愛国丸に接舷し、補給を受けていた。この日はインド洋にしては珍しく快晴で無風、周期の長いうねりはあったものの、海面は至極平穏であったから補給日和といえた。愛国丸の水偵が哨戒飛行をしていた。

二隻の特設巡洋艦から、「イ10」「イ16」「イ18」「イ20」の四隻の潜水艦に燃料、清水、魚雷、砲弾などを補給したが、乗員が喜んだのは糧食であっただろう。米、小麦粉、油、大豆、味噌、醤油、牛肉、豚肉などが次々に積み込まれた。個人として喜ばれたのは、サイダー、ミルク、カルピスなどの清涼飲料やパイナップル、ミカン、モモなどの缶詰であった。その他本艦で製造した食パン、豆腐なども補給されたので、乗員は生気を取り戻したと思われる。

補給作業は、敵の妨害もなく順調に進み、日没前にはすべて終了した。

報国丸は補給中の潜水艦から襲撃の様子を聞き出したが、その戦果に驚愕した。わずか二週間程度の期間に、四隻の潜水艦で一三隻の敵商船を撃沈していたのである。一艦あたり平均三隻以上である。

「なんだ、これなら手間暇かけて港湾攻撃するより最初から商船攻撃をした方が、よっぽど戦果がいいではないか。やはり軍艦などほっといて通商破壊をやった方が、戦争は勝つかもしれない」と艦橋では話題になった。

しかし、下層の甲板では、またもや兵曹と博士が次のような会話をしていた。

「潜水艦は、やりますねー。商船を沈めていったらイギリスは戦争継続できないでしょう」と博士が言った。

「何を言うか、帝国海軍が敵の軍艦を沈めずして商船を沈めるとは何事か。だいたい魚雷がもったいない。しかも軍功にはならん。そもそも無抵抗の敵商船を沈めるのは卑怯だ」と兵曹が反論した。

「はあ、そうですか。でも敵商船を沈めた方が効率的で楽だと思いますが、すみません」と博士が恐縮して言った。

「楽とは何だ、おまえ、戦争をしにきているのだぞ。苦労して軍艦を沈めるのが軍人の仕事だ、わかったか」とたたみ込んだ。

イ30潜水艦の任務

報国丸が少々遅れて補給地に到着したのには理由があった。コースから離れた海域で「イ30」と会合し、補給をしたからである。

もともと「イ30」への補給は、六月五日一〇時、南緯三〇度〇〇分、東経五〇度〇〇分で行なうことになっていたが、「イ30」は沈没したかと思われるほど動静不明のうえ、通商破壊作戦を優先したので、この日の会合は自動的に流れた。

その後、連絡がつき、全潜水艦が会合する六月一七日に調整済みとなったのだが、敵情により一九日に変更になったのは前述の通りである。しかし「イ30」は次期作戦のため一刻も早く補給の必要に迫られ、その中間の一八日としたわけである。

「イ30」のペナンからの動静をまとめると次のようになる。

四月二二日、愛国丸とともにペナン発
四月二七日、セイロン島の南で愛国丸から補給、愛国丸は反転ペナンへ
五月七日、紅海入口のアデン港の飛行偵察
五月八日、対岸アフリカのジブチ港の飛行偵察
五月一九日、ザンジバル、ダルエスサラームの飛行偵察、時化となり強行着水、脚破損、機体回収するも片フロートのみ漂流、射撃にて水没処分
五月二一日、モンバサ港の潜望鏡による偵察
五月三〇日、ディエゴスワレス襲撃に合わせ、マダガスカル島の東海上で待機
六月一日、マダガスカル島の東海上、敵商船を捜索しながら南下開始
六月一八日、マダガスカル島南端から東南東四八〇海里で報国丸と会合

「イ30」には、帝国海軍前代未聞の大任が課せられていた。艦長の遠藤忍中佐は、竣工したばかりの「イ30」に赴任を命じられたが、二月末の着任早々軍令部との打ち合わせで多忙をきわめた。

「イ30」に課せられた任務の裏には海軍の大胆な構想があった。戦争が始まると、日本は物資、技術、情報の必要性に迫られたのである。具体的には電波兵器（レーダー）、エニグマ暗号機、魚雷誘導装置など最新兵器の入手である。同様に同盟国のドイツは、生ゴム、タングステン、スズ、雲母《うんも》などの天然資源を必要とし、日本の航空魚雷や潜水艦用の酸素魚雷、航空母艦の設計図や空母運用のノウハウも欲しがっていた。そうした日独の事情から、一九四二年（昭和一七年）、敵の長大で緻密な警戒線をかいくぐって往来できないか模索していたのである。

結局、潜水艦なら可能であるとの結論に至り、第一陣のドイツ派遣艦に「イ30」が指定されたのだ。

正式命令は四月六日に出されたが、軍機であり内容を知っている者は極少数であった。

軍機　大海指第七七号

昭和一七年四月六日　軍令部総長　永野修身
山本連合艦隊司令長官に指示
「伊号第三〇潜水艦を四月中旬内地発、九月末迄に内地帰還の予定を以て欧州に派遣し、作戦行動に従事せしむべし」

四月一一日、先遣支隊の先陣として日本を離れたが、その時「イ30」の内部には足の踏み場もないくらい梱包した積荷でいっぱいだった。乗員は、アフリカ東岸作戦とだけ聞いていたが、密封された荷物や大西洋やヨーロッパの海図が積み込まれるのを見ると、なんとも不可解な作戦に出るものだと思った。

日独の期待を一身に背負った、帝国海軍始まって以来の国家プロジェクトである「大遠征」は、大自然の猛威を乗り越え、敵哨戒密度の濃い大西洋を航海する危険極まりないものとなるであろう。

六月一八日早朝、報国丸は予定の時間に到着したが、すでに「イ30」が漂泊して待機していた。

この時はまだ波が残っており、接舷は両艦の外板損傷になりかねないとして、船尾から給油用と給水用のホース二本を垂らして延流《えんりゅう》した。「イ30」は先端を取り上げ、それぞれの給入口に差し込み、給油・給水が始まった。食料その他は防水を施した密閉容器に詰め込み、ロープを使って渡していった。なかには海面投置後に回収という方法をとらざるを得ないものまであった。

補給には三時間を要したが、最後の荷役用ロープが引き上げられると「補給を感謝す。只今より欧州作戦に従事。貴艦の安航と武運を祈る」と手旗信号がきた。

藍原艦長は「やはりドイツに行くか、頑張って来いよー」と心の中で励ました。

ほかの四隻が帰国するのとくらべたら、「イ30」はさらに隠密行動を続け、幾多の危険水域を突破し、単独でヨーロッパに向けての大航海が続くのである。

「右舷整列、帽振れ」の号令で、乗員は一斉に「イ30」に向かって手につかんだ帽子を振り、艦橋では大きな日の丸を左右に振って安航と健闘を祈った。

報国丸の艦橋では藍原艦長と士官たちが「イ30」の隠密行動について話題にした。

「船乗りであれば、潜水艦による遣独《けんどく》任務だけでもどれほど危険で過酷なものかは瞬時に理解できるはずだ。なぜ日本海軍は任務を一本化しないのだろう」

「ドイツに行く時はインド洋を通過する。そのまま行くのはもったいない、甲先遣支隊に入れて偵察でもしてもらおうというわけですかね」

「それともドイツ行きをカムフラージュするためでしょうか」と話は尽きなかった。

ココス島

補給を終えた各潜水艦は、次の通商破壊作戦のため、商船を求めて再びモザンビーク海峡に向かった。補給地からモザンビーク海峡の各配置点に到着するまで、遠近で五～一〇日は必要であるから、一斉開始日は六月二八日と決まった。

作戦期間は七月一二日までの二週間で、商船狩りに全力を尽くし、魚雷は全部使い果たしてよいとの司令官の許可が出た。

報国丸、愛国丸は、補給地点から南進し、マダガスカル島のはるか南の南緯三七度〇〇分まで下がり、ゆっくりした速度で丸一日交互に東向と西向を繰り返しながら北上し、敵を求めていった。これはモザンビーク海峡を避けてマダガスカル島東側を通過しようとする商船を狙ったのである。

知る由もなかったが、アフリカ戦線ではドイツの勝利が続き、六月二一日にはトブルクのイギリス軍要塞が陥落して、ドイツ軍がまさにエジプトへと侵攻を開始した時期であった。

これを機に六月二六日、大本営海軍部は大規模なインド洋作戦を決定した。それであれば、今まさに作戦中の甲先遣支隊に通商破壊戦を続行させてもおかしくなかったが、もはや海軍は限界を感じていたのか、ジェスチャーだったのか発令されなかった。

ところで、大本営海軍部から甲先遣支隊経由で「第二隊にてココス島の電波塔を破壊できないか」との入電があった。第二隊とは補給部隊の報国丸と愛国丸のことで、戦闘部隊の潜水艦を第一隊と呼んでいた。

「できません」と答えられないのが日本の軍隊である。七月七日、二隻は連れ立って、ココス島に向けるべく針路を七〇度とし、速力一二ノットで、この海域から離れていった。

ココス島は、インド洋東部のスマトラ島とジャワ島の間の海峡から南西六〇〇海里（一一〇〇キロ）の南緯一二度〇五分、東経九六度五〇分にある小島とサンゴ礁からなる島々である。（235頁、図10参照）

ここでまた、第一次世界大戦時のドイツ軽巡「エムデン」の話になるが、ペナン島攻撃直後に、このココス島に現れ、陸戦隊を編成して上陸、無線設備の破壊に向かったものの、オーストラリアの巡洋艦が駆け付け砲撃戦となり、ついにこの地で戦没した。この話は日本の船乗りや海軍関係者にはよく知られていた。

さらに、この年（昭和一七年）の三月三日、潜水艦「イ4」によりココス島の電波塔を砲撃したが、戦果を挙げることなく、依然として通信中継基地として機能していた。

いずれにしても報国丸は「破壊します」と返事したことから、エムデンの二の舞を踏むことなく実行するしかないと、藍原艦長は肚《はら》をくったのである。

艦長と士官全員が集まって攻略を考えたが、まず地形も電波塔の位置も不明であった。それにオーストラリア軍部隊も駐留しているであろう。やみくもに攻めるのは危険だ。

電波塔破壊には、三つの方法があった。

1、陸戦隊を編成して上陸、タワーと無線基地に爆薬を仕掛けて破壊する

2、艦砲射撃で吹き飛ばす

3、水偵を使って爆撃する

どれも一長一短があるが、最終的に「水偵で偵察、正確な電波塔の位置を確認、その後、接近を五海里限度として砲撃により破壊する」という計画で、決行日は七月一六日午前と決まった。

通商破壊作戦が終了した七月一二日、潜水艦の戦果が入電した。合計一〇隻であったから前半と合計すると二三隻（一一万五〇〇〇トン）になるので、その破壊

力は驚嘆すべきものであった。

しかし、甲先遣支隊は作戦遂行の限界にきていた。アフリカ沖に来てから前半は甲標的の港湾襲撃、後半は通商破壊戦と体力消耗が進み、精神的にも疲弊していた。本当は、これから先が実戦で磨いた腕の見せ所であったから、もう一度補給して作戦を続行すれば魚雷一本あたりの戦果は倍増するかもしれなかった。しかし、報国丸の補給用魚雷も少なくなっていたうえ、今は別作戦に移っているから、それは不可能であった。

したがって、潜水艦の作戦は終了し、予定通り帰途に就くことになった。しかし各潜水艦は次のような支隊命令を受けた。

「敵商船を発見したならば攻撃せず第二隊に通報のこと、途上の島礁軍事施設に砲撃を行なって引き揚げること」である。早い話が「帰りがけの駄賃になにかせよ」ということであろうが、潜水艦が敵陸地に接近することは危険極まりないことであるから、真に受けなかったであろう。

さて魚雷の話に戻るが、報国丸の補給魚雷は五〇本で、愛国丸と合わせて一〇〇本である。潜水艦の搭載魚雷は「イ10」が一八本、ほかの三隻がそれぞれ二〇本であるから、全艦に満載補充すれば一度の補給で七八本必要になる。

戦争が長引き作戦海域も広くなれば、行動の長期化や潜水艦の派遣増加もあり得るだろうから、腰を据えて通商破壊戦をやるのであれば、当然ながら補給魚雷数も増やす必要になるかもしれない。

ハウラキ号（HAURAKI）

戦利品

戦時下の軍艦も商船も、夜間の洋上航海中にわざわざ自分の存在を示す航海灯を点灯することはない。

一路ココス島に接近するにつれ、いやが上にも緊張が高まってきた七月一二日の夜のことであった。大型双眼鏡により艦橋右舷ウイングで当直見張り中の水兵が「右四〇度、光った」と叫んだ。

見張員の役目は昼夜を問わず、目に入ったものすべての方位、距離、針路、速度をはじめなんでも報告しなければならなかった。その発見報告こそ戦果につながっていくのだ。しかし間違いも多い。竹の筒が潜望鏡に見えたり、パンパンに張った動物の死体が機雷に見えたり、星が飛行機に見えたりするのだ。

間違った報告に振り回された苦い経験は、この報国丸でも何度もあったが、これを叱り飛ばしたり、無視したりすれば、報告数が減り、やがては命取りになることもある。だから報告は看過できなかった。

艦橋の当直者全員が右舷のウイングに集まって、報告された方向を大小の双眼鏡で凝視した。

「どんな光だったか」

「うっすらとしたものですが」

「大きいのか」

「いいえ、とても小さかったようです」

「見えんなー、誰か見えたか」

「夜光虫と違うか」と雑談のようになって、数人があきらめて自分の配置に戻りかけた時、「見えた」と誰かが叫んだ。

その方向に全員が双眼鏡を向けたが、光はもう見えなかった。

騒動の報告を受けて藍原艦長が艦橋に上がってきた。

「どうした」

「何かが確かに見えたそうです」

「照らしてみるか」

「駄目です。こちらが見つかります」

「その時はその時だ。合戦準備のうえ照射せよ」と指示した。直ちに艦内放送で「右舷戦闘配置につけ」を命令すると、各砲台と魚雷発射管では兵員が配置についた。

そして右舷前方に向けて探照灯を照射した。

「左右に振れ」と令されて、光芒《ビーム》が右にゆっくりと振れた途端、大きな物体が暗黒の中に浮かび上がった。急ぎ左右に振って全体を隈なく照射した。

「見つけた、いたぞー」「これは大きい」と各所でどよめきがあった。

船首から右舷二五度、距離二〇〇〇メートルほどのところを、針路の交角四五度で左舷を見せて、堂々とした真っ黒い巨体が迫っていた。

「意外と近い。このままだと衝突する」艦橋の誰もが直感した。

「艦長、面舵とります。面舵いっぱい」と航海長が反射的に大声で発令した。

船首が右に振れ出し、相手船の船尾がかわったところで衝突の危険はなくなり、報国丸は直進に移った。そして両船は左舷対左舷で通過する対勢となったので、武装の有無を船体の隅々まで照らして確認したが、備砲その他は見られなかった。

船名部分を照射すると「HAURAKI」とあった。分厚い船名録をめくって船名欄にたどり着いた士官が「船名ハウラキ、登録番号一四六五三三番、符号GJFR、船籍ロンドン、長さ一三七メートル、幅一七・七メートル、速力一二・五ノット、総トン数七一一三トン、建造一九二二年、船主ユニオンスチーム、ニュージーランド」と読み上げた。

「よーし、敵船だ。拿捕する」藍原艦長が叫んだ。

二三時、電信室では、敵船が発する緊急無線を傍受した。暗号文と平文の入り混じった電報の様子から、相当慌てていることがわかった。

「SOS SOS///……intercepted by Japanese AMC」

電信員は伝声管を使って大声で「敵船、無線を打ってる」「パース無線局が応答している」と艦橋に伝えた。

艦長は渋い顔で「左回頭して船尾を回り、早く相手の右舷に出ろ」と命じた。

船尾を回って相手の右舷後方に回り込んで速度を上げ、敵商船と並走となった報国丸は「貴船は直ちに停船せよ。電波の発信を止めよ」長短の発光点滅信号を矢継ぎ早に送信したが、船速はいつまでも落ちなかった。

「まだ停船しません」

「よーし、停船砲撃開始」艦長は砲術長に命じた。

「臨検班は移乗用意。準備出来次第報告せよ」と矢継ぎ早に命令が下された。

二三時二〇分、一番砲台から敵針路前方の海面に向けて二発が発射され、闇の中に大きな水柱が上がった。やっと停船したが「17.5 S　80.4 E　ordered to stop…… about to be captured///」と無線だけは打ち続けていた。

「展張空中線と発信マストめがけて砲を撃ちましょうか」と砲術長が進言した。

「撃つな、もっと着弾点を寄せろ」と艦長が言った。

砲術長は「左舷二番砲台、船首近くを撃て」と命じた。さらに二発の砲弾が船首近くに落ちた。危険だと察したのか、さすがに無線の発信は停止した。

連絡を受けて駆け付けた愛国丸に「われ敵商船の臨検を行なう予定、不測のこと有るやもしれず合戦準備のうえ待機せよ」と発光信号を送った。

この時の位置は、南緯一七度三六分、東経八〇度二七分で、ココス島の西南西一〇〇〇海里であった。

ここにきて藍原艦長は、拿捕とココス島攻撃の両立は不可能ではないかと迷った。「ハウラキ号」は、すでに何回も電波を発射しているので、速力の遅い拿捕船を回航班だけに任せるのも危険だ。撃沈してココス島攻撃に向かうか、ココス島を中止して拿捕するかの二者択一を迫られた。

しかし、艦長は両方を取ることに賭けた。ココス島までまだ三昼夜半かかる距離である。

その間、拿捕船に愛国丸を随伴させて北上、報国丸単艦でココス島攻撃を遂行すると決めたのだ。

臨検

報国丸船上では、第八回航班が最後の準備を整えていた。

もともと臨検用としては一二挺漕ぎのカッターが搭載してあるが、ここは二〇世紀の戦場である。すでに世界はモータリゼーションの戦いとなっている。この波高き夜間のインド洋で手漕ぎのカッターとは、世界水準の上をいく帝国海軍の近代装備との落差はひどすぎる。やはりここは、今回も動力付きの内火艇で移乗することになった。

藍原艦長は、今度の船はしぶとく電波を発信していたことから、ひと筋縄ではいきそうもない気配を感じた。艦長は、第七回航班にも乗船準備するように命じた。

第七回航班長の浅見喜重郎予備大尉と第八回航班長の後藤弘明予備中尉の二人が艦長の前に来て、「行ってまいります。無事に日本まで届けます。いろいろありがとうございました」と別れの挨拶をした。

「今度の船は少々ややこしそうだ。場合によっては厳しくやっていいからな。無事を祈る」と艦長は返した。

今回は、夜間であるのと電波を発信した経緯から迅速を要すると考え、臨検隊と回航班を同時に派遣することにした。臨検隊は、分隊長の椎原安武予備大尉と機関長の林久一予備機関大尉であるが、回航班の士官も手伝うことで、素早く行なうこととした。

繰り返しになるが〝予備〟の付く士官は民間商船の士官で、臨時に海軍士官として勤務しているのであって、本職の海軍士官と区別するためである。したがって、回航班と臨検班は商船士官が受け持っているといえるのだが、商船の勝手知ったる者としては適材であろう。

臨検班二名と回航班二五名は、武装を整えて書類を携え、積込み荷物と食料とともに内火艇に乗り込んだ。何度も臨検時の注意事項と確認事項を頭の中で反芻したが、相手の出方が心配である。友好的であるか、敵対的であるのか、武装した軍人が乗船して戦闘にならないか等々、移乗する者にとっては命がかかっている。頼みの綱は近くで警戒中の報国丸と愛国丸の睨みだけである。

二三時三六分、臨検隊と回航班の内火艇が「ハウラキ号」に横付けしたが、「boat alongside now///…」と再度電波を出したのを報国丸の電信室で傍受した。

二三時四〇分、夜間の海の中、両艦の探照灯に助けられ、二七名全員が敵商船に無事移乗したのが報国丸からも確認でき、あとは結果を待つだけになった。

「ハウラキ号」に日本人が乗り込んでくると、しばらくにらみ合いのようになったが、椎原大尉が自己紹介して簡単な挨拶をすると、船長も困った表情ながら「I'm Creese William」と名乗った。これで双方とも力が抜け、一気に緊張がほぐれた。

「本船は報国丸艦長の命により拿捕されました。今後日本に回航し『捕獲審検所《ほかくしんけんじょ》（Prize Court）』の審査で処分が決まります。よろしいでしょうか」と丁寧に説明した。

「God Knows（神のみぞ知る）……」。船長は仕方ないという表情を浮かべて同意すると、乗員も冷静となった。

それから隊員は、直ちに船橋、機関室、無線室を封鎖した。

回航班と臨検班の予備士官たちは手分けして書類をチェックし、船長、航海士、機関長、機関士、通信士と職種ごとに分けて尋問し、聴取書を作成した。

しかし、今度の船は貨物満載であったから通常の「臨検調書」「拿捕に関する調書」のほかに「拿捕船舶の需品、器具及び載貨の目録」に関する書類も作成しなければならなかった。

臨検隊の椎原大尉、林大尉、回航班の浅見大尉、後藤中尉の四名の士官は、隊員に必要指示を出すとともに書類の作成に多忙を極めた。

また船倉を捜索した兵隊が、とてつもない量の貨物を積んでいると報告してきた。椎原大尉が、積荷目録に目を通すと次のような品目が記載されていた。

食糧品（バター、チーズ、肉類、野菜、果物、小麦粉）
アルコール飲料（ウィスキー、ジン、ラム酒、ブランデー、シャンパン、ビール）
嗜好品（タバコ）
衣料品（洋服地、羊毛、軍服、シャツ類）
軍需品（武器、弾薬、飛行機と戦車の各種パーツ）
原材料（鋼板、合金類）
機械類（工作機械、ブルドーザー、トラック）

この機械類の中に、目録には「SWG for Ceylon」というものがあった。兵隊の報告では「何やら厳重に木枠で梱包されています」という。

浅見大尉は、船長に乗組員リストの提出を求め、全員を一か所に集めるよう要請した。

乗組員リストと乗員を照合していくと、船長はウィリアム・クリースというオーストラリア人で、あとはオーストラリアをはじめニュージーランド、イギリス、カナダと国籍は多様で、乗員五五名と船客八名はすべて白人であった。

ウェリントンとシドニーで中東向けの物資を積み込み、給油地のフリマントルを七月四日に出帆、経由地のコロンボに向かっていたという。

次に使用武器の押収を始めた。本船乗員の立会人として、船長は二等航海士のアランという男を指名して日本側に同行させた。武器の捜索中、用心のため手榴弾と拳銃で武装した日本人回航員三名が常時後方について警戒した。

少量のピストル以外に武器らしきものは出てこなかったが、アランが本船用にライフル銃五丁が甲板倉庫にあるという。アランは指示に従って倉庫からライフル銃を運び出すと、束にして両手でかかえて重そうにデッキを歩きだした。ところが、もうすぐ所定の場所に着くというときフラフラとよろけて、海中に落としてしまった。

それを見た回航員が「この野郎、わざと海に捨てたな」と襟首をつかみ上げたが、アランは「つまずいただけだ……」と弁明した。

トラブルは無用であると判断した班長は「兵曹、そのくらいにしとけ」と言うと、「こいつはクセ者です。要注意人物だ」と言って不承不承ながら手を降ろした。

船内の捜索と書類審査、船長および機関長への尋問がひと通り終わったのは、二時間半後で、日付は一三日になっていた。

椎原大尉は直ちに「無事に臨検終了。これより二名下船し、回航班二五名がペナンに向けて航海に移る」と発光信号を送った。

椎原予備大尉と林予備機関大尉が報国丸に帰還し、内火艇を回収すると、藍原艦長は愛国丸に「ハウラキ号」同行を命じ、単艦でココス島に向かった。

難航海

「ハウラキ号」では、クリース船長が、甲板に集合している乗員全員を前に「われわれは、これよりこの日本人回航班長の命により、最終的に日本の捕獲審査委員会のある港へと向かう。今までと同様、職務は続行するように」と説明した。

ペナンまでの回航中、愛国丸は常に「ハウラキ号」の視界にあり、時折、発光信号や手旗信号で交信した。

次の日は天候がよく航海日和であったが、「ハウラキ号」の機関が急に停止した。機関室で機関士たちが修理をするため三時間ほど漂泊することになったが、味方の潜水艦に雷撃されたら目も当てられない悲劇となる。

その翌日も機関が止まった。副班長の坂本機関中尉が「どうして何回も止まるのだ」と、「ハウラキ号」の機関長に詰め寄ったが、「やれ二軸だから、わが社で初めてのディーゼル・エンジンだから」と英語の専門用語を述べ立てるばかりで、埒《らち》があかなかった。

一方、ココス島に針路を向けた報国丸は、コロンボ、フリマントル、ダーバンからの暗号電、平文電など敵信の多さに異常さを感じていた。軍属通信士の解析によれば、イギリス海軍とオーストラリア軍は協力して「ハウラキ号を名誉にかけても絶対に奪還する」と息巻いている様子だという。

そんななか、第八潜水戦隊から「位置、敵に暴露せり。すみやかに味方飛行圏内に避退、または最寄りの日本占領地の港に入れ。拿捕船のペナン回航は危険と認む」の緊急電が入った。

これにより藍原艦長は、ココス島接近は危険と判断し、直ちに作戦中止を決定した。そして回航中の愛国丸と合流すべく、針路をほぼ真北に向けた。

七月一六日、愛国丸との合流を果たしたが、その時「ハウラキ号」は漂泊していた。「漂泊とはどうしてか。今は緊急を要する事態なり、急ぎペナンに向かうを要する」と報国丸は叱咤するように手旗信号を送った。

「ハウラキ号は機関故障中なり。直り次第航走す」

と愛国丸は返信した。

「ハウラキ号」はあらゆる手を使ってエンジンの調子悪さを装って機関を止め、時間を稼いでいるのではないか。

報国丸では「ハウラキ号を放棄して全速でペナンに帰還した方がよいのでは」という意見も出たが、藍原艦長は「駄目だ。ここまで来たからには持って帰る」と譲らなかった。

報国丸からせっつかれた回航班長の浅見大尉が、クリース船長に「機関停止がこれ以上続けば、報国丸は本船を見捨てて撃沈する。これ以上の漂泊は許さん」と迫った。

クリース船長は「機関の調子はいつも良好である。私もどうしてこのように停止するのか理解できない」と答え、電話で機関長に船長室に来るよう伝えた。機関長は、船長室にいる回航班長の姿を見て一瞬驚いた様子であったが、すぐに平静さを取り戻した。

船長は「本船の機関がこんなに調子が悪いことがあったかな。どうして止まるのか説明してくれ。これ以上停止すれば砲撃を食らうことになる」と厳しく尋ねた。

機関長は少々考えながら「キャプテン、もう大丈夫です。調子が悪い箇所は今日の修理で完了します。もう機関が止まることはありません」と答えた。「よしわかった。あとはペナンまでノンストップで行こう」と、船長は機関長をかばうように言った。

この後、三隻は針路三〇度、一二ノットの速力で、スマトラ島北端へ向けて航走した。

その後、機関が止まることはなかったが、別の厄介事が発生した。デッキで巡回中の回航員が変なことを報告してきたのだ。

「船体下方の丸形の舷窓《スカットル》からなにか出てきたんです。なんだろうと見ていたら、確かにビンでした。そのビンはポーンと放り出され、見えなくなりました。また出てくるかなと思って見ていたら、同じようにビンが出てきて海に落ちました」

回航班長は、機関室の一段上の甲板にある舷窓ではないかと調べてみたが、それらしいものは見つからなかった。回航班員は機関室には立ち入らなかったが、ある夜、班長は班員三名を連れて見回りに行くことにした。

事前に押さえる場所を決めていたので、機関室に入るや散開して要所を押さえた。当直の機関士は「何事ですか」と言わんばかりの態度であったが、空ビンやメモ書きを班長らに押収され、すぐに観念した。

メモには英文で次のように書かれていた。

「ハウラキ救助要す。ペナンに向かっている」「北北東へ」「五日経過」「武装商船に拿捕さる」「無事なり」等々であった。

「やはり流していたか」回航班長は当直機関士に「もう無駄なことは止めよ。味方は来ない。それにもうすぐペナンに着く。終わりだ」と告げ、不問に付した。

機関室には舷窓がないため、どこから海に投棄したのか現場に案内させた。すると機関室の上に隠し部屋のような工具室があって、そこからドリルで外板に孔を開け、ビンを投棄できるようにしていたのだ。

結局、この件は報国丸に報告した。偶然にもビンが拾われて、何らかの敵行動があるかもしれないからだ。

さらに別の事件が発生した。クセ者のアランが、船倉から何やら持ち出して海上投棄したというのだ。アランは白状しなかったが、ほかの乗員への尋問から、秘密文書の入った郵便袋を多数投棄したらしいことが判明した。

日本人に目を付けられた二等航海士のアランは、心証を良くしようと、シドニー寄港時に買い込んだ新聞の束を回航員に差し出した。

そこには驚くべき記事が写真入りで掲載されていた。それは、同じ第八潜水戦隊所属で、オーストラリア攻撃に向かった東方先遣支隊によるシドニー攻撃の様子であった。報国丸はじめ甲先遣支隊の誰も、自分たちのディエゴスワレスの戦果は不詳だったが、英字新聞の記事で別動隊の様子がほぼすべてわかったのである。

新聞記事を時系列で要約すると、次のような内容だった。

「五月三一日夜、シドニー湾に小型潜水艇三隻が侵入」

「被害はフェリー改造の宿泊船『クッタバル』沈没、二一名死亡」

「侵入艇の三隻とも爆雷攻撃により沈没」

「岸辺に乗り揚げた不発魚雷を発見」

「停泊中の軍艦は無事」

「六月四日、沈没の二艇を引き揚げ」

「艇内から四遺体を収容」

「六月九日、オーストラリア海軍葬を行なう」

「敵国軍人の海軍葬に対して、国民の批判あり」


最後に、回航班に意外な話がもたらされた。

「ハウラキ号」の乗員の中に仲間外れにされている者がいた。

「あいつのお蔭でこんなことになった」「あいつがいなければ拿捕されなかった」「あいつが規則を破った……」となにかにつけて口にしているのが日本人の耳に入った。

「彼が何をしたのだ?」と乗員に尋ねると、

「デッキでの灯りは禁止だったのに、あいつはデッキでタバコを吸ってたんだ」と白状した。

「そうかあれはタバコの火だったのか。それにしても見張りはよく見つけたものだ」と、回航員は感心した。

七月一八日、報国丸はスマトラ島に接近し日本制空圏内に入ると、拿捕船の随伴を愛国丸に任せて速力を上げて先行し、七月二〇日午前、ペナンに到着した。

「ハウラキ号」は二二日に同じくペナンに到着し、回航班はその任務を全うした。

第七章　陸軍緊急輸送

シンガポール

セレター軍港

シンガポールはイギリスの東洋覇権の要地であり、チャーチル英首相は東洋のジブラルタルと呼んだ。ジブラルタルを押さえれば地中海を制し、シンガポールを押さえればアジアを制すると考え、この地を要塞化して周囲に睨みを利かせていたのであった。

シンガポールはマレー半島の最南の突端にあるが、ジョホール水道によって隔たった島となっている。セレター軍港は、この水路に面したシンガポール島の北側にあり、静穏で船舶の修理には最適の場所である。

報国丸は、七月二六日ペナン基地を出港し、翌二七日にはこのセレター軍港に到着した。

いつしか「インド洋の〝シマウマ〟が帰ってきたぞー」と呼ばれるほど、その独特の迷彩は活躍と相まって日本海軍や現地人にも知れ渡っていた。

しかし、五隻もの商船が犠牲になった米英豪蘭にとっては、「Two Japanese Raiders」として恐れられた。

その存在が初めて敵国に明確になったのは、一九四二年（昭和一七年）四月一八日、日本近海で臨検を受けたソ連船「キム号」がアメリカ西海岸のシアトルに入港し、アメリカ側に二隻の情報を詳細に通報した時からであった。

この時、商船の素性が敵にわかったが、まだ塗装は大阪商船時のものだった。その後、報国丸は特殊な迷彩を施したことが、インド洋における「エルシア号」撃沈時の生存者によって知らされた。

おそらくシンガポールやペナンからも、両船の外観の情報は敵に流れていたであろう。

インド洋から帰還した迷彩柄の報国丸（野間恒氏提供）

もともと報国丸の迷彩柄は、呉海軍工廠の発案したデザインではなかった。第一次世界大戦中、アメリカは国を挙げて芸術家や画家が参加しての迷彩偽装が研究され、奇抜で有効な迷彩が多数採用された。それらを基に大量に建造された六〇〇〇トン級の戦標船《せんぴょうせん》に多種多様の迷彩が施されたのである。報国丸の迷彩は、その中から選定し模倣したものであった。

オリジナルの迷彩模様は、ほぼ真四角のコンクリートの構造物が船体中央にあり、見る角度によって船首方向または船尾方向に似たような四角形のコンクリートブロックが重なって見える仕掛けで、船ではなく陸の構造物と錯覚させるものだった。

どの船も迷彩は左舷と右舷では別の柄を描くが、どういうわけか報国丸は左右対称の同じ文様がなされていた。したがって左右舷どちら側から見ても同じ船だとすぐに判別できた。

迷彩塗装は、航空機やレーダーの発達により廃《すた》れていくが、いかに人間の目をごまかすかに知恵を絞った時期の名残といえよう。

いずれにしても「エリシア号」の情報により、報国丸は一九一八年当時のアメリカ船の迷彩を真似たデザインだと知れ渡ったに違いない。

そこで日本側も「固有の迷彩は逆に敵に艦名を判定されるものになる。ここらで報国丸の迷彩を変更した方がよい」との意見が多数出て、今回のシンガポールで迷彩変更を施行することに決定した。

甲先遣支隊の潜水艦部隊は、ペナンに寄港したあと修理と休養のため日本へ帰ったが、報国丸、愛国丸はシンガポールに留まり、引き続きインド洋で通商破壊作戦を実施することになっていた。

昭和一七年の六、七月は、ドイツから日本海軍へのインド洋進出強化の要請がひっきりなしにあった。インドではガンジーによる反英運動が盛んになっていたので、日本側もこの機会にセイロン島攻略を含め、インド洋進出を再検討していた。

このため、とりあえず報国丸、愛国丸の二隻で通商破壊と敵情撹乱《かくらん》のためインド洋で暴れ回ってもらおう、という企図であった。修理、整備、休養、訓練が終わり次第、できれば九月にはインド洋に向け出撃させたい、というのが海軍上層部の考えであった。

シンガポール滞在中、報国丸の幹部は「六月にミッドウェーで大敗を喫した」という噂を耳にした。しかも元空母乗員数名が島流しされてシンガポールの海軍施設に配属になっているという。

報国丸はインド洋での作戦中、日本国内では聴取禁止されているサンフランシスコ、メルボルン、ニューデリー、重慶からの日本語の短波放送を情報源として自由に聞いていたが、ほとんどが誇大宣伝とプロパガンダ放送であったことと、まさか日本海軍機動部隊が簡単に敗れるとは思っていなかったので、敗北もいつもの誇大デマ放送として気にも留めなかった。

ミッドウェー海戦は六月五日であったから、「エリシア号」を沈めた日とほぼ同じである。内地では報道管制が厳しかったが、外地シンガポールでは海戦の噂は出回っていた。

日本軍がシンガポールを攻略したのは五か月前の一九四二年（昭和一七年）二月一五日であったが、イギリス軍は降伏する前にドック施設を破壊していた。

幸い発電機やポンプ、クレーンの電線切断など、軽微なもので、破壊というより破損であった。日本人技術者と現地の工員でなんとか復旧できたが、問題はドックの扉の破壊であった。

セレター軍港には、二基の大型ドックがあった。

一つは〝キング・ジョージ六世ドック〟といって、長さ三〇五メートル、幅四〇メートルであり、開渠した一九三八年(昭和一三年)三月一四日当時、世界最開渠し大の乾ドック(Graving Dock)としてどんな軍艦でも入渠可能であった。

乾ドックとは、海に接した地面を掘削して底面と周囲に石材を張り詰め(現代はコンクリート)、海との境には浮き沈み式の扉を設置したものであり、普通はドックといえばこの方式を指すことが多い。

ドックの扉は、厚みのある構造で内部は多くの仕切り区画になっており、そこに注排水することにより沈下・浮揚が容易にでき、ドックの開閉を行なうものである。浮揚したら楽に移動できることから、船にたとえて〝扉船《とびらせん》〟ともいう。

ドックに船が入ると、浮揚した状態のこの扉船を入口に持って来るが、浮かんでいるのでドックの底はまだ隙間がある。ここで扉船内に注水すると重量が増加して沈下し、やがてはドック入口の敷居に当たり、蓋が閉まる。あとはドック内の水をポンプで排出していけば、扉船は外からの水圧でぴったりと押さえ込まれて、ドックは完全に閉鎖される。

開ける時は、扉船を沈めた内部の水を前もって空にしておけば、ドック満水とともに内外水圧差がなくなり、扉船は自力で浮揚する。あとはロープかタグボートを使って横にずらせば扉は開放され、船はドックから出られる。

このように簡単な仕組みであるが、繊細な造りのドック扉船の水面下が破壊されていたので、占領してもすぐにはドックが使用できなかった。

ところが、シンガポールを占領したばかりの一九四二年(昭和一七年)二月二一日、海軍工廠の現地出先機関である第一〇一海軍工作部宛に「セレター軍港において直ちに入渠ならしめるべく準備せよ」との緊急電が入った。

日本から赴任したばかりの造船官たちは、扉船修理には一か月かかると見ていたが、直ちに突貫工事に取りかかった。

マレー人、インド人、華僑などセレター軍港の技術者から職工、工員まで、実によく働いてくれ、不可能と思われていた二月二六日には仮修理ができて扉船の浮上テストが完了した。

扉船修理にあたった日本人造船官は「現地人はやるな」と思い、現地人は「日本人はすごい」と感心した。

翌二七日夕刻、重巡洋艦「鳥海《ちょうかい》」がセレター軍港の前面に投錨し、すぐに入渠を求めた。「鳥海」は二月二二日、仏印のサイゴン港外のサンジャック錨地で、給油にやってきた海軍徴用タンカー「さんらもん丸」(長さ一三七メートル)との不測の接触により、看過できないほど左舷外板を損傷していた。

しかし、入渠はできなかった。入渠のためには本艦から船底の詳細図面を預かり、船底形状に合わせて盤木を作製したうえ、渠底《きょてい》に配列していく必要があり、この作業に数日を要するからだ。次期作戦日が迫り、待てないと見た「鳥海」は、セレターでの入渠を取り止め、作戦終了後の日本帰国時に修理することに決めた。

幸い水面下の損傷は軽微であったため、水面上の外板修理を軍港岸壁で施工した。セレター軍港には日本人の技能者、職工がまだ揃っていなかったが、日本人造船官の指導下で、これまた現地人労働者による昼夜突貫工事で進められ、三月九日には完工した。

そして「鳥海」は、直ちにスマトラの次期作戦のため慌ただしく出港していった。

さて、セレター軍港にあるもう一つのドックは、岸壁と平行に沖合七〇メートルほどに設置してある浮ドックである。浮ドックとは、断面が凹型をした長大な構造物で、あらかじめ入渠船の喫水より深く沈めて置き、船が入ってから二重構造内の水を抜き取ることで浮揚し、船舶を水面から持ち上げる仕組みになっている。

この浮ドックは〝アドミラルティー浮ドック九号〟といって、長さ二六〇メートル、幅五二・五メートル、高さは一五・二メートルもあり、浮揚可能重量は実に五万トンであった。

一九二八年（昭和三年）イギリスのタインで建造されたが、その巨大さゆえに二分割し、七日違いで別々にタイン港を出発、複数の曳船を使って、はるばるスエズ運河経由で九〇日以上をかけてここシンガポールまで運んできたものであった。

これら二基の大型ドックの存在だけでも、大英帝国の威信と威容をアジアに対して示すものだった。

しかし、この浮ドックも、降伏前のイギリス軍が各所に穴を開け、着底沈座させてしまい、上部が少し水面から露出しただけになっていたのである。

報国丸がセレター軍港に入港した時は、「鳥海」騒動から、すでに五か月が経過していたので、工作部の日本人も充実しており、現地作業員の協力も順調にいき、ほとんどの設備は原状復旧していたが、沖合の浮きドックだけは、まだ着底したままであった。

一日も早く浮上させ、使用する予定であるが、まだ復旧の目処は立っていなかった。

報国丸の岸壁での工事は進んでいたが、肝心の入渠予定はなかなか示されなかった。

入渠とは乾ドックに入ることだが、入渠しなければ水に浸かった船体水線下の修理、清掃、塗装はできない。舵とスクリューの点検、整備、修理、外板の切り替え、海洋付着物の除去、そして防汚《ぼうお》塗装はドックに入る必要があった。

しかも、今回は水線上ではあるが、迷彩の変更が予定されていたのである。大がかりな船体塗装は入渠時に船体全体に足場をかけて模様を描き、それに沿って指定の塗料を塗っていくことになる。

入渠工事には二週間を要すると見積もられていたので、愛国丸と二隻で四週間が必要となるが、すでにこの頃は、インド洋、南シナ海、ジャワ海、そしてセレベスやニューギニア海域からも大小の海軍艦艇が修理のため押しかけ、入出渠を繰り返していたので大変混み合っていた。

焦った藍原、岡村両艦長は揃って担当士官たちとともに、第一〇一工作部長に挨拶がてら面会し、入渠の話を伝えた。

「連合艦隊からこのような作戦命令を受領しているので、なんとか入渠を優先してもらえないだろうか」と命令書のさわりを見せた。

「お気持ちはよくわかりますが、どの船も同じように緊急を要するものばかりですので」と言って、工作部長が入渠予定表を見せてくれた。

「びっしり予定が詰まっていますなー、報国丸はどれですか」と藍原艦長は見入りながら尋ねた。

「ここにTJHと書いてあるでしょう。これが特巡報国丸を表しています。下の長い線が入渠期間です。その右横にあるTJAが愛国丸です」と担当造船官が教えてくれた。この線表《せんぴょう》では、八月二〇日から九月一〇日まで二隻それぞれ一〇日間入渠するようになっていた。

これを見た藍原艦長は「期間も期限も目いっぱいですか。これでは作戦は遅れますなー」と一言付け加えた。

「浮きドックの浮上にも尽力しています。そちらが使えるようになればいいのですが。我々も要望に応じようと精いっぱいやっていますので……」と工作部長も苦しそうに答えた。

武装増強

セレター軍港での主な改装工事は、両艦とも次のようなものであった。

対空戦強化のために二五ミリ連装機銃がボートデッキ後部の両舷に追加設置。一三ミリ機銃の有効射程距離が高度二〇〇〇メートルまでに対し、二五ミリ機銃は三〇〇〇メートルであるから、量も質も向上することになる。

また補用機《ほようき》として、零式水偵一機が追加搭載された。これにより搭乗員が二倍になったわけではなく、あくまで予備機であって、通常はどちらかといえば各部の損傷が多い実動機への部品供給に用いられることが多い。

置き場所に少々苦慮したが、結局ハウス後部にある四番船倉上部にフロート架台を新設して、そこに陸上クレーンで機体と船体の中央が合致するように積み込まれた。

補用機の代替え運用は洋上では行なえない。なぜなら四番船倉のデリック・ブームの使用能力を考えると、吊り上げができても振り回しができないからである。

それでも一機分多くあることは頼もしかった。全損しても帰港すれば陸上クレーンで五番船倉上の定位置に振り替えてすぐに使用できるからだ。

補給魚雷五〇本に加え、さらに二〇本の魚雷が積載できるよう、収納庫が拡張されることになった。

これは行動をともにしていた潜水艦部隊からの要求であったが、その理由として、魚雷の消耗が思ったより多かったからだ。さらに洋上補給時に魚雷の舵板や推進器の破損、海中落下などによる損失も発生したが、作戦の長期化が見込まれるのが本当の理由であろう。

報国丸の積載能力がいくら大きいといっても、ほかの船倉も別の用途で満杯となっていたので、五番船倉の既存の魚雷庫に二〇本分を増載するしかなかったが、ここで大問題が発生した。魚雷二〇本の全重量は約四〇トンでまったく問題なかったが、船倉内に余積《よせき》がなかったのである。

魚雷は精密機械であり、危険物であるから取り扱いは大変難しかった。魚雷庫は通風完備で温度、湿度の管理から、装置、器具などの調整も必要なので、びっしり詰め込むわけにはいかないのだ。

関係乗員と工作部の造船官、それに海軍の監督官との間で、この問題が話し合われた。

艦側は「これ以上の増設は、スペースの関係上無理と判断する。したがって従来の五〇本のままでいきたい」と述べた。

第一〇一海軍工作部の担当造船官は「二〇本の増設は一本あたりのスペースを切り詰めれば理論的に可能であるが、それでは防禦と管理の対策が手薄になり、万一の時は大変危険である。工作部側としても責任は負えない。見直した方が無難だと思う」と発言した。

これで決まりだと思われたが、たまたま同席中の潜水戦隊参謀が突然目を開き、「万一とは何のことか」と詰問した。

みな静まり返ったが、追及を受けた造船官が「なにかあった時です。たとえば被弾した時とか……」と答えた。

参謀は「被弾だとー、そんなことがあるか。相手が撃つ前にこちらが撃ち、敵の弾が当たる前にこちらの弾が相手に当たればいいではないか。防禦とか管理とか面倒なことを言うな。かかる戯言《たわごと》を言う暇があるなら、どうしたらもっと積めるか知恵を出せ」と大声を出し、この瞬間まともな議論は封じ込まれた。

結局、既存の防禦壁を簡略にして魚雷搭載間隔を狭め、二〇本の追加搭載ができるよう収納庫が改造された。

偽装煙突

入渠日が間近になった八月中旬、ここにきて工作部長が直々に訪船してきた。

「艦長、誠にすみません。戦況の都合と思いますが、連合艦隊命令で、八月は別の艦船でドックを緊急使用します。よって入渠は九月になり、しかも期間は半分になります。愛国丸と合わせて一〇日で何とか仕上げますのでご協力お願いします」と懇願するように言った。

そして、担当造船官が続けた。

「最低限の船底工事だけになります。船体の迷彩変更はこの期間では無理ですから、現状の迷彩のままになります」と言った。

「そんな馬鹿な。変更することに決まっているではないか」と反論したが、工作部は「もっと上の命令のため、どうにもなりません」と答えるだけだった。

結局、呉工廠での迷彩のままになるが、これでは素性が敵に気づかれてしまう。

そこで本艦、工作部、監督官で集まって知恵を絞った結果、「煙突をもう一本付けたらどうだろう」と提案が出た。なるほどこれなら遠方から見る限り別の船と識別される可能性は大いにある。

しかし、大阪商船の和辻博士の設計した船は、煙突一本、マスト一本、窓一つ、船首から船尾まで、どれをとっても船体の美と直結した完成度の高い優美さが備わっていた。そこにたとえ一本でも煙突を増設すれば、たちまち美的均整は崩れ、優雅さを誇った外観は「一介の駄作」に転落するおそれがあった。

だが「今は非常時である。偽装煙突によって報国丸の素性が敵に判明しない方がよほど安全である」として、煙突の増設が優先された。

戦争が終われば、報国丸は海軍から元の形状に戻して、大阪商船に返還されることは前にも述べたが、設置費用が安価で工期も短く、復旧も簡単であるという理由から、本物と同じ高さになるよう起倒式の鉄製支柱で骨組みを作り、そこにネズミ色のキャンバスを張って、遠方からは煙突に見えるという偽装煙突に決まった。

偽装煙突は本物の後方に設置されたが、高さは同じでも前後幅はスペースの関係上狭くなった。これを解消するため、本物の煙突の後部を白色で塗って偽装物と幅をそろえて、同じように見せかけた。

なんとも不細工な煙突になったが、遠くから見れば確かに二本煙突に見えなくもない。

しかしこの偽装煙突には大きな欠点があった。支柱を起したり倒したりすることと、広くて大きなキャンバスを張ったり外したりするのが面倒だったことである。

そんな面倒なことをせずに展張《てんちょう》したままでいいではないかと思われるかもしれないが、海上では風が強く、キャンバスはすぐに裂けたり破れたりするので、天候によって収納する場合もあるのだ。したがって偽装煙突が出現したりしなかったりが往々にして発生するため、その効果のほどは疑わしかった。

報国丸型には、ハウスの前部と後部に二組ずつ合計四組の門型ポストが立っていて、船首から一～四番と番号がついている。ポストとは大きな柱で、荷役装置

偽装煙突が追加されマストが切断された報国丸（野間恒氏提供）

の支柱となっているものだが、二本の柱が上部で横向きの梁《はり》でつながって、鳥居のような形になっていることから、門型ポストという。

この門型ポストの高さは、ほぼ煙突の高さで、アンテナや信号旗のロープを張るために、一、二、四番の門型ポストの中央に高さ約一〇メートルのマストが立ててある。

なお二番ポストにあるマストは、徴用後に増設された軍用通信装置に合わせて新設されたもので、ヤード（横桁）が付いているので十字型になっているのが特徴である。

報国丸と愛国丸は互いに遠く近くで行動していたが、相手船が水平線下から最初にせり上がって見えてくるのはこのマストである。

もちろん水平線下の船が見えるのは視界良好の時であるが、空中線位置を低くしてまで敵からの視認を遅らせることを優先し、あえてこのマストを切断することにした。

三本のマストは見事に切り取られ、空中線も低い位置となったが、これで理論的に二海里（三七〇〇メートル）は被発見距離が遠ざかる苦肉の策であった。

さらに偽装を徹底するため、ハウス前後の二番、三番の門型ポストの撤去も艦政本部の計画案に入っていた。しかしこれは大きな問題であった。外観は確かに変わるが、このポストは荷役装置としての命であった。

これを撤去すれば、もはや三、四番船倉の貨物の出し入れはできなくなることから、貨物搭載能力が半減するとして艦側は強く反対した。この問題は、賛否両論があって決着を見なかったが、九月になってひょんなことから撤去案は取り止めとなった。

艦長交代

新艦長赴任

八月二五日、藍原艦長（三八期）が交代することになった。後任は、現役の今里博大佐（四五期）である。

今里艦長は、水上艦より潜水艦の経歴が断然長い。開戦時は第一潜水隊司令、それから第二潜水隊司令と続き、戦前から通して見ると潜水隊司令職を四回も務めていた。一九四二年（昭和一七年）七月一四日、佐世保鎮守府附、八月一〇日、連合艦隊司令部附を経て、八月二五日、シンガポールにある報国丸の艦長に赴任してきた。

今里大佐と同艦との最初の接点は、この年の三月一〇日、第六艦隊先遣支隊に報国丸が編入された時である。

潜水艦部隊と報国丸のインド洋作戦の活躍は目覚ましく、今後も潜水艦の補給母艦として期待されることから、潜水艦の知識がある者という潜水艦側からみた要望人事となったようだ。

しかし、潜水艦乗りの今里艦長が果たして適任なのかはわからないが、特設巡洋艦報国丸と愛国丸のコンビが実に三隻の撃沈と二隻の拿捕の実績から、今後の手柄は応召《おうしょう》艦長ではなく現役艦長のものとすべきと誰かが判断した結果であろうと噂された。

この不思議な異動を述べ始めたら、海軍人事全体へ言及しなければならず割愛するが、もう一つ付け加えなければならないことがある。

それはなんと同日（八月二五日）、愛国丸艦長も岡村政夫大佐（三八期）から、現役の大石保中佐（四八期）に交代したのである。二隻で隊を組んでいるわけだから、艦長の同時交代は、普通では絶対にありえない。応召と現役艦長の組み合わせでは指揮に支障が生じることを避けたとしか考えられない。

大石中佐の専門は航海であるが、軍艦乗りというより、どちらかといえば軍令部員、参謀、司令部附、調査官という事務屋的な勤務が多く、艦長としては排水量わずか六〇〇トンの砲艦「嵯峨《さが》」の経験だけである。

そんな大石中佐の前職は、なんと第一航空艦隊司令部職員で、なかでも司令長官 南雲忠一中将（三六期）、参謀長 草鹿龍之介少将（四一期）に次いで三番手の首席参謀であったから、まさに中枢にいた人物だった。なお四番手が航空甲参謀 源田実中佐（五二期）になるから、いかにそうそうたるメンバーの一員だったかがわかる。

昭和一七年六月三日、第一航空艦隊司令部が旗艦「赤城」の上で「敵機動部隊攻撃か、ミッドウェー島攻略か」と迷っていた時の首席参謀である大石保中佐の発言を、ミッドウェー本の定番である『ミッドウェー』（淵田美津雄、奥宮正武共著）から次に紹介する。

「『連合艦隊の作戦命令では、当隊の任務として敵機動部隊の殲滅を最初にかかげ、上陸作戦への協力はむしろ第二となっていますが、しかし同じ命令のなかで六月五日のミッドウェー空襲を定めているのですから、敵機動部隊が付近におらぬ限りは、ミッドウェー空襲を予定通りの日に行わねばなりません。そしてこの空襲によってミッドウェーの基地航空兵力を制圧せんことには、二日あとに行われる上陸に支障をきたし、攻略作戦全体をスポイルしてしまうでしょう』

『敵機動部隊がどこにいるかが問題だが……』

と南雲長官がつぶやいた。すると大石首席参謀はさらに語をついだ。

『真珠湾の偵察ができませんでしたから、敵機動部隊がどこにいるかわかりませんが、もし真珠湾にいるものとすれば、われわれがミッドウェーを攻撃することによって、急ぎ救援なり反撃のために出てきたとしても、真珠湾からミッドウェーまでは約一〇〇〇マイル（約一六〇〇キロ《ママ》）ありますから、対応する余裕があります。またすでにわが艦隊の行動を察知したとしましても、やっと真珠湾を出たくらいのところで、いますぐわれわれの眼前に現れることはありますまい。われわれとしてはミッドウェー空襲の任務を達成することが先だと思います』」

以上から「敵はミッドウェー島を攻撃してから出てくる」と決めつけたのは、ほかでもない首席参謀大石保中佐の発言ではなかったのかと思われるのだ。

真珠湾攻撃、インド洋作戦、そしてミッドウェー作戦と開戦以来司令部勤務で過ごしてきたので、作戦の事務的要点はよく理解していると思われるが、最前線の指揮官という実行者としては戦闘上手かどうかわからない。

いずれにしても当事者であった大石保中佐の登場で、士官の間ではミッドウェーでの大敗はゆるぎない事実だと認識された。

報国丸、愛国丸は特設を冠称しているとはいえ、帝国海軍の巡洋艦として引けはとらない攻撃力を有する。しかも攻撃するだけではなく、臨検、拿捕、回航と、特に注意力と慎重さが求められる仕事が付帯しているのである。

前代未聞の人事異動に藍原、岡村の両艦長は「艦長二名同時交代、果たしてこれでいいのだろうか」と内心不安に思っただろう。

今里博大佐は、特設軍艦の配置になったことは〝出世〟と見たか〝左遷〟と見たかはわからないが、狭苦しい潜水艦とまったく違う環境の、大きく広く明るい大型水上艦の艦長となったことは、船乗りの感覚からするとまんざらでもなかったであろう。

引継ぎ

藍原艦長は、後任の今里艦長にこの一年間の戦闘体験と行動を語った。

「偵察機を積んでいるが、あれはできるだけ利用した方がいいよ。艦の到達視程はせいぜい水平線までだ。二〇キロほどかな。しかし水偵を飛ばせば、その五倍以上が見渡せる。見つければ対処もしやすいし時間的に考える余裕もある。場合によっては爆弾を抱かせて攻撃もできる。相手が商船なら爆弾攻撃でもすれば戦闘の気力は喪失するから楽なものだ。旧式の九四式水偵でも大活躍したから、今の零式水偵は高性能なのでもっと期待できるよ。とにかく飛行機は最大限有効に使ってほしい」

「しかし、欠点もある。まず天気だ。風も波もなく風力三以下でないと難しい。それに完全に船速を落としてデリックで降ろさなければならない。早ければ三〇分ですむが、モタモタすると一時間はかかってしまう」

「商船の操船は、軍艦や潜水艦ともまったく異なるから、慣れるまでは慎重を期した方がいい。周囲には操船上手な商船あがりの予備士官もいるから、プライドを捨てて場合によっては任せたらいい」

「相手が商船といえども油断はするな。すでに開戦から一年近い。砲の一つや二つは備えているかも知れん。乗員も相当な警戒と覚悟をもっているはずだ。そんな彼らは何をしでかすかわからんからな。油断大敵、細心の注意が必要だ」

藍原艦長は、この八月で五三歳になったばかりであった。年齢からして老婆心といわれるのは承知ながらも、自分の経験談と艦長としての留意点を細心にわたって七期も後輩の今里艦長に申し伝え、あとは忠実に海軍軍人として活躍するよう願いながら話を終えた。

藍原艦長は、最後にどうしても見せたいものがあった。その見せたいものに向かって車を走らせると、ジョホール水道の錨泊地に大型商船が見えてきた。

「あれだよ、あれがハウラキ号だ。インド洋のど真ん中でわが艦が分捕ったばかりの例の船だ。あとは日本船になって運送船で活躍できるぞ」

実は「ハウラキ号」は積荷状態のまま八月一〇日、セレター軍港を日本に向けて発ったが、当日ジョホール水道東口で浅瀬に乗り上げてしまい、満潮を利用してなんとか離礁に成功し、一一日再びセレター泊地に戻って来たのである。

なぜ座礁したのか推測するしかないが、本船固有の船員は、船長と一等航海士、あと機関部乗員だけが残ったので、日本人回航員との組み合わせは、意思疎通の問題と責任の空白が生じたのかもしれない。誰が責任者で誰が操船していたのか不明ながら、自船の特性を知った船長や一等航海士が故意に浅瀬を避けなかったのか、あるいは日本側に協力せず知らぬふりをしていた疑いもある。

本来なら、「ハウラキ号」の荷物はすべて日本本土に行くはずであったが、船底検査をするため積荷の瀬取《せど》りをすることになり、舷側にバージがたくさん横付けして荷降ろしをやっていた。なお「SWG for Ceylon」なる積荷も、この時シンガポールで陸揚げされた可能性が高い。敵側が「ハウラキ号」の奪還に躍起となったのは、この積荷のためだと推測できるのは、のちにこれがセイロン行きの最新電波兵器だと判明したからである。

日本側は、内包されていた操作説明書から「SWG」とは「Ship Warning and Gunnery radar」のことで、指向性と距離測定が改善された最新のレーダーであると読み解いた。装置を鹵獲《ろかく》できて日本側は小躍りしたと思われるが、どのように研究され活かされたかは不明である。

その「ハウラキ号」に通船が近づくにつれ、全長一四三メートルの巨体が間近に迫って来るのを見て、今里艦長は驚くとともに今までにない興奮を覚えた。

「こんな大きな船を藍原艦長は拿捕したのか」

船上には、報国丸の回航班がそのまま警備兵として残っていた。出迎えた兵に藍原艦長は声をかけた。

「みんな、よくやってくれた。大変だろうがもう少しの辛抱だ」

この回航班は、八月二九日にシンガポールの海軍特別根拠地隊と交代する予定で、交代後は報国丸に復帰し、再び回航班として乗り組むことになっていた。

「わしは船を去ることになった。後任の今里博艦長だ。またうまくやってくれよ」と紹介した。

新艦長は「今里だ。よろしく頼む」と短く述べた。

その時、大柄の白人が急ぎ足でやってきて藍原艦長に挨拶した。

「おお、キャプテン・クリースではないか。元気か」と言葉をかわしながらサロン室に案内された。

藍原艦長は、二日遅れて「ハラウキ号」がペナンに入港すると、待ち構えるようにして訪船し、クリース船長と初対面を果たしている。さらにセレター軍港でも再会しているので、今度が三度目となるが、すでに気心の知れた仲間のようになっていた。

出されたコーヒーを飲みながら、

「クリース、日本に行きそこなったな。しかし間もなく戦争は日本の勝利で終わる。そしたらすぐに帰国できるから、それまでの辛抱だ」と励ますつもりで言った。

クリース船長は「キャプテン藍原、戦争はいつ終わるのか。オーストラリアがなんで戦争に巻き込まれたのか不思議だ。イギリス連邦の立場上、政治家もしぶしぶお付き合いしているのだろうが、ヨーロッパよりもアジアが近い。私個人としては近い方と仲よくしたい」と語った。

「キャプテン・クリース、後任艦長の今里大佐だ。私は日本に帰る」と改めて紹介したので、今里大佐は戸惑った。今里大佐にしてみれば、「挨拶してどうなる」という思いで一瞬ためらったが、その場の流れに従って挨拶と握手を交わした。

その後、今里艦長は船内を視察して回ったが、船の大きさにはじまり、藍原艦長とクリース船長との睦《むつ》まじさ、白人乗員に対する親切で対等な態度まで、どれも驚きの連続であった。そして「戦争とは、こんな大きい船を自分の物にできるのか。平時には絶対考えられないことだ」と感動を覚えると、今まで抱いていた「くだらない任務」が「面白い任務」に思えてきた。

今里艦長はこれまで潜水艦作戦を、いかに成し遂げるかばかりを考えてきた。それは敵艦船を撃沈することだった。しかし現物で戦果を誇示でき、さらに船も貨物も日本のものになると考えたら、商船拿捕ほど意義深いものはないと思えてきた。そして任務の壮大さが浮かび上がってくると、藍原艦長の姿が頼もしく見えてきたのであった。

入渠工事

九月二日午後、報国丸が一か月以上、工事を続けていた岸壁を離れることになった。今里艦長にとって、初めて経験する大型貨客船の移動である。

工作部の日本人船渠長が、少数の日本人と大勢の現地作業員とともに乗船してきた。船渠長は数人の経験豊富な現地の助手に囲まれ、日本人通訳を通して指示を出していたが、実際は手慣れた助手に任せながら作業を進めていった。

無動力の船は、数隻の曳船に引かれて、キング・ジョージ六世ドックの前まで来た。ドックでは、待ち構えていた現地作業員たちのマレー、インド、中国の雑多な言語と英語が入り乱れて飛び交い、まるでお祭り騒ぎのような様相の中で、綱取り作業が始まった。

ロープを投げたり渡したりして、やっと船首部両舷の船上にロープを取った。ロープはドック側で大勢の現地作業員の人力で支えられた。幅四〇メートルのドックに横幅二〇メートルの報国丸であるから、片側一〇メートルの隙があることになる。そこを船はやや左右に振れながらも、ほぼドック中央に収まったまま中へと進んでいった。ある一定の距離を進むごとに両舷に次々とロープを取り、船が中央を維持するよう張り合わせながら進んでいき、やっと所定の位置に来て入渠作業が完了した。

すぐに扉船が閉鎖され、大量のドック海水が排出されたが、船底があらわになった時は、すでに深夜になっていた。

入渠当日は、このようにして排水だけで終わり、翌日から船底工事が始まる。出渠日は六日と決まっていたので、正味の作業日は三日間しかない。

入出渠日を含んでの入渠期間五日は詐術ではないかと思われたが、入渠待ちの艦船が多数いるのを見ると無理も言えなかった。

船底は清水で洗浄され、海藻、フジツボなどの水棲生物が取り除かれると、船底検査が行なわれた。外板の亀裂やリベットのゆるみ、舵やスクリューの具合などが入念に点検されていった。ほかにも船底弁など数多くあったが、不都合なところは全て、この三日間で修理しなければならない。水面下の修理はやり直しがきかないから完璧でなければいけない。そこには絶対に見逃しも手抜きも許されないのである。

船底工事は順調に終わり、特殊塗料が何層も塗られて報国丸は生まれ変わったようにきれいになった九月六日、早朝からドックに注水が開始された。浮上したあとの船内検査では漏水もなく予定通り一三時から出渠を開始して、無事にドックを出た。あとは接岸して最後の仕上げにかかるのみである。

ところが、岸壁近くに来た時、巨体は不測の動きをして、岸壁前面に着底して上部だけ露出している例の浮きドックに寄せられ、左舷が接触した。当初は、何事もないと思われたが、接岸後に調査をすると、水線下約三メートルのところに亀裂があり、少量の水漏れが発生していた。

責任の所在は工作部の船渠長にあるが、一任した特殊作業とはいえ、今里艦長は職務上、情理的な責任を感じ、なおかつ着任早々の災禍《さいか》に自身の不運を嘆いた。

この日は、愛国丸が入れ替わりで入渠の予定で、どちらを優先させるか話し合いの結果、予定通り愛国丸を入渠させることになった。

したがって報国丸が修理のため再入渠したのは、愛国丸が出渠したあとの九月一〇日であった。それから中二日で突貫工事の末、損傷箇所は修復されて、一三日の昼には晴れて出渠できた。

ガダルカナル島の危機

飛行場建設

報国丸がセレター軍港に滞在中、大事件が起きていた。ソロモン諸島のガダルカナル島に八月七日、アメリカ軍が上陸したのである。なぜどことも知れない島にアメリカ軍が上陸したというだけで、蜂の巣をつついたような事態になったか、それには次のような経緯と理由があった。

一九四二年（昭和一七年）初頭までは日本の連戦連勝により南方作戦は一段落し、資源確保の目途もついた。さてこの後どうするかが課題であったが、四月上旬、日本は第二段作戦として、太平洋で二つの作戦を準備した。一つは東へ進みミッドウェーやハワイの攻略で、米軍を早期に叩きのめして戦意喪失させる〝MI作戦〟、もう一つは南へ進みフィジー、サモア、ニューカレドニアと進出し、米豪を遮断する〝FS作戦〟である。

五月三日、FS作戦の一環として、ソロモン諸島のフロリダ島にあるツラギ、タナンボコ、カブツの小島を占領し、水偵、飛行艇の哨戒前線基地とした。さらに五月二五日、ツラギの南三五キロのガダルカナル島に飛行場建設に適した草原を発見した。

六月一日、ラバウルの第二五航空戦隊から「ガダルカナル島ルンガ川付近に飛行場建設適地あり、早急に設営の要あり」との調査報告と意見が連合艦隊に出された。このガダルカナル島探査もFS作戦に基づき行なわれているのである。

ところが、並行してミッドウェー作戦を遂行していたが、六月五日の大敗により攻略部隊は反転し、トラックやグアムに引き返した。

その二日後の七日、軍令部は「FSは二か月延期」を決定した。この時点で延期ではなく、〝中止〟としていれば、事態は変わっていたかもしれないが、日本人は、いきなり中止はどうも好きでないらしい。たいてい「とりあえず延期」「様子見」「見合わせ」と巧みに使い分けてその場をやり過ごし、経過を見て〝取り止め〟とするのはよく見られる。

ところで内心失意のどん底にあった連合艦隊司令部は、〝FS作戦〟は延期どころか中止せざるを得ないことはわかっていたが、失敗した者の口からは言い出せない。したがって〝延期〟ということは、〝FS作戦〟は生きていることになり、事は進むのである。

ここで作戦の目的とは少し違った意味で注目を浴びたのが、先の「ガダルカナル島ルンガ川付近に飛行場建設適地あり、早急に設営の要あり」との報告であった。

さすがにフィジー、サモアまで進出するのは無理だが、当面の対策として、とりあえずソロモン諸島とニューギニアだけは押さえて、制空権域を広げておこうと思ったのは、軍令部も連合艦隊も同じであった。

都合のよいことに、トラック島にはミッドウェーに上陸する予定であった第一一設営隊（横須賀編成）とニューカレドニア島に進出予定であった第一三設営隊（佐世保編成）合計二六〇〇名、それに膨大な飛行場建設資材を積載した輸送船が行き先なく待機状態で停泊していた。これをそっくりガダルカナル島飛行場建設に流用しようとする提案は渡りに船であった。

この考えに従って六月二四日、軍令部から新たに運命の〝SN作戦〟が発令された。

〝SN〟とはソロモン・ニューギニアのことで、この発令によりソロモン諸島にあるガダルカナル島飛行場建設と、陸路によるニューギニアのポートモレスビー攻略が決定した。ポートモレスビーになぜ固執したかというと、ラバウル空襲の敵飛行機はここから飛び立って来るので、この頭痛の種を取り除きたかったのである。

こうしてSN作戦が発令されるや、翌日の二五日には先遣隊「金龍丸《きんりゅう》」がトラック基地を出港して、ラバウル経由でガダルカナル島に向かった。さらに六月二九日、「吾妻山丸《あづまさん》」「広徳丸《こうとく》」「北陸丸《ほくりく》」「吾妻丸《あづま》」の四隻が、護衛の艦艇九隻とともにトラック島を出帆した。

七月一日から一一日にかけて、それぞれの船がガダルカナル島に着き、設営隊とともに膨大な量の機材や資材が陸揚げされ、飛行場建設が始まった。

ところが〝FS作戦〟自体は、七月一一日に正式に中止と決まった。中止となれば本来の目的からはガダルカナル島に飛行場を建設する必要はないのだが、今はSN作戦と形を変えて走り出しているからどうにもならなかった。

ところで設営隊の徴用工員は単なる作業員ではない。技術者と職人の集団である。建物を建てる大工、電柱から電線展張の電気工、穴掘りから整地の土工、測量、図面描き、トラックや大型ローラーの運転、発電機の設置と運転、機械工、電波探信儀《レーダー》の取り付けと調整、宿営、食料の管理から調理、理髪までと幅広いのである。

第一一、第一三設営隊は〇四時から二二時まで二交代で作業を続け、八月になると飛行場らしく整い、日本軍はこれを〝ルンガ飛行場〟と名付けた。

長さ八〇〇メートル、幅六〇メートルの滑走路はほぼ完成し、戦闘機であればすぐにでも使用可能となった八月五日、第一三設営隊隊長の岡村徳長少佐（四五期）は、ラバウルへ「飛行場完成、戦闘機を早急に配置すべし」と連絡を入れた。

電報を見た第一一航空艦隊や第二五航空戦隊は「ほら吹きめが、あいつの話を真に受けたらまた飛行機の脚を折るぞ」とその進出を先延ばしにした。というのも、海軍では岡村隊長は飛行機の「壊し屋」で有名だったのである。岡村隊長は生粋の〝飛行機野郎〟で、その冒険心から過去に数機を破損しているが、つい最近もフィリピン攻略時に似たようなことがあり、彼の派遣要請を受けた結果、零戦を壊されたことがあった。

米軍上陸

その二日後、ルンガ飛行場にやってきたのは、ほかでもないアメリカ軍であった。一九四二年（昭和一七年）八月七日早朝四時、アメリカ軍一万名がガダルカナル島に上陸してきた。

これだけの飛行場と設備である。アメリカ軍の情報分析では、少なくとも五〇〇〇名の精鋭日本軍が、堅固な守りについていると考えていた。

ロシアに勝利した日本軍が、ノモンハンと中国で実戦を積み、東南アジアで米英蘭を打ち破った強さはもはや伝説的で、新参《しんざん》のアメリカ兵が到底勝てる相手ではないと、心底から恐怖感を抱いていた。

したがって、米軍は戦争始まって以来の反攻上陸作戦に、上層部の将官から末端の兵士に至るまで自信があったわけではない。一九四二年（昭和一七年）とはまだそういう状態であったのである。

ところが、上陸しても、ほとんど抵抗なく飛行場を奪取できたので、アメリカ軍も拍子抜けし、さらに驚いたのは、経過日数から未完成と見ていた飛行場がすぐに使える状態であったことだ。

日本側が、FS作戦が中止同然になったにもかかわらず、「機材も船も人も揃っている。それならガダルカナルに転用しよう」と、軽い気持であったのに対し、アメリカ軍は「とんでもないところに飛行場を建設している。きっと米豪遮断を企てたものだ。絶対に阻止すべし」と、その重大さに危機感を募らせたのである。

いくらアメリカ軍といえども、一九四二年八月上旬のガダルカナル上陸なんて絶対に無理だという意見が多かった。というのは日本側の読み通り、アメリカ軍も軍需生産が軌道に乗るのは早くて一九四三年中頃だったうえに、イギリスとの約束によりドイツ打倒が優先順位は上であったからだ。

しかし、アメリカ太平洋軍は、そんな優先順位より日本軍の進攻の速さに心底から危機感を持ったのだ。「日本軍の次の狙いはオーストラリアだ。取られたら反攻基地も中継基地も喪失する。早く阻止しなければ負ける」と考えたのである。

したがって上陸作戦も反攻作戦も、ドイツではなく、対日本が最初となった。日本軍のガダルカナル飛行場建設こそがアメリカ軍の反攻を触発したのだ。敵は、工事の進展にやきもきしながら無理に無理を重ねて、完成直前の攻略を可能ならしめたのである。

このような経過で、そっくりそのまま飛行場がアメリカ軍の手に渡ったことに、日本側は驚き逆上した。まさに「苦労して建てた新築の我が家に引っ越そうとした矢先に別人が入居して居座ったようなもの」であったからだ。

さらにこの飛行場は、そこらのジャングルや孤島に造った滑走路程度のものでなかった。格納庫・整備工場・兵舎と風呂場の建設、トラック・自動車の保有、電波探信儀の設置・発電所・製氷工場などの完備、武器・弾薬・燃料・航空ガソリンの備蓄、膨大な量の糧秣《りょうまつ》の保管、その他現地人使用者への支払用の大量の札束や軍票《ぐんぴょう》なども持ち込んでいたのである。蛇足ながら、設営隊が余暇を利用して現地動物を集めた簡易動物園まで造っていたのである。

なぜこれほど大切な航空施設に強力な守備隊がいなかったかといえば、これは海軍の設備であって、海軍の戦闘部隊が守備すべきものという陸海軍のセクショナリズムから来る暗黙の了解があったことによる。

したがって海軍が供出できた部隊は、呉第三特別陸戦隊で編成した第八四警備隊のガダルカナル島分遣隊一五〇名という、あまりにも小兵力であった。なお対岸のフロリダ島ツラギには本隊が配置されたが、それでも二五〇名と少数の守備隊だった。

しかし、当然ながら日本も黙っていなかった。早速ラバウル第二五航空戦隊の出動、陸攻二七、艦爆九、戦闘機一七の合計五三機による航空攻撃を開始した。

この時、日本機の攻撃は、なぜか軍艦ばかりに指向した。一式陸攻機が海面すれすれで敵に迫る技量と度胸は見事なばかりであったが、投弾前にことごとく被弾墜落したのである。

これが輸送船に集中していれば被弾も墜落もせず、膨大な武器弾薬、機材を破壊あるいは海没できたはずである。

結局、せっかくの攻撃も効果は薄く、味方機三四機喪失という大損害となった。

八月八日深夜、同じくラバウルから三川軍一《みかわぐんいち》中将率いる第八艦隊の重巡五隻、軽巡二隻、駆逐艦一隻が緊急出動し、海上夜間攻撃が実施された。そして、重巡洋艦「アストリア」「クインシー」「ビンセンズ」「キャンベラ」をたちどころに海底に葬り去り、一方的に勝利した。

日本海軍の怖さを見せつけられたアメリカ軍はパニックに陥った。なぜなら軍艦という用心棒の後方には、無防備の輸送船三〇隻が集結、揚陸作業や順番待ちをしていたからだ。

一航過した日本軍が再度、裸同然の輸送船を仕留めにくるだろう。それは古今東西、戦場の鉄則である。

しかし、北上したまま反転しない司令部座乗の重巡「鳥海」の艦橋では、業を煮やした早川幹夫艦長が司令部に対して、「長官、引き返さないのですか」と異例の発言をした。司令部は「何を言うか」と言わんばかりの顔つきで黙殺した。この黙殺により、助かったのはアメリカ軍であった。

アメリカ軍は、沈む運命にあった大量の戦車、火砲などの重火器をはじめ、弾薬、食料、資材、機材、その他もろもろの揚陸に成功したのである。

その揚陸を敗走先のジャングルから傍観していた設営隊員たちは「なんだ、もう帰ったのか」「こいつらを沈めんと意味がないじゃないか」と口々に悔しい思いで罵《ののし》った。

いわゆる第一次ソロモン海戦（米軍呼称：サボ島海戦）であるが、攻撃再開をしなかったことの是非は、のちの戦闘経過によって立証されてくる。

一方アメリカ側は、この第一次ソロモン海戦の敗北に箝口令《かんこうれい》を敷き、ひた隠しにした。また少将以上の指揮官クラスは誰も責任をとらず、個艦の行動と戦闘員の対応だけが問題とされ、のちには責任追及に堪えきれず自殺にまで追い込まれた艦長もいた。

なおこの海戦で沈没した巡洋艦「アストリア」は、その三年前の一九三九年、斉藤博駐米大使の遺骨を還送して横浜に入港、大歓迎を受けた艦であった。ガダルカナル島上陸軍の指揮官はリッチモンド・ターナー少将であったが、彼は日本政府から勲三等瑞宝章を授与されていた。というのも、その時の大任を果たしたのがターナー艦長であったからだ。

さて、ここから陸軍の出番となる。担当の陸軍は、FS作戦のために五月に編成されたばかりの〝第一七軍〟で、今まさに一部の隊がSN作戦によりニューギニア・ポートモレスビー攻略に向かったばかりであった。

〝軍〟とは師団の上部組織で、三個師団で一個軍となると思えばよい。しかしこの第一七軍は小規模なうえ、まだ集結途上で、各隊はインドネシアやフィリピンから移動中であり、いわば帳簿上の〝軍〟でしかなく、ガダルカナル島にすぐに対応できるものではなかった。

そこで大本営陸軍部は、ミッドウェー作戦の中止で出番がなくなり、グアム島で待機後、帰国直前の一木支隊（旭川）を起用し、第一七軍の戦闘序列に入れてガダルカナル島に派遣することを決めた。

支隊とは、師団の各兵科の中から一部の隊を抽出して、他作戦に従事させる諸兵科連合の独立戦闘部隊である。この場合は第七師団に三個の歩兵連隊があったが、その中から歩兵第二八連隊隷下の一個大隊がミッドウェー島上陸基幹部隊として抜擢され、歩兵連隊長一木清直《いちききよなお》大佐の名から一木支隊（二二〇〇名）と呼ばれた。

一木支隊は、ミッドウェー島を前にグアムに引き返して二か月間を過ごし、何の手柄もないまま帰郷することになり、兵士たちは失望と喜びの狭間にいたが、前線派遣に本来の生気を取り戻した。

「大福丸《だいふく》」「ぼすとん丸」でトラック島に移動した一木支隊は、ここで二分され、九一六名が鈍足の貨物船から高速の駆逐艦に乗り換え、八月一五日、第一梯団《ていだん》として先行した。

なぜ二分してまで急いだかというと、偵察と各種情報から「早く行かないと敵は逃げる」と断定したからである。

貨物船から駆逐艦に乗り換えたということは、戦闘部隊として重大な欠如が生じた。それは一木支隊が持っていた速射砲などの重火器が運搬できなかったことだ。したがって第一梯団の装備は、歩兵銃と手榴弾、それに少々の軽機関銃だけとなった。

「いくらアメリカ軍が弱いといってもこのような軽装備では無理ではないか」という意見が第一七軍司令部内にもあったが、全体の流れは止められなかった。

六隻の駆逐艦は、高速でガダルカナル島に向かい、八月一八日到着、無事に支隊の上陸を果たした。

「アメリカ兵は弱いうえ、逃げる」と、一木支隊は取り急ぎジャングルからビーチに沿って進軍した。

「日本兵は強くて怖い」と見ていたアメリカ軍は、飛行場の周囲に強力な陣地を構築し、火力を集中していた。

八月二一日黎明、一木支隊は強力布陣の正面にはまり込み、全滅に近い損害を受けた。日本陸軍が、初めてアメリカ軍に敗れた瞬間であった。

一木支隊の戦闘は、ガダルカナル島戦としてはあまりにも有名なのでここまでにするが、アメリカ兵は「日本兵にも勝てる」という自信を持った。

アメリカの兵器も兵隊も物資も、第一次ソロモン海戦の勝利に乗じて海の藻屑にしておけば、このような強力な攻勢拠点などできようがなかっただろうから、「アメリカ兵とは戦わず、あらかじめ海に沈めるべし」こそ、その後の日本側の戦訓にすべきであった。

第一七軍司令官、百武晴吉《ひゃくたけはるよし》中将も大本営陸軍部も愕然としたが、ここにきてアメリカ軍の全容が見えてきた。

そこで次に投入されたのが、第一七軍隷下の川口支隊（福岡）である。しかし八月末には日本軍がいちばん恐れていたことが起こり始めた。それはアメリカ軍が、奪取した飛行場の使用を始め、飛行機を使って接近してくる日本軍を海上、ビーチ、ジャングルで攻撃してきたのである。このようななか、九月一四日の川口支隊による攻撃は最初から苦戦の連続で、結局失敗に終わった。

この二回の攻撃失敗を肌で感じた現地の陸軍兵は、「話が違う。アメリカ兵がこんなに強いとは思わなかった」というのが正直なところであったが、大本営陸軍部は「日本軍が、弱いアメリカ兵相手に敗けるとは何事か」と憤慨したのである。

緊急任務

攻撃失敗後の九月二〇日、報国丸、愛国丸に「軍隊区分、南西方面艦隊、輸送任務」との緊急発令がきた。この軍隊区分の発令は、公式に発令が来たというだけのものであって、実際には九月に入ってから緊急軍隊輸送が次の任務であることは、士官でなくても乗員一同承知していた。なぜなら零式水上偵察機の陸揚げ、魚雷の一時陸揚げに始まって、セレター軍港の地元作業員が大量に乗船してきて兵員輸送用の簡易ベッドを船倉に幾段にも木材で作製したからである。

さらに船倉内の洋上作戦用の機材は全て陸揚げし、代わって陸軍の軍需物資が積載可能となるよう仮改装された。したがって、問題となっていた〝門型デリック・ポスト撤去〟の話は一挙に決着した。

二回の攻撃が不成功に終わり、日本陸海軍はガダルカナル島奪還に本腰を入れることになり、一〇月に陸海軍合同で大攻勢をかけるべく作戦を計画した。

その計画とは、「飛行場への艦砲射撃、敵飛行機破砕、高速輸送船団突入、陸軍部隊一斉上陸、軍需品揚陸、米軍陣地への攻撃突破、飛行場へ殺到即奪還」である。

この作戦に投入する陸軍部隊は、これまでの一木支隊や川口支隊のような小規模部隊ではなく、一会戦単位である師団を丸ごと投入することとなった。これにはインドネシアのジャワ島駐留の第二師団（仙台）が充てられることになり、続々とラバウルに集結しつつあった。

報国丸が軍隊輸送を命じられたのは九月末であるから、一〇月中旬の第二師団の攻撃にはとても間に合わない。しかし、第一七軍の作戦司令部は、第二師団の攻撃に不安を感じ、すぐ使える次の兵力を近場に集めるための軍隊輸送を連合艦隊に依頼したのである。

第二師団に続いてすぐに派遣できる部隊は、インドネシアの各所に駐留していた第三八師団であり、その部隊をすぐに輸送できる船舶は、シンガポールで修理が完了したばかりで、通商破壊作戦に従事する予定の報国丸、愛国丸の二隻と、ほぼ同じく修理を終えた清澄丸の三隻であった。

九月二〇日、三隻はあわただしく北側のセレター軍港から、南側のシンガポール商港に移動し、手配された軍需物資を積み込む作業を行なった。

そして二二日夕方、シンガポールを出港、マラッカ海峡を北上して、翌二三日の日没ころにインドネシア北スマトラのマラッカ海峡に面したベラワン港に到着した。

ベラワンは、スマトラ島の最大都市メダンの外港にあたり、いわば玄関口になっていた要所である。ベラワン入港接岸は航海長が行ない、今里艦長は次の出港から操船することにし、通過する狭水道や港内、さらに離接岸操船を見守った。

報国丸乗員らは、ガダルカナル島にアメリカ軍が上陸したことは知っていたが、自分たちに出番が回って来るとは夢にも思わなかった。今里艦長にとっても戸惑いはあったが、外洋で思う存分暴れ回る作戦構想を練る時間的余裕が、十分にできることになった。

第三八師団

陸軍部隊乗船

ベラワン港には、すでに陸軍将兵と附属の軍需品が集結していた。

第三八師団には、漢字一文字の通称号「沼《ぬま》」が付けられているが、それで表せば「沼兵団」となる。この沼兵団は、歩兵第二二八連隊（名古屋）、二二九連隊（岐阜）、二三〇連隊（静岡）その他の関連部隊で構成されていて、緒戦に香港攻略、スマトラ、ジャワ島占領において名を挙げた師団である。

日本陸軍の師団といえば、一正面に使用する作戦単位で、約一万五〇〇〇名の兵員からなる。

この中でベラワン港に集結したのは、歩兵第二三〇連隊および師団司令部であったが、ほかに山砲第一中隊、工兵一個中隊、師団通信隊の一部などが付随していた。将兵数は約三五〇〇名である。

それ以外の連隊は、インドネシアでも駐屯地が異なるため、別手配の船舶で出発することになり、部隊の集合状況、配船具合、それに出発地からの距離や船速によって、目的地に集合できる日時は異なってくる。

時間的余裕はなかったので、到着早々徹夜で荷役が行なわれ、大砲、武器弾薬、糧秣、通信機材、工兵資機材など、膨大な軍需物資が次から次へとデリックで船倉に積み込まれた。トラックのほかに運搬用軍馬が五〇頭ほど積まれたが、船底に詰め込まれた軍馬はさぞ苦痛であったろう。

九月二四日午後、いよいよ陸軍兵士が割り当てられた順番に三八式歩兵銃をたずさえ、六〇から七〇キロにも及ぶ背嚢《はいのう》を背負った完全装備で乗船してきた。

背嚢の中には携行食料やその他携行物品、外には毛布、雨外套、防暑帽、鉄帽、防虫頭巾、軍手、円匙《えんぴ》、天幕などがくくりつけてあった。もちろん転戦先で買い求めた土産や記念品、愛読書や日記、家族の写真など思い思いの私物も入れてあっただろう。

船内では危険防止のため、警戒配置以外の兵隊には小銃弾や手榴弾は配付されていなかったので、本当の完全武装よりはやや軽かったと思われる。

ひと通りの乗船終了後、海軍儀礼のサイドパイプ吹鳴の中、師団長の佐野忠義《さのただよし》陸軍中将が、師団司令部メンバーとともに悠然とタラップを上がって来た。舷門で待ち構えていた今里艦長はじめ主要士官は、緊張した面持ちでこの将官を敬礼でもって出迎え、すかさず主計長の中尉が、大阪商船時「奈良」と称した貴賓室まで案内した。

一時的にせよ報国丸船上での最上階級者は佐野中将となったが、さらに〝師団長〟職には通常のものとはまったく違った重みがあった。それは天皇自ら任命した親補職《しんぽしょく》であったから、そこには絶対的権威が存在していたのだ。海軍では艦隊司令長官、鎮守府司令長官などがこの親補職であり、今里大佐にしてみれば荷が重かったに違いない。

兵員数を三等分して、三隻に割り当てると一隻あたり約一一七〇名である。装備をいれて一人一三〇キロとすると一五二・一トンであるから、船舶にとってその重量はわずかなものであるが、スペースはそうはいかなかった。

もともと貨客船であるので客室は多く、乗員用を含めベッド総数は約五三〇床もあったが、特設巡洋艦としての乗員は約三〇〇名もいるので、残りのベッド数は二三〇床となる。

それらは司令部と各隊の士官が優先的に使用したので、下士官兵の約一〇〇〇名は、船首楼内と船体内部の第二甲板、第三甲板の木造の二段組みの即席簡易寝棚《ベッド》が割り当てられたが、貨客船であることと、船腹にも戦況にもまだ余裕があった時期なので、のちの軍隊輸送とくらべたら居住環境は格段によかった。

兵士たちはいかにも生気に満ちていた。この部隊は香港攻略戦に参加したのち、ジャワ・スマトラ攻略と続いたが、一段落したあと五月からスマトラ島中部の高原地帯にあるカバンジャという街に駐留し、次の作戦に備えて訓練の日々を過ごしていた。

次期作戦とは〝セイロン島攻略〟と聞かされていた兵隊たちは、その想定で訓練を繰り返したという。

カバンジャは赤道直下といいながらも標高が一三〇〇メートルあり、日本の秋のような気候で大変しのぎやすく、兵隊たちは気に入っていたが、マンネリ化した訓練に飽いていたので、緊急出動命令が来て喜び勇んでいた。兵隊たちは行き先を知らされなかったが、どこの戦場でもかまわなかった。どこへ行っても連戦連勝、また勝ち戦さの土産話が増えると喜んでいた。

ラバウルへ

乗船完了した二四日の夕刻、報国丸はベラワンを出港した。左舷付していた船は曳船《タグ》で離岸すると一八〇度左回頭して港外に船首を向けることになるが、半分の九〇度回頭したところで曳船を帰した。残りの九〇度回頭は、二軸船の強みで、左舷と右舷のスクリューを前進と後進に別々にかけることによって、その場で回頭できる。

この場合は左回頭なので、右軸を前進、左軸を後進にして船体を左にひねるようにして回すことになるが、港口から吹き込む風が意外と強く、タグボートを使って最後まで向きを変えるべきであったが、すでに帰してしまった。

「右前進、左後進」のエンジンを使ってもなかなか回頭しなかった、といって両舷前進にして舵を切って回るにしては狭すぎた。何度も左回頭を試みたが、一五度ほど風上に向こうとするものの、それ以上はなかなか風に立たなかった。そのうち全体が風で落とされているのだろう、マングローブの陸がどんどん近くなってきた。陸岸との距離を測距《そっきょ》中の兵曹の読み取り声が大きくなってくると、艦橋の士官たちはそわそわしながら艦長に視線を向けたが、誰もなにもできなかった。

ついに見兼ねた航海長が「艦長、落とされます」と叫ぶように伝えると、周囲から「タグを呼べ」「連絡つくか」「早くせよ」とかの言葉が交錯した。

もう待てないと航海長が「艦長、錨入れます」と、言うや「レッコー・アンカー」と思わず商船時の用語を発した。ブレーキを解き放された錨がガラガラガラと錨鎖《びょうさ》の轟音とともに水中に没していった。すると錨が海底の大地を掴んだのか、一万トンの巨体が風上に向きだしたのである。

「艦長、このまま港口に向け前進してください。錨は合わせて巻き揚げていきます」

艦は適度の速力で風上に走り出し、錨が水面に出てくると、さらに速度を上げて港外に向かった。

報国丸はマラッカ海峡を南下し一路ラバウルを目指した。第三八師団の司令部も出動命令は受けていたものの、作戦命令はラバウル到着後に受領することになっていた。

命令は第一七軍司令官、百武陸軍中将が出すが、今やポートモレスビー作戦どころではなく、ガダルカナル島の奪還作戦に専念すべき軍となっていた。この時期、百武司令官は第三八師団をガダルカナルに使用するか迷っていたが、さすが不安になってきたのか、第二師団の攻撃に間に合えば使用する腹案を持っていた。

報国丸に乗船した第二三〇連隊の兵士たちには行先は知らされていなかったが、赤道直下の航海を楽しんでいるかのように見えた。日本軍の行くところ敵なし、また新たな戦場で武威《ぶい》を発揮し、現地人から歓迎を受けるであろう。兵士たちは期待に胸を膨らませていた。

陸軍の兵士たちは、朝の点呼が終わると大声を出しながら陸軍体操をやるので甲板《デッキ》は賑やかだった。兵たちも自主的に対潜監視当番を日夜交代で行ない、ほかにも不寝番《ふしんばん》、食事当番などの役目が次々に回ってきて、暇な時間はなかった。

九月二七日、報国丸はボルネオの南海上を航海し、ここからやや北上する航路をとって右にセレベス島、

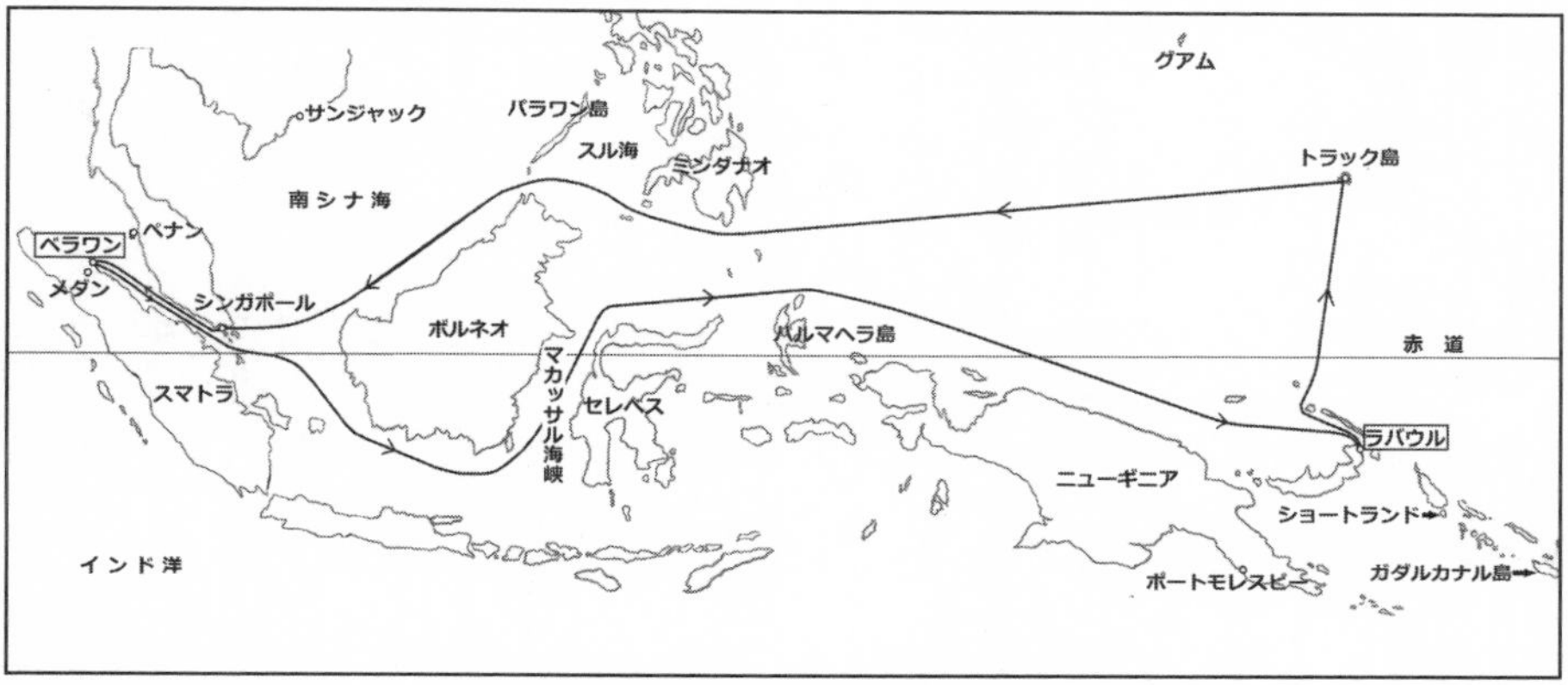

図11 陸軍輸送（ベラワン―ラバウル）

左にボルネオ島のあるマカッサル海峡を通過した。この時期、敵潜水艦の行動は散発であったが、水道や海峡に待ち伏せしているかもしれなかった。二八日と二九日は陸軍兵の見張りも入れて厳重に警戒を続け、三〇日、無事にセレベス湾に入った。

ここからハルマヘラ島の北を通過し、あとニューギニア島の北をほぼ一直線に東南東に走ればラバウルに到着する。

食事は、なんとか居住区内で行なうことができたが、風呂は甲板にキャンバスで作った臨時のものに海水を入れ、三日に一度の割で入浴できた。上がり湯は少量の清水で済ますことになる。なお船内トイレは相対的に不足していたので、これは木造で舷外に作り、兵たちは海に落ちないように用を済ませた。

報国丸乗員は、陸軍兵士たちに昼夜となく接し交流を深めたが、なかには同郷の兵隊と出会い、まるで故郷に帰ったように話に花が咲いた者もいた。

日記をつける兵や、人物や景色を写生する絵心のある兵もいた。「これは陣中日誌ですよ。故郷に帰ればいい思い出になりますから」「絵で残すとあとから道中の景色がよみがえってきます」と、戦場行きもよい思い出となるのであろう。

兵士たちにとって悲愴さはない。兵士の心理として、「敵が死に自分は死なない。日本兵に犠牲が出てもそれは不運な他人である」と、誰一人自分が死ぬとは思わないからこそ、粛々《しゅくしゅく》と戦場に赴くことができるのだろう。

いよいよ明日到着という日の一〇月五日午前、前方に対向する駆逐艦一隻を認めた。

「われ駆逐艦〝望月《もちづき》〟貴艦の嚮導《きょうどう》及び護衛をす」との信号を発し、Uターンして前方を走りだした。「これで安心だ。ラバウルまでの陸軍輸送は無事に終了する」と報国丸は安堵した。

一〇月六日早朝、報国丸はラバウルに到着した。そこには軍艦のほかに多くの輸送船が所せましと錨泊し、貨物の揚げ降ろしをしていた。三隻に分乗した第二三〇連隊の兵士たちは大きなネットを伝わりながら横付けしたバージに降りていった。「がんばれよ」「敵をやっつけて帰って来いよ」と乗員は見送りながら声をかけた。

このあとは積載軍需品を次々と降ろす作業が待っていた。

すでに到着している第二師団は、陸軍輸送船で一挙にガダルカナル島に上陸する予定になっていた。

その陸軍輸送船「笹子丸《ささご》」「佐渡丸《さど》」「吾妻山丸」「南海丸《なんかい》」が近くに停泊していたが、これらには膨大な量の武器、弾薬、食料、上陸用舟艇の「大発《だいはつ》（大発動艇）」が積載されていた。

一〇月八日早朝、「崎戸丸《さきと》」「九州丸」が、第二師団の先遣隊をショートランドまで輸送し、駆逐艦に移乗させたあと、ラバウルに帰港してこの船団に加わった。

報国丸が降ろした軍需品は、順次これらの船に積み込まれていくことになる。

全ての作業が終わり任務終了し、報国丸、愛国丸の二艦は、一〇月九日一六時三〇分、錨を揚げラバウルを出港することになった。あれだけ陸軍将兵で賑わっていた艦内は一瞬にして寂しくなったが、至る所にまだ人の気配がする妙な空間が残っていた。

任務の成功と兵士たちの武運長久を祈りながらラバウル湾内の陸軍船の合間を縫って進んだ。

さて第三八師団の後続部隊はまだ到着しないため、司令部はラバウルに残ったが、先着の第二三〇連隊だけが第二師団のガダルカナル島飛行場奪回作戦に参加することになった。

いずれにしても「笹子丸」「佐渡丸」「崎戸丸」「九州丸」「吾妻山丸」「南海丸」の六隻は、日本郵船、大阪商船、三井船舶の大型高速貨物船ばかりであったから、この時の陸軍の力の入れ具合がわかる。なお第二三〇連隊は、日本郵船の「笹子丸」「崎戸丸」に乗船した。

陸軍の徴用輸送船の運航形態は海軍とは大きく違っていた。まず各船会社の船長と船員がそのまま軍属で運航しているのだ。なお「吾妻山丸」「南海丸」は海軍徴用船であったが、報国丸のような特設巡洋「艦」ではなく特設運送「船」であったから、民間の船長、船員が運航しており、その上に監督官と称する海軍大佐が乗船指揮していた。

いずれにしてもこの六隻は、七・五センチ高射砲と二〇ミリ高射機関砲、それに機関銃や阻塞弾《そさいだん》打上筒（落下傘付き空中爆雷発射機、対低空飛行機）などを船首から船尾までハリネズミのように装備していた。これらの兵器は、陸軍船舶砲兵隊の兵士が操作するが、なかにはターバンを巻いたインド義勇兵の姿も見られた。

これらを一括して指揮するのは、陸軍の輸送船舶団長である。

報国丸、愛国丸は、一〇月六日付けで第六艦隊先遣部隊に復帰していたので、その命令のもと海軍の委託物資を載せて、トラック島に向けて走り出した。

一〇月一二日〇八時、トラック島に到着。ここで「先遣部隊電令作第一七四号：インド洋において交通破壊作戦を実施すべし」の命令書を受け取り、今里艦長は気が引き締まる思いと強い決心を抱いた。

一〇月一三日一六時一五分、トラック基地を出帆しこのような幽霊話に臆病な兵隊は交代してくれと申し出たのであろう。

シンガポールに至るには、まず西に向かって航走し、フィリピンのミンダナオ島の南を通過して、スルー海を経由しボルネオとパワラン島の間を抜けて南シナ海に至る。あとは一気にシンガポールに向けて南下する。

ミンダナオ島南部にさしかかったのは一八日夜であったが、深夜の巡回を替えてほしいと申し出た兵隊がいた。そんなことはできるわけはないのだが、このころには艦内で妙な噂が流れていた。それはトラック島を出て二、三日してからであった。

深夜の艦内巡回時に、真っ暗な船倉内で数人の陸軍兵士が寝棚に座っていたのを見たという。「こんなところにまさか居残り兵では……」と近づいてみるとフッと消えたが、その場所にはぐっしょりと濡れた跡が残っていたというのだ。

また深夜の便所で用を足していたら、ふと隣に人が立って「この船はいつ日本に……」と聞いてきたので「いや、シンガポール……」と言いながら横を見ると誰もいなかったというのだった。

第八章　絶好の戦機

出撃、インド洋

出撃準備と協議

まずは陸軍輸送を経験した今里艦長は、シンガポール到着までの間、次期通商破壊作戦に思いをめぐらしていた。

しかし時期的には、士官も兵も経験者が交代し下船していた。ベラワン港で臨機に錨を投入した商船の航海長もラバウルで交代した。軍医も主計長も前後して交代する予定であるから、頼りの綱は三月から乗船している砲術長兼副長の竹山少佐と最初から乗っている分隊長の椎原予備大尉だけである。なお機関部の士官は、かなりの士官が居残っているが戦闘には直接関係がない。

回航班の予備士官は、回航経験者であるからこれは頼りになると思えた。

今度は潜水艦との協同作戦ではないし司令部もない。先任の今里艦長が二隻の指揮を執って交通破壊作戦を実施するのであるから、やはり肩の荷は重かったかもしれない。

一〇月二三日、シンガポールに帰港した。

急いで次期作戦の準備にかかるが、その前に陸軍部隊輸送の後始末が大変であった。兵器の梱包品の残り、増設の木造寝棚の撤去などである。船倉から機材や木材など不用品が次々に搬出されて甲板に山と積まれた。これをひとまとめにしてデリックで吊り上げて岸壁に下ろすという作業が延々と続いた。それらに加えて工廠から大勢の現地人労務者が送られ、人力運搬も行なわれた。並行して、機関の不都合箇所の修理、甲板機器の手直し、武器兵装の調整などいくらでもやることがあった。

元に復旧したのが五日後で、その後にようやく次期作戦の準備に入った。

甲板を広く使用するためいったん陸揚げしていた零式水上偵察機二機が定位置に収納されると、報国丸の精悍な姿がよみがえった。搭乗員はシンガポールで待ちぼうけを食ったが、その間は訓練で腕を磨き、英気も十分養っていた。

燃料、潤滑油、清水を満載し、航空機の燃料も満タンとなった。長期のインド洋作戦を前提として、清水タンクと燃料タンクはほぼ二倍に増設拡大されていた。

この時期、行動をともにした潜水艦部隊は本国に帰投し、整備と休養など次期作戦の準備中であった。ほかの潜水艦は風雲急をつげるソロモン海域に出動中で、この時インド洋には例外を除いて日本の潜水艦はいないことになり、今作戦は南太平洋と同様、報国丸と愛国丸のコンビで通商破壊を行なうことになる。そのため潜水艦用魚雷を積む必要があるかが問題になった。

一般乗員としては、取り扱いが繊細なうえ、温度湿度の管理が難しく、一本で報国丸を吹き飛ばすほどの威力がある魚雷は搭載したくないのが本音であった。ましてや船倉にある収納庫の防禦設備は簡略化されている。

五月から六月にかけてのインド洋作戦で、魚雷の洋上供給を行なった実績はあるが、実状は時化を避けて日付や時刻を何回も変更してようやく行なったのである。インド洋はモンスーン時期でなくても、海上模様が悪い日が多いのだ。

洋上での魚雷積み込み作業は、母艦から魚雷をデリックで吊って接舷中の潜水艦収納用ハッチに下ろすが、波によって両艦は複雑な揺れを起こし、吊った魚雷は大きく振れ回わり危険極まりない。このようなことから乗員は、魚雷の積載には消極的であった。

潜水艦用魚雷は、水上艦のものと比べればやや小型だが、それでも長さ七・一メートル、直径五三センチ、重量一・七トンもある。炸薬量は三八〇キロで、これを敵艦にぶち込み轟沈させるわけだから、魚雷一本の威力は凄まじい。しかも魚雷は一定の水深を保ちながら高速で直進する兵器で、その限られた狭い内部は精密機械がビッシリ詰まっている。しかも魚雷一本で新築住宅が建つほど高価である。

作戦検討会が開かれると、「今回の作戦目的は通商破壊であるから、無理して潜水艦用魚雷は搭載する必要はない」という意見があったが、反対に「もし味方潜水艦がいて、供給できないとなればどうするのだ」「作戦海域が変更になり、潜水艦作戦水域に移動して補給せよと指示される場合もあるだろう」との意見が多かった。

最後は艦長判断となり、「魚雷は積載量通り七〇本積めというのが上級司令部の命令だ」という言葉で決定した。

こんななか、嬉しいことがあった。それは完成したばかりの第三番船「護国丸」が先遣部隊配属となって一〇月三〇日にシンガポールに入港してきたのだ。ここで初めて姉妹船三隻が一堂に会した。

「護国丸」は、当初「興国丸」と命名され建造されたが、報国丸と発音が似ていたので、間違いを避けるため建造中に改名された。この船も大阪商船アフリカ航路の新鋭船となるはずだったが、その誕生は対米戦争が始まって一〇か月後であったので外観はかなり違っていた。船体は軍艦色で、門型デリック・ポストも二組となり、船内も実戦優先の仕様となっていた。艦長は応召の水野《みずの》孝吉《こうきち》大佐（三七期、五六歳）、砲術のプロであったから装備した八門の大砲を自在に操っての戦闘には自信があった。

しかし軍隊は現役が上位であるから、八期後輩の今里艦長であっても三隻の指揮権を有していた。それが理由なのか、海軍は「護国丸」を次期インド洋作戦には参加させず、単独行動とした。これは〝指揮の混乱を避けるため〟というより、〝年の功より指揮の序列を優先した〟と推測された。

シンガポール出港日は、三隻とも同日と決まったが、「護国丸」だけが、いったんペナン基地に寄港し、ここで最後の準備を整え、一一月中旬にスマトラ島北端からインド洋に入ることになった。

出撃前の日用雑貨、食料品の積み込み作業で多忙を極めていた一一月一日、愛国丸艦長の大石保中佐が大佐に昇進した。

また同日付けで海軍の下士官兵の階級名が変更となった。

「水兵」の「一等、二等、三等、四等」を「水兵長、上等、一等、二等」とした。「水」を取れば陸軍と同じ階級名となり整合性がとれた。「兵曹」に関しては「一等、二等、三等」を「上等、一等、二等」とした。慣れるまではやや混乱するだろうが、階級が上がったように感じたので問題はなかった。

出港前日、いつも黙って仕事をしている報国丸の烹《ほう》炊員《すいいん》が妙なことを言い出した。

「烹炊所でチュウ公を一匹も見なくなったんですが、誰か見ませんでしたか？」

「なんだチュウ公とは」と兵隊が尋ねると、

「ほら、ペナンで船内に潜り込んで居候していた大きなネズミですよ」

「馬鹿もん、ネズミはいないに越したことないじゃないか。誰かが毒饅頭を食わせたんじゃないのか」とまともに相手をしなかった。

「餌をやっていたら可愛くなるもんで、名前も付けていたんですけど……」と烹炊員は今にも泣きそうな表情を浮かべた。

二度目のインド洋

報国丸の乗員は、南太平洋作戦時と異なって、回航要員、搭載機と機銃の増強に加え、機関、工作、看護、主計の各部署も増員していたので、その総数は三五四名となった。愛国丸もほぼ同数になったであろう。

一九四二年（昭和一七年）一一月五日一〇時、報国丸は愛国丸とともにシンガポールを出港し南に向かった。「護国丸」もあとを追うようにしてシンガポールの錨地を離れたが、北に向けペナンへと針路をとった。「護国丸」は、一一月中旬にはペナンを出てインド洋に入る予定で、三隻でもって神出鬼没の商船狩りを行なえば、敵にとっては大きな脅威となろう。

二隻は、スマトラ島の南端からインド洋に入るべく南下を続けたが、コンビを組んで作戦に出撃するのは、第二四戦隊として太平洋で暴れまくって以来であった。

しかし、あれからすでに一〇か月が過ぎ、乗員の中身も大きく変わった。経験豊富な者も定期人事異動、作戦上の必要性、技術的要素などでどんどん引き抜かれた。新たに異動してきた乗員も優秀な人材であろうが、なにしろ特設巡洋艦のなんたるかを真から理解している者は少ないように思われた。

南太平洋作戦時のように司令部が乗艦しているわけではないが、この場合、二つの考え方がある。

一つは「司令部がいないと誰が取り仕切るのだ」「作戦の立案はどうするのか」「艦としては責任がとれない」「誰にお伺いたてるのだ」という他人依存型である。

もう一つは「司令部のやつらが乗っていると、気をつかって仕事ができない」「乗ってない方が自由な裁量で作戦が実行できる」「決断が速く、有利に敵を攻撃できる」という自主性型である。

普通に考えれば、わずか二隻のコンビの場合は後者の方が有利であろう。

今里艦長は、長く潜水隊の司令を経験してきた人物であるが、果たしてどちらのタイプであったのかはわからない。いずれにしても、愛国丸の大石艦長より三期先輩の先任今里大佐が報国丸艦長兼司令部の役割をすることになる。したがって戦闘が始まれば今里艦長の一言ですべてが決まるのだ。

戦争は、決める人と実行する人が別になっているケースが普通である。いわゆる「命ずる人」と「実行する人」であるが、この関係はあらゆる社会で相似形となっている。司令部と実戦部隊、企画者と実行者、事務所と現場などである。これが戦場であれば、「意中に反した司令部や上官の不条理な命令に不服ながらも従って戦死する」と、無念極まりないケースとなる。

戦場後方から指揮をし、死なず責任はとらない人と、前線で戦死したうえに責任までとらされる人との落差は大きすぎる。さらに勝利しても戦死すれば、手柄は他人のものになるという不条理さもあり、それが戦争の非情というより実相であるから、時として馬鹿らしくてやっていられない感情が噴出し、抗命事件が起きることもある。

　このようななか、幾多の戦場で多くの軍人や兵士が自分の考えと異なる状況で戦死したケースにくらべたら、自分の判断ですべてが実行できる機会は稀有であり、軍人として最もやりがいのある形であったろう。

　シンガポール出港後、二隻はスマトラ島に沿って南下した。二日目の一一月七日早朝、スマトラ島とジャワ島の間にあるスンダ海峡を通過した。右手に一九世紀末に大爆発を起こしたクラカタウ島が成層火山らしく左右対称のきれいな輪郭でそそり立っていた。

　スンダ海峡を抜けると、いよいよインド洋である。報国丸は一二ノットで針路を南西にとり、インド洋の中心へと向かった。南半球は春から夏へと変わるころの空は明るく、空気は澄んでいるから会敵の機会はあるだろう。わずか二隻で縦陣《じゅうじん》、横陣《おうじん》、梯陣《ていじん》といえば大袈裟だが、縦横斜めと水平線遠くに距離をとって、敵発見の確率を高めるよう航海した。

　スマトラ島の南からインド洋に入ったのは、オーストラリアからインドまたはペルシャ湾へと向かう敵商船と出会う公算が大きいと見たからである。夜間は速力を一〇ノットとやや落とした。備付けの二〇倍双眼鏡四箇所の見張員はもちろんのこと、航海当直員の士官も水兵も手持ちの双眼鏡を使って水平線を見つめた。

　一一月八、九日ともに敵の発見には至らなかった。毎日、朝夕に作戦会議を開き、明日の行動予定を決めるが、相変わらず「双眼鏡による見張りを厳重にすること、発見したら直ちに報告のこと」などで、誰も搭載機による偵察を議題に上げなかった。というのもスンダ海峡を抜けてから天候が悪く、偵察機の話など持ち出しにくかったのである。「猫に鈴を付ける」のは誰でもいやなものであるが、業を煮やした士官たちが密かに打ち合わせをして掌飛行長の特務中尉にその役を押し付けた。

一一月一〇日、掌飛行長は渋々ながらも期待を込めて、艦長に思い切って話をした。

「艦長、今日は海上模様がよく飛行日和です。慣らし運転も兼ねて索敵飛行をしたいのですが……」

「飛行機かー、飛ばしたらどうなる」

「はい、索敵範囲が何倍にも広がり、今より敵発見は数段上がります」と分かり切ったことを説明した。

「わかった。しかしまだ艦を止めるわけにはいかん。それに飛行機で自分たちの存在がバレてもいかん。飛ばす時は自分が指示する」と艦長は答えた。

「わかりました。飛行訓練あるいは索敵予定にあらかじめ組み込んでくださるようお願いします」と掌飛行長は最後まで粘った。

「承知した。来週の予定表には組み込めるよう作戦会議で審議する」と艦長は答えた。

運命の二隻

奇《く》しくも、報国丸がシンガポールを出撃した一一月五日、オーストラリア西岸のフリマントル港から二隻の船が出港した。

一隻は船名「ONDINA」（以下：「オンディナ号」）でロイヤル・ダッチ・シェル・タンカー社のオランダ籍のタンカーであった。要目は、長さ一三〇・五メートル、幅一六・六メートル、総トン数六三四一トン、最大船速一二ノットである。

船長はオランダ人のウィレム・ホースマンで、このフリマントル出帆直前に船長として乗り込んだばかりだった。後部ハウスのファンネルのすぐ後ろに防禦用として一〇・二センチ砲一門を備えていた。

もう一隻は、れっきとした軍艦である。艦種は〝スループ〟と呼ばれる小型艦で、名は「BENGAL」（以下：「ベンガル」）といった。

帆船時代の名称である〝フリゲート〟が外洋小型艦なら、〝スループ〟は沿岸小型艦である。日本の分類では〝艇〟になる。したがって外洋作戦向きではなく、沿岸や内海での対潜、対機雷作戦を行なう。実際「ベンガル」の分類は〝掃海艇〟となっている。

長さ五七メートル、幅九・四メートル、基準排水量六五〇トン、最大速力一五・五ノット、シドニーの造船所で八月に完工したばかりのインド植民地海軍の軍艦であった。

艇長はイギリス人予備役軍人のウィリアム・ウィルソン少佐、あとの乗員はすべてインド人である。武装は艇首に七・六センチ砲と対空機銃三基であった。

「オンディナ号」は中東アバダンへ原油を積みに、「ベンガル」はセイロン島コロンボ海軍基地に向かうが、護衛としてディエゴガルシアまで同行し、そこで別れてそれぞれの目的地に行くことになっていた。

なお「オンディナ号」は空船であったが、航続距離の短い「ベンガル」用とディエゴガルシア基地用にわずかではあるが三九〇トンの燃料油を積んでいた。二隻は「ベンガル」が先導して、その五〇〇メートル後方に「オンディナ号」がついて、インド洋を北西に向かって航海した。

実は出帆前にちょっとしたトラブルが発生していた。それは「ベンガル」の乗員一名が帰艇せず、一時間出港が遅れたのである。結局、乗員は戻らず、欠員のまま「ベンガル」は岸壁を離れたが、逃亡は重罪となるから艇内は悲痛な空気に包まれていた。

ところが「オンディナ号」が離岸しようとした時、その乗員がやってきた。逃亡ではなく乗り遅れたことがわかり、ホースマン船長は最初の目的地で「ベンガル」に引き渡すことにして便乗を許可した。

オンディナ号 (ONDINA)

会敵

シンガポールを出港して七日目の一九四二年（昭和一七年）一一月一一日、報国丸は針路をほぼ南西の二二〇度にとり、一二ノットでインド洋中央に差しかかった。愛国丸は右舷正横《せいおう》の水平線に見え隠れするほどの距離を航走し、側方索敵の幅を広げていた。この日はインド洋にしては珍しく朝から天気もよく無風、視界良好で海上は平穏であった。インド洋に入ってから通常航海直から哨戒直となったが、四直哨戒なので当直以外の残りの四分の三の兵員は訓練や整備をしたり、あるいは休んでいた。

これが戦争でなかったら、客船による豪華な船旅である。水兵たちにとって軍艦の居住環境はといえば震動、騒音、過密、ハンモックが当たり前だったので、報国丸の居住性は天国であり、乗員になれたことに幸運を感じていた。

この日の午前中は、さらにうれしいことに慰問袋が乗員全員に配られた。非番の乗員はさっそく自室や甲板で、子供のようにはしゃぎながら各自の慰問袋を開封した。慰問袋とは、学校、職場、隣組《となりぐみ》、婦人会などが主体となって募った国民一人ひとりの善意と厚意による戦地の兵隊さんへのプレゼントである。

中身は、石けん、タオル、タバコ、缶入りドロップ、薬、絵ハガキ、お守りなどさまざまな日用品、ほかに文庫本や将棋などの娯楽品だが、なかには手紙や写真も添えられていた。

軍に委託されたこれらの慰問袋は、やがて戦地に発送され最終的に個々の兵士に行き渡るのである。もちろんこのようなものであるから、正直言って内容物の当たり外れはあったが、兵隊たちは狂喜した。そして子供が書いた手紙や絵には深い感動を覚え、望郷の念にかられるのであったが、やがてそれは戦意を鼓舞《こぶ》するものになっていった。

「兵隊さんへ、わたしは小学生です。小遣いを一生懸命貯めて買いました。日本のためにがんばっておられる兵隊さんのことを思うとなんでも我慢します。銃後は私たちで守ります。だから心配いりません。早く悪い敵を成敗《せいばい》して帰ってきてください」と書いてある文面に接した兵士は目に涙を浮かべた。

そんな航海の中、一番マストの見張員が「左舷正横、マスト見える」と大声を発した。

当直将校はこの瞬間顔を上げて艦橋の時計を見た。針は一一時一一分を指していた。

「一一月一一日一一時一一分だ。今度も縁起がいいぞ」との声が上がった。

すぐに「艦長、敵船らしきマスト、水平線上に発見」と報告がなされ、艦長が艦橋に駆け上がってきた。

「敵だな、間違いないな!」

「このような場所にいるからには敵に違いありません」当直将校は言い切った。

「よーし、合戦準備。総員戦闘配置につけ」と艦長は発令した。けたたましく艦内ブザーが鳴り響き、「合戦準備、総員戦闘配置につけ」と船内拡声器が繰り返し叫んだ。

艦橋の眼高は見張りマストより六メートルほど低かったので、敵船はまだ視認できなかった。

「愛国丸に信号」「敵発見、第一戦速(一六ノット)とし、南東に変針せよ」と連絡した。

「自分たちの出番がきた」とばかりに搭乗員と整備員が、五番船倉上にある零式水上偵察機に駆け寄って、エンジン始動の準備にかかった。

「よーし、またやったろかー」鉢巻を引き締めながら、全砲員が配置についた。回航班も移乗艇に駆け寄り乗り込み用具を整えだした。

「直ちに増速し、敵に首向せよ」と艦長が命じた。副長兼務の砲術長が「第一戦速!」と号令をかけるとテレグラフで機械室に伝えられ、主機が轟音を上げだした。しばらく現針路を保持して左舷水平線下の敵船状況の報告をマスト見張りから逐一受けながら、敵の針路延長線上に来たのを見計らって一一時二七分、「艦長、敵に首向しまーす」と副長が言った。

「航海長、操艦」と航海長が大声を出して当直将校から操艦権を取り上げた。航海長はすぐに「とーりかーじ(取舵)」と号令をかけると、操舵員は復唱して舵輪を左に回し始めた。

艦尾から強力なエンジンによる二軸のスクリューが発する二条の蹴出《けだ》しが、ゆるやかなカーブを描き、艦首が左に振れ始めた。

「よーし、今の針ヨーソロ」最終的に一二〇度に艦首を向けたのが一一時三〇分であった。

このあと艦橋でも敵船のマストがようやく見えてきた。水平線上にあってこちらを向いているので、ほとんど真向いで行き合う関係となる。大型双眼鏡で凝視

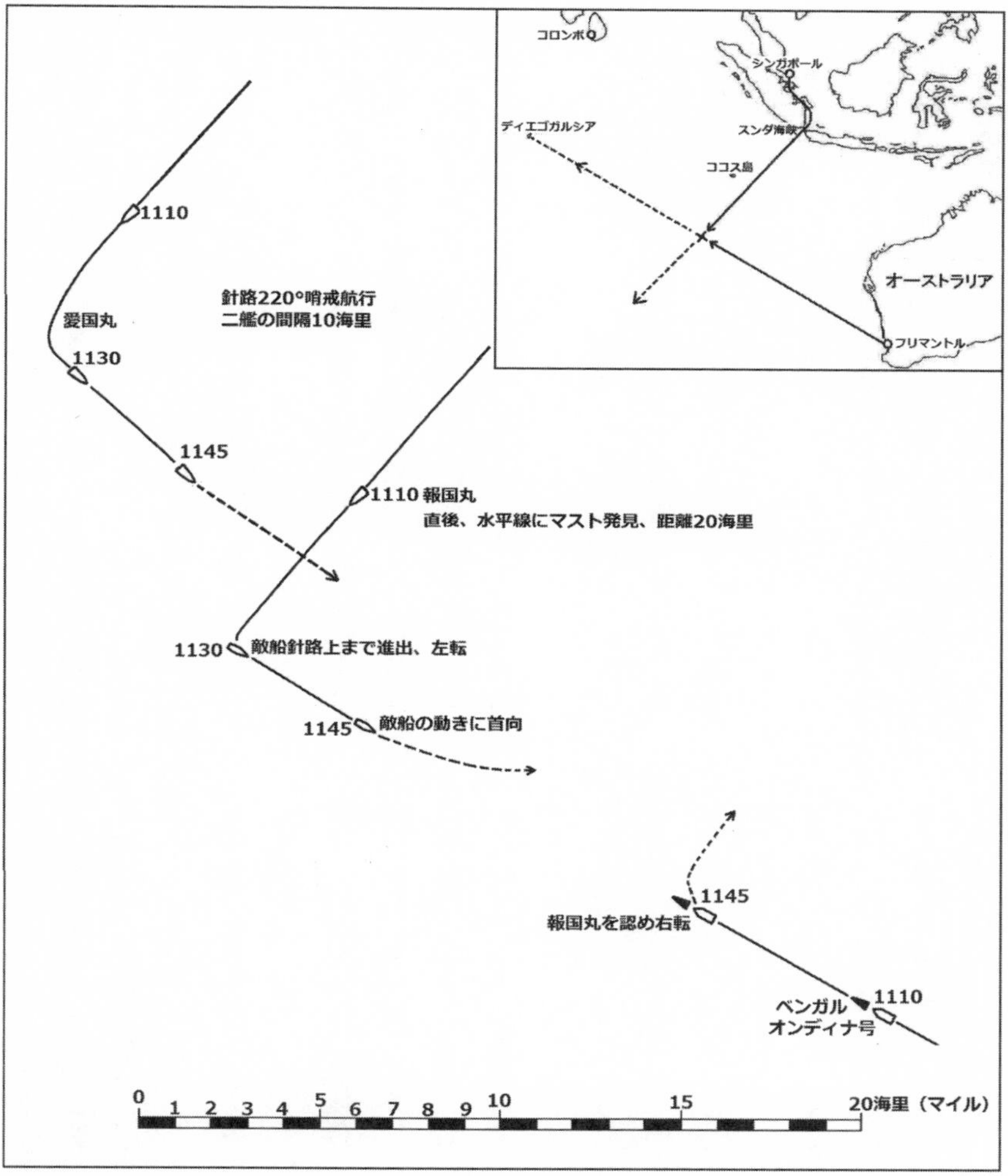

図12 会敵初動時の航跡

していた見張りが、「どうも二隻のようだ」と報告すると、艦橋の誰もが「これはメッケものだ」と思った。

「艦長、左舷後方水平線から愛国丸きまーす」と見張りが叫ぶと、「これで鬼に金棒だな」と声が上がった。

すぐに零式水偵独特の三菱金星エンジンの精悍な爆音が響きわたり、周囲を圧倒したが、まさに主役登場の感がみなぎっていた。六〇キロ爆弾四個が装着され、その投下確認が整備員と搭乗員の間で行なわれた。その間、荷役ウインチが唸りワイヤが伸展し、ブームが次々と展開セットされ、水偵の「吊上げ、振出し」の準備が整った。快晴、海上静穏の飛行日和、零式水偵の性能と鍛えぬいた手腕にかかれば、今の敵なら赤子の手をひねるようなものだ、と搭乗員たちは心が弾んだ。

「一番砲用意よろしい、三番砲準備よし……」「回航班の準備よろし」と次々と艦橋に各部署から連絡が入ってきた。

一一時四〇分、掌飛行長が艦橋に上がって来て、息せき切りながら「水偵、爆装のうえ暖機《だんき》運転終了。使用さしつかえなし、艦長、副長、航海長！」と大声で告げた。

「よーし、わかった」と艦長は短く答えたが、すぐに「最大戦速（二〇ノット）にしなくてもいいのか」と続けて問うたので、減速停止するものとばかり思っていた副長（砲術長）は驚いて、「そこまでエンジンを酷使しなくても今の敵ならこれで十分です。船速があるほど砲撃の命中精度は落ちますから」と答えた。

周囲の士官たちは、双眼鏡で前方をじっと見つめている艦長を、横からちらりちらりと見た。艦は敵船に向かって邁進しているが、艦長はどのような処置をとるのか誰にもわからず、ただ張りつめた空気だけが続いた。

気を揉《も》んだ砲術長が、沈黙を続けている艦長に向かって、「艦長、水偵を使って弾着観測させてください」と別途使用法で意見具申したが、無言であった。

その直後の一一時四五分、大型双眼鏡の見張りが

「敵船、面舵（右）に回頭始めるー、距離一〇カイリ（一万八五〇〇メートル）」と大声で叫んだと同時に一斉に目をやると、二隻の敵が同時に右回頭を始めたのが認められた。「あいつら、いま気づいたな」と艦橋の誰もが思った。

「艦長、敵船の移動に合わせて向首《こうしゅ》します」と航海長が言って、操舵員に「敵船に向けよ」と指示すると、小刻みに舵を切り、常に艦首が敵船に向いた。

ほぼ右九〇度変針して真横を見せた敵船を双眼鏡で見ていた航海士が、そのシルエットから「哨戒艇とタンカーです」と言った。続けて見張員が、大型双眼鏡のレンズに刻まれた目盛から「タンカー長さ一五〇メートル、哨戒艇七〇メートル」と大声で伝えてきた。

さらにもっと重要なことが判明した。「タンカー、船尾に備砲一門あり、哨戒艇、艇首に一門の小型砲らしきものあり」と続けて報告がきたのだ。

敵の備砲を見て砲術長が「艦長、五カイリ（九二〇〇メートル）以内に接近すると敵備砲の射程距離に入ります、距離を置いて敵の射程圏外から砲撃した方がよいと思いますが」と進言した。

艦長は「そうだな」と言ったが、敵船との距離八・五海里（一万五七〇〇メートル）となった一一時五〇分、いきなり「哨戒艇を撃滅、そのあとタンカーを処理せんとす。直ちにこれに向かう」と正式に発令した。

「敵の頭を押さえるぞ。一〇度左に向け」と航海長が操舵員に言った。「一一〇度です」「あと五度左に向け」と敵船の針路を妨害するよう一〇五度に向けていった。

報国丸はぐんぐんと敵船に接近した。艦長の脳裏には何が浮かんでいるのか。「初めて見る敵」「初めての実戦」「見敵必戦《けんてきひっせん》」「拿捕」「撃沈」など、期待と不安が交錯しているに違いない。

戦闘態勢に入った艦橋では、「艦長はこのまま分捕るつもりだ。大丈夫かな」「戦場には魔が多い。慎重でなければ危険だ」と、歴戦の士官たちは内心そう思ったが、到底口に出して進言する勇気はなかった。

一一時五五分、「哨戒艇、左転する」と誰かが大声で叫んだ。「おお、小さいのがこちらを向きだしたぞ」「距離知らせ」「距離一万三〇〇〇メートル（七海里）」

砲撃開始

すでに述べたが、この二隻は一一月五日にオーストラリアを出港した「ベンガル」と「オンディナ号」であった。

「ベンガル」の後ろ約五〇〇メートルを「オンディナ号」がついてきていたので、ほぼ同時に右九〇度回頭した結果、二隻は直列から並列航行となった。しかし、その後「ベンガル」だけが報国丸に艦首を向けたことにより、「オンディナ号」を背にして報国丸に向かって来る形になった。

「ベンガル」が報国丸に向首したことで、ほとんど真向い相対速度三二ノットでぐんぐん接近してきた。正面衝突せんばかりの向き合いになったのを見て、「このままではあと一〇分ほどでかち合います」と航海士が報告した。

一一時五八分、報国丸は右砲戦を可能とするため針路をさらに五度左に切り、一〇〇度とした。この時、照準を「ベンガル」にずっと合わせていた艦首にある一番砲台の砲台長が待ちきれずに、「まだ撃たないのかー」と怒ったような声で艦橋に催促した。

「艦長、まもなく敵の射程内です。もう撃ちます」と砲術長が言った。「よーしわかった。撃て」と艦長が答えた。すぐに「撃ち方始め」が発令され、一番砲から待望の第一弾が発射された。時刻はちょうど一二時〇〇分で、距離は八九〇〇メートル（四・八海里）であった。一番砲は次々と砲撃を続けたが、距離がやや遠く目標が小型でなかなか命中しなかった。

報国丸電信室では、傍受していた電信員が敵の無線発射を捉えた。

「平文だ。慌てているぞ」と言いながら、受信メモは直ちに記録されて艦橋に届けられた。

「Bengal to Fremantle, We are being shelled, position 19-38S, 93-05E」（フリマントル局、こちら「ベンガル」、砲撃を受けつつあり……）

「クソ、電波を出したか。近くに敵の軍艦がいたらまずいな」と艦橋の誰もが思った。

一二時〇二分、「ベンガル」は砲撃を受け、慌てた様子でやや左転し、針路を西南西に向けた。これにより「ベンガル」は右舷を見せて報国丸右前方から右後方に斜めに通過する形となり、理想の射撃ができる対勢になった。

すかさず砲術長が叫んだ。「艦長、右砲戦をかけます」「よーし、準備でき次第砲撃せよ」「針路を固定する。今の針（一〇〇度）のまま、一、三、五、七番砲、右前方哨戒艇に照準。直ちに射撃開始せよ」と砲術長が発令した。

各砲の砲台長は「我が砲こそ命中弾を得ん」とばかりに、艦首から右二〇度方向にあって右舷を見せて斜めにすり抜けようとする「ベンガル」に照準を合わせた。一二時〇五分、四四〇〇メートル（二・四海里）の距離から続けざまに発砲すると、数本もの水柱が哨戒艇の周囲に次々と上がった。

「ベンガル」も発砲したが、相当慌てていたのか、砲弾は両艦の中間海面に落ちた。やがて逃れようと思ってかジグザクで避航《ひこう》を始めたが、すぐに艦首付近に黄色の閃光がピカッと光った。「命中したぞ」と報国丸の乗員の歓声が上がった。続いて二発目が艦尾付近に命中した。

「早くとどめを刺せ。哨戒艇を撃沈せよ」と砲術長は叫んだ。その時、「ベンガル」から白煙がモクモクと立ち上がった。「火災発生か」「あれは煙幕だ。遁走するつもりだな」この日は無風のため煙幕は放出されたまま停滞したので、その効果は大きかった。

砲撃戦の最中の一二時〇八分、報国丸から見て左舷前方に左舷を見せて北に向かって退避中の「オンディナ号」が、船尾の備砲を使って報国丸に向けて六三〇〇メートル（三・四海里）の遠距離から砲撃してきた。砲弾は散発的で、報国丸には届かず海面に落ちた。

「こしゃくな、あいつ撃ってきやがったぞ」と誰かがどなった。

艦長は黙っていたが、砲術長が「よーし左砲戦用意、二、四、六番砲、左舷前方タンカー狙らえー」と発令した。「艦長、左舷はタンカーを狙います。停船命令も出します」と同意を求めた。「わかった」と艦長は短く答えた。

この時点で右舷は「ベンガル」、左舷は「オンディナ号」に対応する砲戦となったので、現針路を保持したままで両舷の敵艦船に向け発砲した。

「ベンガル」は手負いながらも航行には支障なく、一二時一〇分、報国丸の右正横を一海里（一八五〇メートル）で反航通過した。この時点で遠ざかることになったうえに、「ベンガル」の艦首砲からは死角になって砲撃を受けることはなくなった。

報国丸は自然な形で「オンディナ号」に砲撃を集中した。砲弾は確実に「オンディナ号」を捉え、その周囲には水柱が何本も上がった。やがて前後ハウス間にある二番マストの上半分が倒壊した。すると速力が急速に落ち、みるみる接近し、さらに多数の命中弾を与えたが、薄い船体を貫通したのだろうか、爆発はしなかった。

焦った一番砲台の砲員たちは、有効弾を得ようと煙突のある左舷後部の船体に照準を合わせた。まさに発砲寸前の一二時一五分、「オンディナ号」の前部マストに白旗が揚がった。

「白旗だ。やったぞ」と艦橋はざわめき、艦長は初陣の勝利に一瞬ほくそ笑んだ。

「敵の射程に入ると危険だ」と主張していた士官たちもあっけない結末に、「艦長は度胸があるなー、突っ込めば勝つんだ。見直した」と思った。

「虎穴に入らずんば虎子を得ずか」「やりましたね。また勝った」と、艦橋でもやれやれと安堵感から緊張感が一気に消えた。

「撃ち方やめー」「撃ち方やめー」と艦橋から各砲台には伝えられたが、殺気立っていた砲員たちは「なんだ、もう止めるのか」「これからが面白くなるってところだ。なんで沈めないのだ」「運のいいやつだ」「白旗なんか揚げやがって」「日本だったらこんなことはありえない」と砲員たちはそれぞれに語気を荒げて愚痴《ぐち》った。

降伏船は、さらに後進のエンジンを使ったらしく船尾の水面が、逆転のスクリューでかき混ぜられ、白い渦が船体後部を埋め尽くして船が完全に止まった。

一二時二〇分、今里艦長は「哨戒艇は沈んだか。どこへ行った」と周囲に尋ねると、「左舷艦尾方向、南西方面に逃走中。現在距離五カイリ」との返事があった。

「護衛も放棄か。逃げ足の速いやつだ」「手負いですから、間もなく沈むな」それを信じるかどうかは別として、今は目の前の降伏船を処置しなければならない。

続けて艦長は、「愛国丸は、どこだ」と尋ねた。航海長が「はい、左舷正横、方位二九〇度、距離六カイリ（一万一〇〇〇メートル）、こちらに向かっています。あそこです」と艦橋の外で左舷を指さした。

艦長は「よし愛国丸に命令。貴艦はただちに南下し、敵哨戒艇を追撃・捕捉のうえ撃沈すべし」と発令した。

こうして「ベンガル」を愛国丸に任せ、報国丸は降伏船に近づいていった。

船首が西に向いた姿勢で左舷を報国丸に見せて停止浮遊していた「オンディナ号」に向かって、「貴船を臨検し、拿捕の手続きをなす。受け入れの用意をなせ」の発光信号を送った。

降伏船

「オンディナ号」との距離はあっという間に縮まり、一〇〇〇メートルを切ったところで機関の回転を落として前進微速とした。

「回航班はただちに乗艇。拿捕に向かう準備をなせ」と艦内放送がなされた。

「距離八〇〇……七〇〇……六〇〇メートル」と接近距離が報告されるなか、「タンカーの船首から回れ」と艦長が言った。

「オンディナ号」の船体は、戦時色の灰色に塗装してあったが、船首に書いてある船名は若干残してあったので、敵商船を双眼鏡で凝視していた見張員が、

「船名はONDINAでーす」と大声で発した。

操艦していた航海長が「敵船の船首から右回頭して一周します」と報告した。報国丸はさらに速力を落とし、ゆっくりとした速力で船首前方を横切った。そして円を描くように右回頭すると、「オンディナ号」とちょうど船首が反対向きに右舷対右舷の対勢となった。

艦橋や各層の甲板から降伏船を見つめると、もう目と鼻の先にいる白人乗組員が総員と言っていいほど甲板に出て、不安そうな様子でこちらを見つめているのが手に取るようにわかった。

もう逃げられない。護衛の「ベンガル」は遁走中で、こちらはやがて沈む運命だ。強力な武装商船が目の前にいる。観念したのか、まな板のコイになったのか、白旗を掲げた「オンディナ号」は、国際法に従うしか生きる道はなかった。

今里艦長の脳裏には、「大海指第六十号」の内容が浮かんでいた。

「水上艦船の作戦実施に当たりてはできる限り正規の手続きを経て臨検することを建前とする。止むを得ず撃沈した場合はできる限り人命の救助に努める。敵性船舶はできる限り拿捕し、これを内地港湾に回航することを建前とする」

前準備として、外舷の様子を観察し、移乗する箇所を物色するため、敵船一周を始めたが、それは敵を威圧する効果もあった。

艦橋では「舷梯《タラップ》は降りているか」「縄梯子《ジャコップ》は下がっているか」「早く準備するよう手旗を送れ」などと指示が飛んだ。

「おーもかーじ（面舵）」と航海長の声が艦橋内に響いた。操舵員が復唱して舵輪を右に回すと報国丸はゆっくりと艦首が右に振れ出した。

「このまま右回頭して船尾を回ります」再び航海長の声がした。

この時、敵味方は勝者と敗者、支配者と被支配者、生殺与奪権《せいさつよだつけん》の有無者の見つめ合う異様な空気に、とてつもない長い時間を感じた。

普段は気にもならないジャイロコンパスの歯車の刻

み音が、カタッカタッカタッと回転するたびに静寂な空気漂う艦橋の中でやけに響いた。

　やがて報国丸は「オンディナ号」の船尾を回り始めた。そこには船名が「ONDINA」と肉眼でも読める程度に残されていた。船籍港も同じ濃さで表示してあったが、日本人にはしっくりしないアルファベット文字であった。

「どうだ、読めたか」と双眼鏡で見ている見張りに聞いたが、「エス、点、ジー、アール……」と要領が得なかった。別の見張員が「エスグラベン……とか書かれています」と言いながら、メモを取って士官に回した。それには「s・GRAVEN・HAGE」と記してあったが「これは何じゃ」「間違ってないか」「こんな港あるのか」と士官連中は騒いだ。

　普段はおとなしい軍属電信員がメモを見るなり、「これはオランダのハーグのことです。ロイヤル・ダッチ・シェルの本社がここにあります。このタンカーはその会社のものに間違いありません」と答えた。

　この時、報国丸の右舷中央が降伏船の船首尾線の延長上を通過し終わって、後部がその場所に差しかかり、まさに航海長が面舵の号令をかけようとした。

　各甲板で敵船を見つめていた乗員が、どこからともなくざわめきだした。艦橋でも、あれよあれよと見守っていたが、「敵砲員、駆け寄るー」と誰かが大声で叫んだ。

　それを直接見ていた者も、大声に気づいた者も、事の重大さに背筋が凍った。

発砲、被弾

「オンディナ号」の備砲に駆け寄った数名が到着したと同時に、砲口がピカッと光った。その瞬間、報国丸の後部に轟音が走った。

　水偵と臨検用カッターを吊り上げる用意で、林のように展張していたデリック・ブームが直撃を受けたのか、炸裂した砲弾の破片と破壊されたブームの割片《われへん》が勢いよく四方に飛び散った。支えのワイヤが切れたのか、あるブームが巨大な金棒となって振れ落ち、その先端が飛行甲板を突き破って右舷の上甲板で止まっ

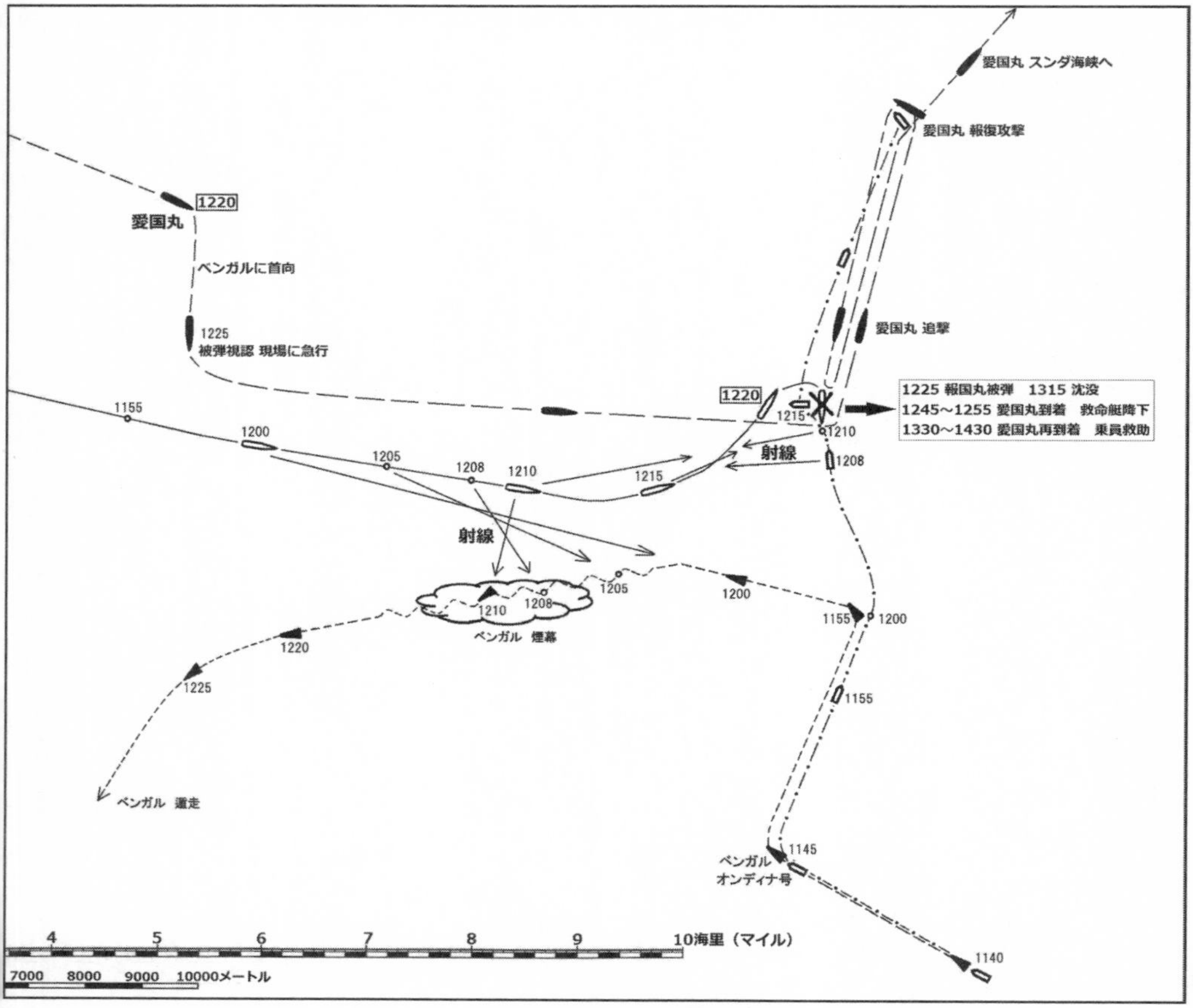

図13 戦闘経過

た。

一瞬の凶変《きょうへん》のあと、異様な静寂がその場を支配した。時刻は一二時二五分であった。

何ということだ。敵は白旗を掲揚しておいて、接近した報国丸に直射射撃（Point-Blank Shot）を不意に浴びせたのである。敵の砲手は、とっさの判断で砲身を操作する間もなく引き金を引いたのであろうが、報国丸にとって不覚で不運であった。

「窮鼠《きゅうそ》猫を噛む」とはこのことだろうか。「好事、魔多し」砲弾を込めた砲口にわざわざ急所をさらけ出したのはあまりにも迂闊《うかつ》であった。

「どうした。艦は大丈夫か」

と艦長が叫んだ。

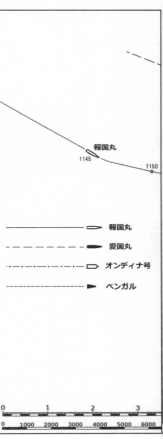

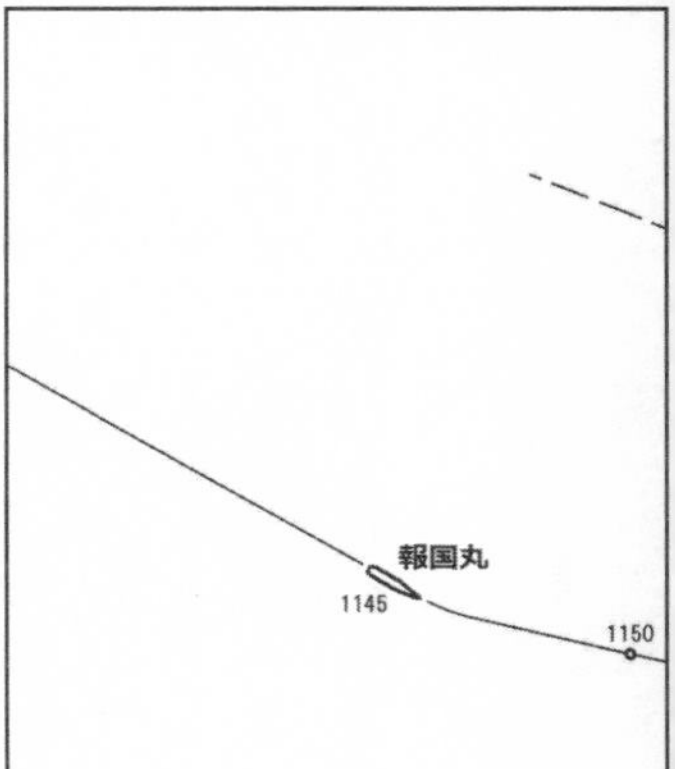

「ちくしょう、撃ちやがった」と砲術長が茫然とたたずんでいた。

一見、それ以上に何事もない時間が過ぎるかに思われたが、事態は急速に進んでいった。

あらゆる大小の破片が、爆装のうえ燃料満タンで発進待機していた新型の零式水上偵察機に降り注ぎ、あるものは突き刺さった。無数の破片孔ができた燃料タンクからガソリンがこぼれ出し、下方に万遍なく広がり始めた。

右舷の発射管には魚雷が装塡してあったが、水偵降ろし方の邪魔にならないようにと船首尾線と平行の収納位置にあった。誰かが「魚雷を捨てろ」と叫んだので、我に返った水兵が発射口を海に向けようとした。しかし、その横には倒れ込んできたブームが邪魔をして、どんなにあがいても旋回させることはできなかった。

どこからともなく「火だ、燃えるぞー」との悲鳴が聞こえた。火は最初ちょろちょろであったが、流れ出したガソリンの隅々にまで燃え移るのはあっという間であった

やがて火のついたガソリンは、容赦なく右舷魚雷発射管にも降ってきた。

魚雷発射要員は「危ない、逃げろ」と言いながら、その場を急ぎ離れた瞬間、装塡魚雷二本がほぼ同時にすさまじい音とともに爆発し、周囲の物も人も吹き飛ばし、あちこちから苦しみの悶《もだ》え声が聞こえた。

そんな時、どこから飛んできたのか周囲にはいくつかの水柱が上がった。そのうち「弾が煙突に当たったー」との声がしたが、混乱の極みにあった乗員は誰一人として構うものはいなかった。

「消火班、早く消さんか」と誰かが狂ったように怒鳴っていたが、五番船倉と周囲の甲板は、もはや手が

付けられないような大火災となっていた。水偵から流れ出た火のついたガソリンは、通路、側溝、穿孔、亀裂など、あらゆる液体の通る隙間を経て下方へと流れ、水偵は火の海の真っただ中にあった。

無数に大小の穴が開いた飛行機収納甲板から流れ落ちた火のついたガソリンは、五番船倉のキャンバスカバーをあっという間に燃やし尽くし、ハッチボード一面も火の海となった。もはや、ボードの隙間から内部に流れ落ちているだろう。想像すると乗員は重大な危機に直面していることを察知した。五番船倉には潜水艦用魚雷七〇本がぎっしりと詰まっているからだ。

ハッと我に返った魚雷員が「なんてこった、これは危ない。魚雷庫に注水せよ」と叫んだが、もはや艦内はそのような作業ができる状況ではなかった。乗員は逃げるしかない。

「全員離れろ。逃げろ」と誰ともなく叫んだ。

そんななか、轟音と閃光が走ったかと思うと、火炎に包まれた零式水偵が宙に舞い上がって片翼を下にして海に落ちた。水偵の装着爆弾が爆発したのである。

この直後、恐れていた事態がすぐに始まった。グワーンとこの世のものとは思われない爆発音とともに、目がくらむような閃光が走り、飛行甲板が飴細工のようにめくれ上がった。

大きく開いた破口《はこう》から次々と赤、黄、紫となんとも言い尽くせない爆発色が大音響とともに入れ替わり立ち替わり吹き上がり、その上空には黒煙が立ち上がった。

爆発とともに艦橋もぐらぐらと揺れ、艦長はじめ士官たちは無言で悲痛な表情となった。

そんななか、ひときわ大きな爆発が起こった。すると四番船倉上にあった補用機の零式水偵が爆風で空中に放り投げられ、これまた海中に落下した。

絶え間ない魚雷の炸裂と閃光と衝撃は、そのつど内部を破壊しているのである。左右の外板と前後の隔壁《かくへき》は確実に爆破孔が生じ、外板の破孔から大量の海水が流入し、隔壁の損傷は機械室まで達して心臓部のエンジンを破壊し、機関科の将兵を殺した。

海水が流入するということは、沈んでいることである。一二時四〇分、艦尾がやや下がり始めた。

艦長だけではない、乗員すべてが明と暗を同時に見たといっても過言ではない。暗転した世界、天国から地獄へと、一瞬にして奈落の底にあった。

甲板上の爆発は、人員を殺傷したものの爆風は中空に逃げたが、五番船倉内部の収納魚雷の誘爆は致命的であった。

日本で多くの人の手で丹精こめて生産された高価な魚雷が、敵艦内部で爆発するのではなく、自艦の腹の中で次々と爆発するのであるから、こんな理不尽があるだろうか。

艦尾の方は、大爆発と大火災になっていたが、艦首方向の五門の艦砲は使用できたので、ある砲員は「生かしておくものか」とばかりに、「オンディナ号」めがけて発砲を試みたが、まともに照準などできる状態ではなく、敵船は何事もなかったかのように、その場を立ち去ろうと北北東の方へ向かって走り出した。

乗員は必死で救命艇の降下準備を始めた。そしてハッチボードや椅子など浮くものは次から次へと海中に投げ込んだ。

甲板士官が「退艦命令はまだ出てないぞ」と注意したが、「馬鹿野郎、そんなこと知るか、浮くものはどんどん捨てろ」と古参の海の男がどなった。

一二時四五分、ある乗員が、ふと顔を上げると、目の前に愛国丸がいた。愛国丸は「ベンガル」追撃の命令を受けたものの、報国丸の被弾を知って駆け付けてきたのであった。

「愛国丸が救助に来たぞ」と報国丸乗員は励まし合ったが、愛国丸はピカピカとしきりに発光信号を送りながら、合計四隻の装載艇《そうさいてい》（搭載艇のこと、以下「救命艇《ボート》」）を降ろすと、一〇分後には速度を上げて去って行った。

艦橋では艦長が「もうどうにもならないのか」と、周囲の士官にもらしたが、みな首を横に振るだけであった。

「沈みます。退艦命令を出しましょう」副長の大声に茫然自失の艦長は我に返った。

「わかった。総員退艦を出せ」と同意した。

一三時〇〇分、「総員退艦、総員退艦せよ」と伝声管やメガフォンから響き渡った。

この時を境に乗員は、飛び込み、ロープを伝い、ボートを降ろし、あらゆる方法で海上へと逃れた。「機密文書は処分せよ」「暗号書を海中投棄せよ」と次々に命令が出された。

なんとか使用できる救命ボートは、乗員とともに次々と降下されていった。

そんな時、鈴なりに乗って、今にも降下しようとしていたところに、一団が現れて「どけどけ、お前らは降りろ」と、命令口調で割り込んできた。この時とばかりに威張った特務士官が、大きな箱包みを背負った水兵と護衛の兵曹を連れて立っていた。

「御真影だ。こちらが優先だ。下りろ」と怒鳴った。

五、六人の兵隊が、箱包みに向かって敬礼しながら下りると、一団を乗せたボートは、御真影とともに急ぎ海面に降りていった。

悔しそうにそれを見ていたある兵隊が「なにが御真影だ。弱い商船に負けやがって、あんなもん、最初から沈めればよかったんだ。馬鹿みたいに撃たれやがって」と狂ったように叫んだ。

報国丸は少し右に傾斜しながら、艦尾が徐々に水面に没し始めた。やがて各砲台に整然と林のように並べて立てかけてあった砲弾が、ガラガラと倒れて甲板を不規則に転がり出した。居住区のあちこちから、金属や食器や家具類が落下して滑り落ちるけたたましい音が次々と聞こえ出した。

艦橋ではいつの間にか艦長の姿がなかった。副長が「艦長はどこだ」と大声を出した。

「たった今までここに居られたのですが」と兵曹が答えた。「部屋だ」と直感した士官たちは艦長室に押しかけた。艦長室は中から施錠され、ドアは開かなかった。

「艦長、退艦しましょう。沈みます」と外からドアをゴンゴン叩きながら叫んだが、応答はなかった。ある水兵が艦内備え付けの柄の長い斧を持ってきたが、もはや力を入れて踏ん張れるような水平面はなかった。

「もう危ない。退艦だ」士官たちは艦長室に敬礼し、断腸の思いでその場を立ち去った。

士官も兵隊も軍属も、乗員は艦外に出た。船は鉄の箱である。鉄の箱に閉じ込められたら絶対に助からない。だから船がある程度傾斜した時点で、とりあえず船内から出るしか助かる方法はない。「沈没する船と火事の家には絶対に戻るな」が鉄則である。

しかしこの時、鉄則を忘れて、「伝家の宝刀が艦内にある。取って来ます」とばかりに制止も聞かずに艦内に戻った乗員がいたが、二度と帰ってこなかった。

退艦は次から次へと続いたが、勇気ある者も臆病な者も、インド洋の海水を舐めるしか生きる道はなかった。

おびただしい浮遊物とともに乗員が三々五々と群がっていたが、静穏な海面であったため、発見は容易で、救命ボートやカッターが次々と収容していった。

愛国丸の復讐

敵船追撃

「ベンガル」追撃の命令を一二時二〇分に受けた愛国丸は、「ベンガル」を遠望している南方向に針路を向けたが、そのすぐあとに報国丸の動静を見ていた見張りが「報国丸、大火災発生」と悲鳴ともいえる大声を発した。艦内は一変して「ベンガル」の追撃どころではなくなった。

艦長大石保大佐は、左舷六海里（一万一〇〇〇メートル）にあった報国丸から炎が噴出したのを望見して激高した。

「直ちに敵タンカーに向かい、これを殲滅する」と艦内全員に達した。

「畜生、敵商船め、やりやがったな。弔《とむら》い合戦だ。生かしてはおかないぞ」と愛国丸乗員は心に誓った。

愛国丸は左転し、全速で追撃に向かった。

大石艦長は「早く撃たんか、あのタンカーを沈めろ」とヒステリックに叫んだ。

「もっと寄せてから撃った方が……」と砲術長が抗弁するかしないかのうちに、どういうわけか砲撃が開始された。望見するに「オンディナ号」と報国丸はとても接近していたので、両者の周囲に水柱がいくつも上がった。時間の経過とともに「オンディナ号」は北の方向へと離れだしたが、ここで砲撃をいったん中止し、報国丸に首向した。

一二時四五分、愛国丸は、報国丸のすぐ近くに到着したが、後部が燃え盛り時々不気味な破裂音が聞こえ、艦尾はもはや本来の乾舷の半分が水没していた。

戦争とは「敵が燃え、沈み、死ぬ」ものとばかり思っていたので、まさか行動をともにした僚艦が燃えて沈むということは、誰ひとり想像もしていなかった。目の前で一瞬の轟音と火柱が起こったかと思うと、大きな火炎となり、その上空には巨大な黒煙が延々と昇っていく姿に慄然《りつぜん》とした。

しかし、大石艦長だけはミッドウェー作戦で、乗艦していた空母「赤城」が被爆・炎上した悪夢が脳裏によみがえり、「あ〜、またやらかした」と心中は穏やかでなかった。

愛国丸の救助班が急ぎ用意しておいた両舷合計四艇の救命艇に乗って、到着と同時に降下すると、すぐさま大石艦長は「敵はどこだ。敵の撃滅に向かう」と発令し、一二時五五分、機関出力を最大にあげ、「オンディナ号」に向かった。

敵船は、日本側の混乱と狼狽にまぎれながら、北北東に三海里（五五〇〇メートル）ほどのところまで逃げていた。愛国丸は追撃にかかったが、一三時になる直前、二海里（三七〇〇メートル）のところから砲撃を再開した。敵船も一応はわずか数発ながら撃ってきたが、焦っているのか、いずれもあらぬ方向の水面に落ちた。愛国丸の射撃は正確で、到着までに六発が命中したが、「オンディナ号」は、どういうわけか爆発も火災も起こらなかった。

さらに十数分後、敵船の右舷側に到達した愛国丸は、四〇〇メートルの距離から左舷砲で射撃を開始、真っ先に船尾の備砲を破壊した。この報復砲撃に「オンディナ号」のホースマン船長は恐怖に陥り、「白旗を揚げろ。停船せよ」と叫んだ。

「白旗」がマストに揚がり、後進をかけて船体は停止したが、愛国丸の容赦のない攻撃に観念した船長は「白旗に意味はない。砲撃は続く。脱出しか助かる手だてはない」と判断し、〝全員退船〟の命令を出した。

砲術長が「二、四、六番砲は船橋に照準、射撃せよ」と命じた。船橋《ブリッジ》は船の頭脳であるから、ここを破壊すれば船はただの鉄塊《てっかい》に過ぎなくなる。砲術長から命令を受けた各砲台はブリッジに照準を合わせた。砲台長の「テェー（撃てぇー）」の声と同時に射手が引き金を引くと、一四センチ砲弾がブリッジに吸い込まれていった。

そこには、乗員全員が無事に救命ボートに乗り移るのを見届けようと総指揮をしていたホースマン船長がまだ残っていた。その体に直撃弾の轟音とともに鉄の破片がいくつも突き刺さった。

この間、「オンディナ号」の乗員五六名は、愛国丸から見て裏側にあたる左舷側の中央ハウスの一隻、船尾ハウスの二隻、合計三隻の救命ボートと二基の救命イカダを降下し、わずか三分という短時間で乗り移った。

なかなか沈まないのは、ただの船体殻《から》で、しかも空船だから強力な砲弾は貫通するだけだった。しかもタンカーは区画が多く、かなり浮力が残っているのである。

このとき回航班長が職責上なのか、「艦長、この船に我々を移乗させてください。必ず持って帰ります」と申し出た。

大石艦長は、「駄目だ。もう時間がない。無線が出ている。いつ有力な敵が来るかわからない」と却下した。そして同時に、「早くとどめを刺せ」と命じた。

「左舷魚雷を発射します」と水雷長が応答した。一本目の魚雷が発射されると「オンディナ号」の右舷中央付近に突き刺さり、大音響とともにマストの一・五倍ほどの水柱が上がった。さらに二本目を発射すると、中央と後部のハウスの中間に命中した。これで水面下に大穴が開いたはずだが、右舷に三〇度ほど傾斜しただけでまだ沈まなかった。

大石艦長は「船首の方から、反対舷に回れ」と言うと、愛国丸はゆっくりとした速度で「オンディナ号」の船首を左に見て大きく回り込んだ。そこにはオランダ人と中国人らしき東洋人が乗った救命ボートが三隻浮かんでいた。

ボートの乗員は、驚きと失望の顔つきでこちらを見つめていた。ある士官が「こいつら、皆殺しだ。機銃を撃ち込みましょう」と言い放った。大石艦長は肯定も否定もしなかったが、乗員は阿吽《あうん》の呼吸で、機銃をいちばん近いボートに向け「ダダダー」と発射した。

ボートの人間はほとんど海中に逃げたが、ボートや海面が鮮血に染まった。残りのボート内では「今度は自分たちだ。やつらは来るぞ。皆殺しになる」と報国丸の〝仇討ち〟に身の毛もよだつ恐怖に陥った。

報国丸乗員救助

機銃を二隻目に向けた時、「報国丸が立った。危ない、あっ沈むー」と一斉に声が上がった。

その方向に目をやると、南南西三海里（五五〇〇メートル）に報国丸が艦首を上にしてまさに水面下に没するところであった。

被弾から五〇分経過した一三時一五分、報国丸は迷彩を施した艦首を高々と上げ、一瞬止まったようであったが、沈下による内部水圧のため艦内空気が圧搾《あっさく》され、船体のあちこちの隙間から勢いよく噴出していった。そして、ゆっくりと吸い込まれるように、南緯二〇度一一分、東経九三度一五分の海面から消えていった。

愛国丸は機銃掃射を止め、報国丸の沈没地点に急ぎ、一三時三〇分、現場に到着した。

六隻の救命艇には、内火艇とカッターがあった。カッターは動きが鈍重であったが、海上が穏やかであったのが幸いして、漕ぎ手のスペースがないくらい大勢を収容していた。

愛国丸は、両舷の乗艦用タラップを海面に下ろして、救命艇の到着を待った。報国丸乗員は、着の身着のままであったうえ、体力を消耗していたのと精神的ショックで生気を失っていたが、悔しさでたまらなくなっていた大石艦長は、タラップの救命艇に向かって「元気を出して上がってこーい」と大声で叫んだ。

最終的に報国丸乗員の収容が終わったのが一四時三〇分であったが、救助人員は何度数えても二七八名であった。総数三五四名であったから、結局七六名の戦死者が出たことになる。

戦死者は五番船倉付近に配置されていた水偵搭乗員、回航要員、魚雷発射要員、デリック操作員、六、七、八番砲の砲員などであったが、ほかにも中央船底機械室の機関長はじめ機関要員が多かった。ほかは逃げ遅れや溺死であろう。生存者は船が爆発しながら沈むことの恐ろしさを、身をもって知ることになった。

大石艦長は作戦を打ち切り、シンガポールに向けて帰途に就くこととした。

北東に艦首を向けたが、ちょうどその方角に案の定「オンディナ号」がまだ浮かんでいた。

たった一発の一〇・二センチ砲弾で沈んだ報国丸だが、二〇発以上の一四センチ砲弾と二本の五三センチ魚雷を受けた商船がまだ浮かんでいるのだから不思議である。

一四時五〇分、右舷に傾斜して無人で漂流中の「オンディナ号」を、今度は左舷に向かって、とどめの魚雷一本を発射した。しかし、魚雷は船底を通過した模様で、何事も起こらなかった。

艦橋は、失望と焦燥感に包まれ、手負い船を睨《にら》んでいた大石艦長の口から出た言葉は、「どうだろう。沈むだろうか」であった。

「駄目です。もう一本ぶち込みましょう」という前に、誰かが「大丈夫です。やがて沈みます」と返事した。

その言葉を耳にした大石艦長は、「航海長、スンダ海峡に向けい」と命じた。

驚いた砲術長がすかさず、「艦長、まだ敵のボートが二隻、浮いてます。捕虜にしましょう」と進言した。

操艦を担当していた航海長は、走るのか止まるのか指示を待ったが、艦長は沈黙を守ったまま航海長に視線を向けた。

察した航海長が「針路〇四〇度、第一戦速」と大声で発令したのが、ちょうど一五時であった。

危険海域を一刻も早く立ち去らなければと考えていたのだろうが、救命ボートに敵乗員を残したままこの場を立ち去ったことが、あとにとんでもない結果になろうとは誰にも想像できなかった。

第九章　検証と考察

砲戦の疑問

日本と外国の記述

第八章までが、報国丸の史実ストーリーであるが、読者の中には「敵船が降伏したとは、どの本にも書いてないぞ」「敵が強いのは当然だ。だから沈められたのだ」「見て来たように書いて何を根拠に」と思われる方がおられるだろう。

そこで、このような疑問に答えるのがこの最後の章である。

ここでなぜ〝そう言えるのか〟順を追って検証していくことにする。

まず、小規模な海上遭遇戦のため、資料は極端に少ない。書物やネットでも簡潔に述べてあるだけだが、その中から一般的記述を次に挙げてみる。

〔日本側の記述〕

水交：一〇二号『海狼 報国丸の最後』伊藤春樹（一七頁）

「ある日の事、南インド洋で一隻の大型タンカーを発見、よき獲物とばかり近づいてみると、タンカーのかげに猟犬のように身をかくしている護衛艦が一隻いるではないか。たちまち報国丸とのあいだには、はげしい砲戦がくりひろげられた。

まず報国丸の放った一五サンチ砲《ママ》の一弾がタンカーに命中、その巨体はたちまち火焔に包まれたが、不運にも報国丸の船尾ちかくにも護衛艦の一弾がさく裂した。船尾には魚雷格納庫があった。火炎はしだいに後部に燃え広がり、必死の消火作業も空しく危険な魚雷につぎつぎと引火爆発しはじめたから万事休すだ」

（注：伊藤氏は通信参謀として報国丸乗船、太平洋作戦に従

事）

『暗い波濤（上）』阿川弘之（一六〜一七頁）

「報国丸はタンカーの方はあとで拿捕するつもりらしくまったく無視して、護衛艦にばかり悠々とした感じで砲火を浴びせていた。（中略）英国オランダ系の商船やタンカーの多くは、船尾に砲を積んでいた。戦闘の圏外に置かれたタンカーの上では其の時、砲手たちが船尾の小口径砲に取りつき、ゆっくり狙いを定めて報国丸に向けて射撃を開始した。

初弾が報国丸の後甲板、水上偵察機を搭載してあるちょうど其の部分に命中した」

第二次大戦海戦小史『日本のエムデン』木俣滋郎

（六七頁）

「遂に報国丸は一四センチ砲の火ブタを切った。『ベンガル』も、これに対して約三二〇〇メートルから、七・六センチ砲で応戦する。

二十発も撃ったころ、掃海艇はタンカーと互いに離れ離れになってしまい、二発の命中弾を受けた。

かくして第一ラウンドは日本の〝商船〟の方がインドの軍艦より優秀だったのだ。けれどもタンカー、オンディナ号の船尾にあった一〇センチ砲《ママ》からの一発が報国丸に命中して、マストを落下させる。このたった一発の命中弾が彼女の命取りとなったのだ。発生した火災はメラメラと搭載機をなめた」

［外国文献の記述］

「The War at Sea : History of the Second World War」p.272（イギリス：公刊戦史）

「ベンガルは、オンディナ号に『自由に行動せよ』と命じると、敵船に舵を向けて真っすぐに近づいていった。敵情を判定するに、速力も武装もはるかに優勢な大型船であった。

正午過ぎ、敵船はベンガルに向かって砲撃を開始した。ベンガルもすかさず小口径砲で三五〇〇ヤード（三二〇〇メートル）の距離から応戦した。すると間もなく命中弾を得て、大爆発と火炎が上がった。ベンガルも二発の被弾があった。そのころ、オンディナ号が約七マイルの距離から撃ってきた」

「Royal Australian Navy 1942-1945」p.195（オーストラリア：公刊戦史）

「ベンガルはオンディナ号に『逃走せよ、明日落ち合う』と信号を送り、報国丸に向かった。報国丸とベンガルは砲戦となったが、ベンガルの小口径砲では射程が短いとみたオンディナ号は八〇〇〇ヤードの距離から報国丸へと砲撃を開始した。初弾はオーバー（遠弾）、四〇〇〇ヤードの修正、その修正弾はショート（近弾）、そして遂に五弾目が船尾に命中して大爆発となった」

「The Ondina battle」「The Battle pp.5-13（オランダ）

「ベンガルとオンディナ号は右に九〇度回頭し、NNW（北北西）に向けた。それからベンガルはオンディナ号を逃がす時間稼ぎのために左転し敵船に向いた。一二時一二分、ベンガルは三二〇〇メートルの距離から砲撃を開始した。そのすぐあとにオンディナ号が八〇〇〇メートルから砲撃を開始した。オンディナ号は逃げきれないと思ったのと、ベンガルの砲より自分の砲がまだましだと判断したからだ。

一二時一二分、報国丸も射撃を開始した。するとオンディナ号は周囲を着弾に見舞われた。やがて砲弾がマストに当たって砕けた。

オンディナ号の三発目が報国丸のハウスに命中したが、速力と装備にはなんの影響もなかった。自信を得た砲長は『船尾を狙え』と命令した。するとなんと報国丸の右舷の魚雷発射装置に命中し大爆発が起こった」

さらに英国官報の「ロンドン・ガゼット」（The LONDON GAZETTE 12 July 1948 p.4014）の文章を抜粋して記す。

「一一時四五分、ほとんど真向かいで反航《はんこう》してくる日本船を発見した。ベンガルは直ちに戦闘配置となし、オンディナ号とともに退避のため右へと変針した。逃げ切れないと判断したベンガルは単独で左転し、「レイダー1」に向かった。三五〇〇ヤード（三二〇〇メートル）まで迫った時、「レイダー1」が砲撃を開始し、初弾はベンガルの正面四〇〇ヤード（三六〇メートル）に落ちた。そして次々と着弾に囲まれ出したが、ベンガルも一二ポンド砲（七・六センチ砲）を撃ちまくった。すると六発目が後部に命中し大爆発となった」（注：なおこの時点では船名は判明していないため、報国丸を「レイダー1」、愛国丸を「レイダー2」と表現している）

日本側の記述は、総じて次のようになる。

「インド洋においてタンカーと護衛艦の二隻と砲撃戦となった。一弾が運悪く報国丸の後部に命中、誘爆を引き起こして沈没」と淡々と不運な結果を述べている。被弾もベンガルとオンディナ号のものと二通りあるが、どちらのものか問題にしていない。〝護衛艦〟と書いてあることから、負けるのは当然という印象になっているが、本当は〝護衛の艦〟であって、これは掃海艇ベンガルのことだが、弱い相手という意味合いは微塵も出ていない。

次に敵側の記述である。

まずイギリス公刊戦史「The War at Sea」は、大変権威ある書籍だが、これによると、「ベンガルの命中弾で、報国丸が大爆発した」ことになっている。

またオーストラリア（公刊戦史）とオランダの記述は、これと違って、「オンディナ号が八〇〇〇メートルから発砲して命中、報国丸を沈めた」と自慢話になっている。

どちらも、内容は少々濃く、具体的に述べられているところが、日本側と違っている。

ところが、敵側の記述は首尾一貫した海戦の様子を言い表しているように思えるが、注意深く読むと、矛盾が多く現実的には起こりえないことばかりなのである。

それでは何が問題なのか次に見ていくことにする。

ベンガルの報告とオンディナ号の主張

「ベンガル」は当日一一日の一九時、海戦結果を「二発の被弾あるも航行に支障ナシ。敵レイダー撃沈。オンディナ沈没」と無線送信している。

しかし不思議なことに、その五日後の一一月一六日、オーストラリアのフリマントル局に「重傷者あり。至急医療チームの派遣を要す。オンディナ」との電報が暗号文ではなく平文で飛び込んできた。

いぶかしがった当局は「オンディナは沈んだ。これは日本軍が我々を誘《おび》き出すための謀略電報に違いない」と思ったが、翌一七日、念のために捜索用のカタリナ飛行艇を飛ばした。

同じ一一月一七日、「ベンガル」はディエゴガルシアに到着し、その速報内容から置き去りにされた「オンディナ号」は、優勢なレイダー2（愛国丸）により撃沈されたのは確実とされた。

ところがそんななか、カタリナ飛行艇がフリマントル北西二〇〇マイルで、満身創痍ながら航走している「オンディナ号」を発見、沈没はすぐに否定された。そして翌一八日、フリマントルに奇跡の帰還を果たしたのである。

いったん救命ボートで逃げた乗員が再び乗り込み、航海機器を修理してエンジンを回したというから、優れたシーマンシップと船員としての執念に、周囲は驚嘆し感服した。

それにしても、二〇発以上の被弾と二本の魚雷を受け、右舷に三〇度も傾斜したにもかかわらず沈没しなかったこと、エンジンの致命傷もなかったことは、稀にみる奇跡であったろう。

「オンディナ号」の帰還によって、二隻が無事であったことに当局は歓喜したが、ディエゴガルシアとフリマントルの話が食い違うので、頭を悩ますことになった。

それは「オンディナ号」が「自分こそ、レイダー1に命中弾を与えた」と主張したからである。

この当時、敵（連合国）だって個々の人間や部隊は、勲章、褒賞、名誉、栄達が欲しくてたまらないのである。しかし、この二隻は国籍も人種も所属も雑多過ぎた。

「オンディナ号」の乗員はオランダ人と中国人、砲手はイギリス、オランダ、オーストラリアの混成、しかも陸軍砲兵と船舶砲兵からの寄せ集めであった。また「ベンガル」は艇長だけが予備役のイギリス人、ほかは全員インド人であった。

イギリスにとって英連邦国の支配力低下にともない、戦果の配分は国籍や民族にも配慮する必要があったが、双方が「我こそが……」となると話はさらに複雑で、決めかねたであろう。

しかし「ベンガル」は掃海艇といえども軍艦であったから、その戦闘報告書が公式に取り扱われ、戦果も「ベンガル」扱いとなったのは当然であった。しかもこのような報告書は、戦時中は「極秘」であったから、部外者は誰も知りようがないうえ、勝ち戦にわざわざどちらの弾が命中したかを取り上げる必要もなく、問題にもならなかった。

しかし、当時から軍関係者は、「ベンガル」の報告にも「オンディナ号」の主張にも不自然さや矛盾点を感じていた〝ふし〟がある。

それは前記の英国官報「ロンドン・ガゼット」の四〇一三頁下部の脚注に「オンディナ号の主張によれば、八〇〇〇ヤードから放った四インチ砲五発目が命中したというから、両者の言い分は判定しようがない」とあるからだ。

「ベンガル」が、嘘偽りの報告をしたとは思えない。確かに砲撃戦のあと必死で逃亡するが、大爆発が起こったのを遠望した時、自分の砲弾が当たった結果だと信じたのは当然であろう。

いずれにしても、双方が自分の弾が命中したと主張することは、裏を返せばお互い「お前の弾は当たっていない」「お前の弾が当たるはずがない」であって、ここに矛盾点があり、謎を解くカギが潜んでいるのである。

ベンガルとの圧倒的戦力差

まず戦記物は「敵の圧倒的な物量と戦力で日本は負けた」の記述が多いが、この遭遇海戦に限っては、日

船　名	砲口径 (mm)	射程 (m)	弾重量 (kg)	発射速度 (発/分)	射弾総重量 (kg/分)
報国丸	140	1万9000	38.0	10	380
オンディナ号	102	8900	16.0	12	192
ベンガル	76	7300	5.5	15	83

本側が圧倒的に優勢だった。

装備している搭載砲を比較すると、報国丸は一四センチ砲八門に対して「オンディナ号」は船尾の一〇・二センチ砲一門、「ベンガル」にいたっては艦首に七・六センチ砲一門だけである。

三隻の砲一門あたりの能力差を表すと、上図のようになる。

一見しただけで、「ベンガル」の火力が見劣りする。弾の発射数では「ベンガル」が多いから、少しは有利ではないかともいえるが、報国丸の砲数は八門である。その中でも艦首と艦尾砲は両舷に対応できるから、片舷で最大五門は使用できる。ここでは少なく見積もって三門とすると一分あたりの発射数は三〇発、弾の総重量も一一四〇キロとなって実に一三倍以上の差となる。

なお、額面通り五門使用できた場合、さらに差は広がり、互いの標的の大きさに問題があったにしても、それを補って余りある戦力差といえる。

しかも報国丸は全周にわたって八門の砲があるので、三六〇度いかなる方位にでも対応できるが、「ベンガル」は艦首方向、「オンディナ号」は船尾方向と射撃可能域は狭い。

したがって、力士と小学生がケンカするほどの開きがあることから、日本側が少々の失態をやらかしても、そう簡単には負けるはずがないのである。

では、実際の経過で見てみよう。

「ベンガル」の記述では、「一二時一二分、発砲開始、一二時一五分、六発目が艦尾に命中」から、「砲撃戦が始まると、撃ちまくった。そして六発目が命中した。その三〇分後に残弾がわずか五発になったので避退することにした」とある。

搭載砲弾は、わずか四〇発と自ら言っていることから計算すると、発砲開始から三三分間で三五発しか撃っていないことになる。これは発射能力からすると極端に少ないので、とても「撃ちまくった」といえるものではなく、命中確率はゼロに等しい。

「ベンガル」自身は、前部と後部に貫通弾を受け、磁気掃海具などを損傷したというから、報国丸の命中率がはるかに高いことがわかる。

したがって「ベンガル」の砲弾が当たったとすれば、確率的に自身は多数被弾し、確実に沈没しているはずだ。

「いやそんな確率論ではなくて、たまたまベンガルの弾が当たったのではないか、それとほぼ同時にオンディナの砲弾も飛んできて命中したから、両者とも自分が当てたと主張したのではないか」と考えられなくもない。

しかしそれであれば、その時点で決着し、報国丸は遠く離れた「オンディナ号」に近づくことすらできず、後述する接近の話はまったく出てこないはずだ。

このような理由により「ベンガルの砲弾は命中していない」と断定できるのだ。

オンディナ号の発砲距離

次に「オンディナ号」であるが、連合国側の記述では発砲した時の距離が必ず書いてある。八〇〇〇メートル、八〇〇〇ヤード、七三〇〇メートルと単位の使い方がマチマチではあるが、おそらく「ロンドン・ガゼット」にある〝八〇〇〇ヤード〟が原点であろう（八〇〇〇ヤード＝七三〇〇メートル）。

「オンディナ号」の備砲は一〇・二センチ砲（四インチ砲）である。この砲の最大射程は八九〇〇メートルであるから、七〇〇〇～八〇〇〇メートルであれば、一応ながら射程内といえる。しかし、限度いっぱいの目標を狙って撃つということが、どれほど大変なことかは〝銃砲弓〟などの実務者や専門家でなくても、おおよそ察しがつく。

海上の砲撃戦であれば砲を対象に向けるのではない、あらぬ方向に向けるのである。つまり発射弾が、

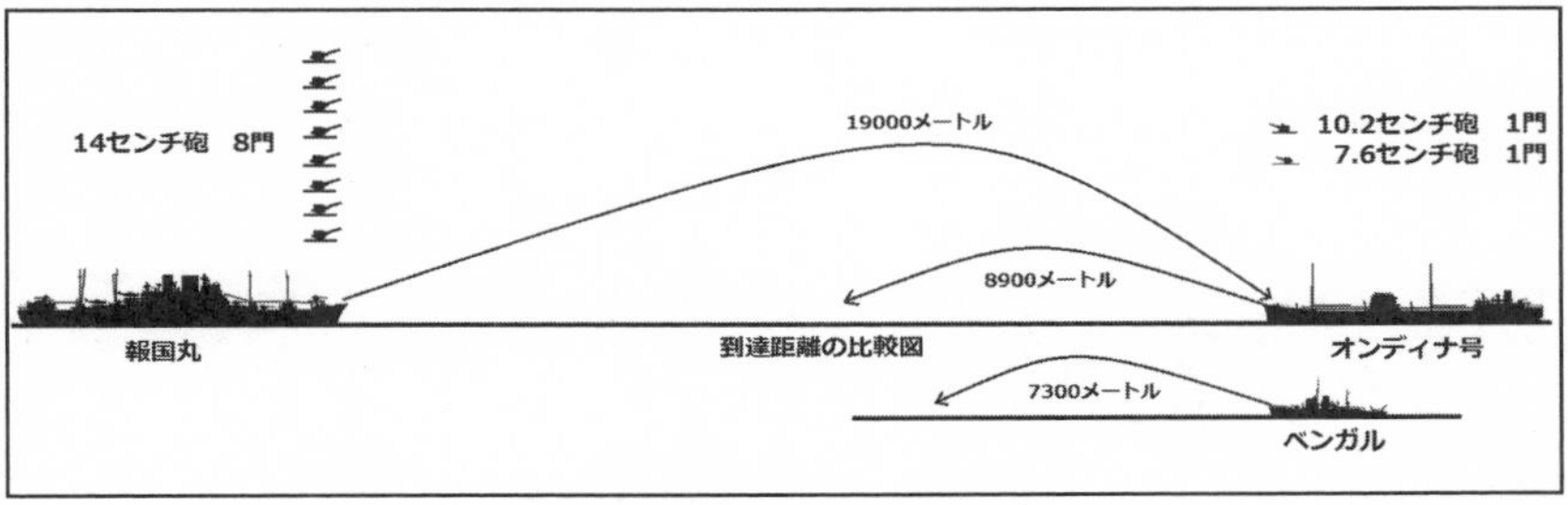

図14 砲数と射程の比較

目標の移動先、いわば未来位置に落下するよう撃つのである。

それには自船もさることながら、高速で動いている目標の諸元を迅速かつ正確に算出し、砲身の発射角（仰角《ぎょうかく》と方位角）を決めて撃つのである。それでも至近弾を得るのがやっとで、さらに修正を加えて再び射撃するという作業を繰り返しながら、命中精度を上げていくのが砲術の基本である。したがって、まともな測距儀も射撃指揮装置もない商船では無理な作業なのである。

具体的な数値で説明すると、八〇〇〇メートル先の着弾点は、水平角わずか一度で左右に一四〇メートル、仰角一度で前後に一七〇メートルもズレるうえに、初速毎秒八〇〇メートルの発射弾の到達時間は、単純計算で一〇秒もかかる。

このことから、高速の遠距離目標に砲弾を当てることが、いかに至難の業か、もはや不可能と推察できる。

「狙って当たらないとしても、まぐれ当たりがあるではないか」と言う読者もおられるかもしれない。それは「数打ちゃ当たる」の話であろうが、「オンディナ号」は五発目が命中したと主張しているのだ。これは命中率二〇パーセントである。

しかし、現実の艦砲射撃の技術では、「世界広し」といえども一パーセント内外の命中率が普通である。しかも手持ちの砲弾は、「ベンガル」同様少量であったというから、全弾を撃ち尽くしても命中することは考えられないのである。

「いやレーダーもない船が八〇〇〇メートルとは、そもそも間違いで、その半分ほどの距離ではなかったのか、だから当たったのだ」とも考えられるが、それが本当なら報国丸が、なお有利で「オンディナ号」は蜂の巣になって沈没したはずだ。

もう一つ大変重要なことがある。それは八〇〇〇メートル先に到着するためには、砲弾が円弧を描いて飛翔することになり、これを弾道という。

この時の角度を落角《らっかく》というが、この距離であれば甲板から直接内部を破壊するはずだ。しかしそのような記述は、敵味方ともまったくないのだ。

最後に、距離の論争とはまったく別の、絶対に起こり得ないことがある。これは決定的で見逃すわけにはいかない。

もう一度、オランダ「The Ondina battle」から引用すると「自信を得た砲長は『船尾を狙え』と命令した。するとなんと報国丸の右舷の魚雷発射装置に命中し大爆発が起こった」とある。

今度は、報国丸の艦橋から見た情景を振り返る。

「真向かいの敵船二隻は、九〇度右変針し左舷を見せた、やがてベンガルだけが左転し、こちらに向かって右舷対右舷で通過する対勢となった、オンディナ号はそのまま左舷を見せて航走を続け、報国丸の首尾線より左方に見えた」となる。

つまり敵船との戦闘は、右舷に「ベンガル」、左舷前方に「オンディナ号」と対峙しながら推移していったのである。したがって報国丸は、一度も右舷を「オンディナ号」にさらしていないのだ。

このことから〝左舷〟ならまだしも〝右舷〟に命中するはずはなく、この話はまったくのデタラメなのである。だからこれらを踏まえて総合判断すると、「砲撃戦の最中、遠距離から発砲して、右舷に命中した」という主張は成立しないのである。

このことから右舷に当たるためには、やはり別の局面に入った時としか考えられないのだ。別の局面とは何か？　「オンディナ号」が船尾の備砲を使って報国丸に命中弾を与える条件は限られてくる。

それは「船尾を要《かなめ》とした扇形の位置に、報国丸が

〝右舷〟を見せて」入り込み、距離は「五〇〇メートル以内」で、しかも「両船とも鈍速か停止」に近い状態の三要素が揃った時にだけしかありえないのである。

〝遠距離から撃った〟と言いながら、他方〝撃った、当たった、爆発した〟と近距離の場景を自らが述べているが、その矛盾を解き真相に迫ることにする。

異常接近の謎

異常接近の根拠

理論的に「オンディナ号」の命中弾は不可能であるのは前述しているが、異常接近時となれば話は別である。

それではなぜ異常接近したか。それは「オンディナ号」の後部マストが倒壊し、なおも砲撃が止まない時に危険を感じて前部マストに〝白旗を揚げた〟からである。

降伏を示したからこそ報国丸は砲撃を止め、拿捕するために接近し、回航員を乗船せしめて手続きをする段取りに入ったのである。このとき前項で述べた三要素のすべてがそろったのだ。

その時の様子は、当時報国丸に乗艦していた下士官の書いた文章の中にその答えがある。

元報国丸看護兵曹の中島栄一氏は次のように回想している。

「初弾命中に驚いた貨物船は、乗組員全員甲板上に集結していた。微速に落とした報国丸は、その前方を迂回し、ゆっくり円をえがいて、やがて船尾にさしかかろうとしていた。船名も、甲板上の顔形すらはっきり見えて、手の届きそうな距離であった。オンディナ号の備砲がちょうど報国丸を真横に、照準を合わせた角度になる。突如、オンディナ号の甲板上を矢のような人影が走り、船尾の砲に手がかかったと思うと、砲火と、報国丸が割れるような炸裂音と震動が同時であった」（「仮装巡洋艦・報国丸の隠れた栄光」『日本軍艦戦記』：文藝春秋臨時増刊四八巻一三号、一九七〇年一〇月、一五三頁）

報国丸二番砲の砲員であった清光泰氏の証言では、はっきりと「白旗」が出てくる。

「命中弾を得る。停船命令に従わず逃げまわっていた敵商船も、ようやくマストに白旗をかかげ、降伏の意を表した」（「報国丸船上記：女装艦隊敵商船を撃沈せよ」『歴史への招待』二三巻、日本放送協会、一九八二年、七七頁）

なお清光氏はこのあと「ベンガル」と砲戦中、白旗を揚げていた「オンディナ号」が発砲し、被弾したとしている。

次に証言者名は不明だが、口述後に編集者がまとめたと思われる文章である。

「ぐっと近づいた報国丸は二船に停船を命じた。二船とも命令に従うように停船し、針路を命令通りに向けかけた。タンカーの船尾が報国丸と直角になった時、突如その船尾に積んだ砲が火をふいた。次の瞬間、帆柱が折れて甲板に落下した」（「仮装巡洋艦報国丸の最后」『サンデー日本』九〇号、一九五九年、五頁）

これらの記述の方が、どう考えても被弾時の位置関係が理論的にかなっているのである。

しかし、そんな乗員の話ではなく、正式に報国丸の沈没の顚末を記した報告書があると思われる読者もいるかもしれない。

帝国海軍の曲がりなりにも巡洋艦が、その報告書に「敵油槽船を攻撃しました。敵船は白旗を揚げました。近づきました。撃たれました。誘爆しました。沈没しました」と、こんな間抜けな文面で提出できるわけはないのである。そこには「運悪く」とか「いかんともし難く」とか、印象をさりげなく出せるような文章で済ませることしかないのである。

したがって第六艦隊司令部が作成した「先遣部隊戦闘詳報」第一二号によれば、「愛国丸、報国丸は印度洋方面交通破壊に従事中のところ十一月十一日ココス島の二二五度約三五〇海里に於いて大型輸送船（和蘭《オランダ》）を攻撃これを撃沈、哨戒艇一隻に火災を生じせしめこれを撃退したるも報国丸もまた被弾誘爆のため火災を生じ遂に沈没するに至れり」と、簡潔で当たり障りのない文章になっている。

それでも本当のことは、愛国丸がシンガポール到着時に伝えられたはずだ。ところが内容が上部に伝達されて行くうちに、日本軍特有の身内を庇《かば》って過失を追及しない悪弊《あくへい》により省略、歪曲、隠蔽が入り込み、最終的には簡潔な文になったものしか表面に出なかったのだろうと思えるのだ。

報国丸の異常接近と被弾は紛れもない事実だが、「『オンディナ号』が本当に白旗を揚げたのか」という疑問はどうしても残る。しかし次のようなことから「白旗はやはり本当だったのだ」と確信できるのである。

愛国丸を戦犯起訴しなかった理由

それでは「オンディナ号」は、素直に白旗を揚げたと表明しなかったのだろうか。

実は、報復心に燃えてやって来た〝愛国丸〟に対しては「白旗を揚げた」と、ちゃんと書いてあるのだ。それは次のオランダ側の二つの記述である。

「The Ondina Battle」（The Battle）の三二行目に「エンジンを止め、救命ボートを降ろし、白旗を揚げた」とある。さらに「Heroic battle of the tanker Ondina and HMIS Bengal」（The Battle）の四四行目に「船長は、白旗を揚げるように命令し、退船を発令した」と述べている。そのあとに両者とも「それにもかかわらず攻撃を受けた」と続けている。

それなら「なぜ戦後起訴しなかったのか」となる。

愛国丸は、白旗を揚げた「オンディナ号」を砲撃し、ホースマン船長が即死した。さらにこのあと、救命ボートの船員に対して機銃掃射を加え、オランダ人機関長と中国人乗員三名が殺された。合計五名が死亡したのである。これはオランダ側から見たら、れっきとした戦犯事件に該当するはずである。

それでも、戦後に大石保艦長がBC級戦犯で訴追されることはなかった。

連合軍側が、戦地や戦場で発生した些細な事件や偶発的事件など、真贋含めあるいは捏造《ねつぞう》までして、報復的追及の手をゆるめなかったことは、歴史の示す通りである。にもかかわらず愛国丸の事案については一言も触れていないのだ。

もっとも、大石保大佐は一九四三年（昭和一八年）四月五日、愛国丸艦長を交代してから陸上勤務が多く、戦争を生き抜くことができたが、終戦翌年の一九四六年（昭和二一年）二月一三日に没しているから、戦犯の起訴には至らなかったのかもしれない。

しかし、対象者が死没している場合、連合国はその上級者（司令官など）や下級者（砲術長、砲員など）を追及するのが常であった。しかもオランダは、アメリカのように主敵ではなかったにもかかわらず、日本に対する戦犯起訴と死刑執行の数は戦勝国の中でいちばん多いのである。

したがって、愛国丸による不当な攻撃と無益な殺生《せっしょう》は証人も多く、十分な証拠があるので、起訴に至らないことは絶対にあり得ないはずだ。

あえてそれができなかった、あるいはしなかったのは、「オンディナ号が白旗を掲げて降伏をした」「にもかかわらず接近してきた報国丸に発砲した」という戦時国際法違反の事実が表面化するのを恐れたからだといえる。

その証拠に、悔しくとも起訴できないジレンマが次の事例に表れている。

一九五三年（昭和二八年）四月、日本政府に「ヘノタ号」の捕獲が合法だったか、再審査を要求してきたことである。この船の拿捕は愛国丸が担当したから、そこに何らかの疎漏《そろう》を見つけ出そうとしたのだろう。イギリスは「ハウラキ号」に関して何の申し立てもしていないことから、オランダの執拗さと愛国丸への執念が、そこに表れていると思えてならないのだ。なお、この申し立てについては、書類も完備しており“捕獲は正当である”とオランダ政府に対して突っぱねることができた。

連合国の違法行為は、海上でも故意や誤認を含め数多くある。病院船であろうが安導船《あんどうせん》（航行の安全を敵から保障された船）であろうが撃沈しているし、海上脱出者に対しても機銃掃射を行なっている。

そのつど日本側は理不尽な目にあっている。日本船の沈没数が膨大で、一つひとつの事案を取り上げたらきりがなかったこと、敵側の違法行為は山ほどあったが、それらを問題にできないほど、敗戦で打ちのめされていたことから、泣き寝入りするしかなかったのである。

いずれにしても愛国丸を戦犯追及すれば、それは取りも直さず〝自分が戦犯である〟と言っているようなもので、これは口が裂けても言えなかったのである。だから戦後も、それには一言も触れず、あくまで海戦により遠距離から我が砲弾が当たったとして「オンディナ号」の名誉が守られてきたとしか言いようがないのだ。

ところで、別の角度から砲手のことを考えてみると、砲手はひょっとしたら自船が降伏したことを知らなかったかもしれない。

その理由は、備砲は煙突後方の船尾近くにあり、白旗は前部マストに揚げたので、その距離は一〇〇メートルもあるからだ。しかも煙突の後ろはブリッジから死角で孤立した場所であったのと、船内は騒然としており、降伏の徹底はまだ行き渡っていなかったのかもしれない。砲手の一団にしてみれば、「あれ、停止したぞ、どうしたのかな」と、いぶかしく思っていたところに横腹を見せて、手に取る近さにやってきた報国丸を見て、思わず引き金を引いたとも考えられるからだ。

さて報国丸に似たような事例が、同じインド洋で、しかも日付も近い一年前の一九四一年（昭和一六年）一一月一九日に発生している。

オーストラリア軽巡洋艦「シドニー」（長さ一七一メートル）と、ドイツ船「コルモラン」（長さ一六四メートル）の不思議な海上戦闘である。

「シドニー」は正式軍艦で武装も装備も優勢で、水上飛行機も搭載していた。「コルモラン」は貨物船改造の仮装巡洋艦で、この時すでに一一隻の商船を撃沈していた。

ドイツ艦の戦闘慣れした手口は巧妙で、古びたオランダ商船を装って「シドニー」からの誰何《すいか》も、のらりくらりとかわし、一マイル（一八五二メートル）以内の異常接近の状況ができあがったのである。

そして「コルモラン」は軍艦旗を揭げ、突如として砲門を開いたのだ。しかし「シドニー」も軍艦である、被弾しながらも直ちに応戦し、「コルモラン」に多数の命中弾を与えた。

結局は相撃ちで両艦とも沈没したが、「シドニー」は六四五名全員が戦死し、「コルモラン」は八二名が戦死、三一七名が救命ボートで脱出、その後捕虜となった。

オーストラリア側は、この結果に素直に納得できず、「白旗を揚げたのではないか」「医療行為を求める旗旒を掲示したのではないか」「戦闘旗を揚げなかったのでは」とかの憶測が飛び交い、「シドニー」が不用意に接近した謎を追及していたのである。

このように一年前の事例から、時のオーストラリア調査員は、「オンディナ号」の戦果に同じ疑念をもったであろうと容易に推測できる。

被弾箇所

箇所の特定

被弾箇所の記述も日本側資料だけでもまちまちで、大きく分けると次の三箇所となる。

1、右舷の魚雷発射管（装填魚雷）
2、水上偵察機（燃料、爆弾）
3、マスト、帆柱《ほばしら》（荷役装置）

である。

このうち1と2はないと思われる。

確かに、魚雷発射管や爆弾搭載の飛行機に命中すれば、瞬時に爆発するであろう。しかし多くの記述を詳しく照合していくと、「瞬時に爆発した」のほかに、「延焼してから誘爆した」という時間違いのものも見られるのだ。

何事も複数の証言にはいつも差異やズレが生じて、どれが真実なのかわからなくなってくる。それも時間の経過とともに変わるし、記憶違いも出て来る。また

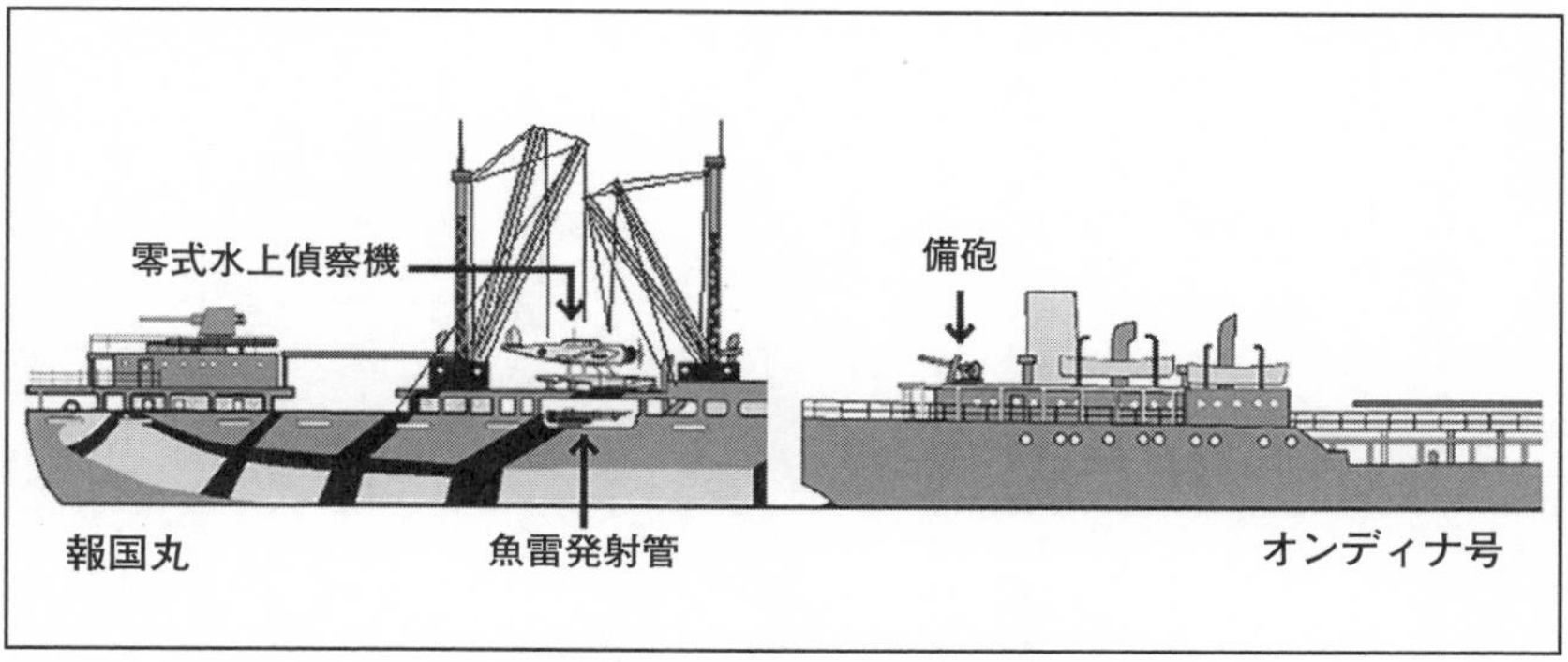

図15 被弾時の高さの相対関係図

各個人によっても見たこと、感じたものが違うし、その表現にも上手下手がある。

したがって、今となっては記述だけでは判別つきにくいが、1と2は〝あり得ない〟とするのは、相対的な高さが違うからだ。

何の高さかというと、報国丸の魚雷発射管の位置と「オンディナ号」の備砲の位置の、水面上の高さの比較である。さらに備砲と水偵の高さも微妙に違っている。

魚雷発射管は、五番船倉の左右に設置されていたが、そこは艦尾から三八メートルで、ほぼ艦の長さの四分の一の位置にあたる。収納時は首尾線方向と平行の状態にあるが、攻撃する時はほぼ直角に外舷に振り向けることになる。

問題は高さである。魚雷は水面に投下するので、精密機械である魚雷保護のため当然低い位置が望ましく、設置箇所は上甲板である。船の寸法では船底から上甲板までの高さを特に「深さ」といい、報国丸では一二・四メートルである。

喫水は満船で八・八四メートル、空船で六・三五メートルなので、この中間を採用すると七・六〇メートルとなる。したがって水面から上甲板までの高さは、一二・四から七・六を差し引くと四・八メートルとなり、魚雷発射管は上甲板から約一メートル上にあるので水面上からは五・八メートルの位置にある。

また収納位置にある水偵の高さは、海面からフロートの中心が八・二メートル、機体中心が一〇・四メートルとなる。

一方「オンディナ号」の備砲の高さを考えると、砲は魚雷と違って高い位置から撃った方が有利なので、ファンネル・デッキと呼ばれる上甲板より二段も高い後部居住区天蓋の、煙突のすぐ後ろに設置してある。空船で喫水も浅く、砲の高さは水面から一〇メートルも高い位置にあったのだ。

これらは概算推定値だが、問題はこの数値の正確さではなく比較である。

これから勘案すると、「オンディナ号」の備砲から見て報国丸の水偵は、ほぼ同じ高さであるが、魚雷発射管は四・二メートルも低い位置にある。

「オンディナ号」の砲弾がこれらに命中するには、砲身が水平かやや下向き（俯角《ふかく》）でなければならない。五〇〇メートル以内の距離であったら俯角はわずか一～二度であろう。

普通、砲というものは水平より上向き（仰角）にして撃つのが常態だ。したがって砲撃戦をしたあととなれば、「オンディナ号」が砲撃を中止した時点で砲身は仰角のままになっていたと思われる。しかも砲弾装塡位置も三～五度の仰角（俯角ではない）で固定されているのが普通だから、砲身は上向きになっていたはずだ。したがってとっさに射撃するとしたら、三～四度程度の仰角で発射された公算が大きいと考えられる。

よって発射砲弾が当たった箇所は、「マスト」「帆柱」が正解ではないかと思われる。

ここでの「マストや帆柱」を正式な表現に言い換えると「デリック・ポスト」や「デリック・ブーム」であろうが、特に「ブーム」は飛行機の使用や臨検ボートの振り出しに備えて、林のごとく斜立し、強靭なワイヤがまるで蜘蛛の巣のように張りめぐらされ、つながっていたのであるから、どれかに当たる可能性は十分にある。

異議があるかもしれない。

「『オンディナ号』は降伏している。砲手にもそれは伝わっていて、帰順を示し砲身を下げていたのではないか。そこに絶好のチャンスありと見て、そのまま撃って運よく魚雷発射管なりに命中したのではないか」

しかし、砲身を下げてまで降伏を示しているなら、砲手はやはり発砲しなかっただろう。それは、すでに観念したことの表示であり、さらに民間人の船長とはいえ、反抗してまで軍律違反を犯さないのが軍人だからである。

謎の一弾

実は報国丸には、奇妙なことに〝もう一弾の命中〟が記述されているものがある。

「三発目が〝ハウス〟に当たったが、なんの影響もなかった。そして五発目が船尾に命中し大爆発になった」(「The Ondina battle」The Battle 一一行目：オランダ)

「五発の砲弾を続けざまに撃ったが〝船体中央〟と船尾に命中し、船尾が大爆発した」(「Royal Australian Navy 1942-1945」p.196：オーストラリア)

「一瞬のすきに敵弾が報国丸の煙突付近に命中、破片が搭載機に落下して爆発、つづいて二弾目が魚雷発射管に命中……三等通信士・高崎春夫は『〝煙突〟に弾が当たった』との叫びを聞く」(『商船が語る太平洋戦争』野間恒著、六五頁)

これら三つの記述にある〝ハウス〟〝船体中央〟〝煙突〟は同一弾だと断定できる。なぜなら船尾以外に当たったとするのは一弾しかないからだ。また特定箇所は通信士の高崎春夫氏が「煙突に当たった」と直接耳にしたことが本当であろう。

さらに野間氏は、「煙突に命中したのが愛国丸の砲弾で、四番ハッチに当たったのは敵弾であろう」としている。いわゆる味方艦の誤射である。

その根拠に「報国丸の生存者が愛国丸に救助された後に耳にした噂は、愛国丸が射撃した瞬間、艦橋で『しまった』と叫んだ砲術長を艦長が突き飛ばした」という話に基づいている。

ここで筆者も煙突に当たったのは〝愛国丸の砲弾〟だろうと考えるが、被弾の順番は二弾目であると確信している。

なぜそう言えるのか、順を追って述べると次のようになる。

もし敵側のいう〝八〇〇〇メートル砲撃戦〟が行なわれていたとすると、両者の距離がありすぎる。そこに愛国丸が参加したとすれば、「右か左か」「見慣れた報国丸か、見慣れぬ敵船か」となると、当然間違いなく「オンディナ号」に砲身を向けたはずだ。したがって少々狙いが外れても絶対に報国丸に当たることはない。

では報国丸と「オンディナ号」の二隻が超接近していたらどうだろう。

「当然ながら撃たない」と確実に言える。それは〝味方撃ちになる〟というよりも、〝報国丸に任せた〟と思うからだ。

ところが、報国丸が炎上したらどうであろうか。

ここで愛国丸は激高したのである。そして初めて「オンディナ号」に向かって、遠方であったにもかかわらず、はやる気持ちを抑えきれなくなって、ピンポイントで敵船を狙って撃ったのだ。砲弾は近接していた二隻の周囲に落ちたが、よりによって報国丸の煙突に当たったのが、その一弾と考えられるのである。

この時間差により、「二弾目は愛国丸のもの」と、断定できるのだ。

愛国丸砲術長は、射撃のプロとしてタイミング的に報国丸に当たったと直感したに違いないから「しまった」と口にしたのであろう。

しかし、筆者は時として「違う、命中箇所が反対ではないか」という考えが、脳裡をよぎるのである。

まず「オンディナ号」が放った一弾が煙突（ハウス）に当たった。すると多量の噴煙が立ち昇った。これを遠方から見た愛国丸が「オンディナ号」を狙って砲弾を放った。それが運悪く報国丸の最弱点に落下した。炎上した報国丸を見て「オンディナ号」は、自船の砲撃の結果だと信じた。

すなわち「二弾目であるが、愛国丸の誤射こそ致命傷となったのではないか」という考えである。

なぜ最後になって、このような異論を述べるかというと、次のような話があるからだ。

商船三井の元船長で、その後、伊良湖水先区で水先人をされた赤尾陽彦氏は、現役時代から報国丸を研究されていたという。同氏によれば、一九七二年（昭和四七年）当時、何人もの関係者に取材したが、絶対にインタビューを受けてくれない人が一人いたという。

その方は、赤尾氏と同じ経歴の大先輩だったが、「あんなトンデモない話をできるか！」と応じてくれなかったというのだ。

しかし、赤尾氏は「報国丸乗員が愛国丸に救助されたあと、それとなく伝わったのが『一〇浬後方から、慌てて交戦海域に向かった愛国丸が放った一四センチ砲弾が報国丸の四番船倉に命中した』というウワサ話があった」と漏れ聞いている。

味方撃ちの話は『商船が語る太平洋戦争』（野間恒著）にも出ていることと、取材を拒否された方が、実は報国丸の回航班班長であった後藤弘明氏であることから、それなりの根拠があるものと考えられるからだ。

終章　事後顛末

その後

各艦船と報国丸乗員

【愛国丸】

一一月一六日、愛国丸はたった一隻でシンガポールに入港した。

「敵油槽船一隻撃沈、哨戒艇火災、報国丸沈没」と第六艦隊先遣部隊に報告がなされた。

連合艦隊では「やはり無理であったか」とばかりに、特設巡洋艦の通商破壊任務を中止することに決定した。そして喪失の本当の原因も研究されないまま、一週間後の一一月二二日、「愛国丸は南西方面艦隊に編入」となった。これによって水上艦によるインド洋作戦は完全に終止符が打たれた。これがいかに連合国側に大きく有利に働いたかは、その後の戦争推移で判明する。

愛国丸は以後、艦種「特設巡洋艦」のまま、もっぱら東南アジアやニューギニア、ラバウル方面への軍需品や軍隊輸送の任務に専念した。

一九四三年（昭和一八年）四月五日、呉軍港において大石保艦長は、水崎正次郎大佐（三八期）と交代して、愛国丸を去った。

その後、同年一〇月一日付けで正式に「特設運送船」に変更され、生まれ故郷の玉造船所において、再び大改装が行なわれた。しかし、今度は巡洋艦としての武装を全部取り払い、備砲は小口径二門程度および対空連装機銃が数基だけとなり、船倉も軍需品運送の仕様に変更された。そして名実ともに牙を抜かれた輸送専用船にと生まれ変わった。

新たな出発になったのは一九四四年（昭和一九年）一月からであったが、従事する時間は短かった。それから間もない二月一七日、アメリカ機動部隊艦載機によるトラック島泊地奇襲を受けて、多くの日本輸送船が犠牲となったが、その中に大爆発を起こし一瞬にして沈没した愛国丸があったからだ。

【オンディナ号】

愛国丸乗員は戦後に知ることになるが、前章で述べたように、「オンディナ号」は沈まなかったのである。あれだけ砲弾を浴び各所に穴が開き、水面下の外板はめくれ上がったにもかかわらず沈没しなかったのは、タンカー独特の構造である水密区画が多かったことと、貨物としての油を積載していなかったからである。

しかしそれにしても、致命傷ナシとは強運としか言いようがないが、それ以上に乗員の執念には驚かされる。

オーナーのシェル社は、一一月二七日、フリマントルでホースマン船長を含め、五名の追悼式を行ない、引き続き乗員と砲手の凱旋歓迎会を催した。会場には戦果を示した「1 RAIDER、2 AIRPLANE」の文字と「商船と飛行機二機」の絵が描き込まれた横断幕が掲げられ、祝杯を上げたのだった。

もし愛国丸が全員を捕虜にしていれば、「オンディナ号」はインド洋を漂い、やがて沈没したに違いない。

【ベンガル】

「ベンガル」は、なりふり構わず一目散に逃げ、ディエゴガルシアに到着したのは一一月一七日であった。この時の第一声は、「われ敵仮装巡洋艦を撃沈」であった。

戦場では、戦果判断は必ずしも正確でないのは常であるが、砲戦を交えたのは「ベンガル」であったことから、報国丸が爆発炎上している様子を遠望した者としては、我が砲の命中弾による結果だと本気で思ったのは至極当然であった。

ところが「オンディナ号」がフリマントルに帰港したことによって、この問題はこじれることになったのは前述した通りである。
戦後、「ベンガル」の関係者にはオランダ政府から王室勲章が授けられたが、その中にウィルソン艇長も含まれていた。

【エリシア号】

インド航路に就航していた貨客船「エリシア号」は、第一次世界大戦では四回の攻撃を受けたにもかかわらず無傷で済んだ、とても幸運な商船であった。船齢三三年一〇か月だが、船体も丈夫で蒸気レシプロ機関も順調なうえ、ダーバン沖、モザンビーク海峡、そしてインドへと大西洋と比べたら格段に安全な航海のはずであったが、とうとうインド洋で運が尽きてしまった。

乗組員は、高級船員がイギリス人で、下級船員はインド人であったが、全乗員数と船客数は不明である。沈没時の死者数は、イギリス人四名とインド人一八名の合計二二名であったという。

なお日本側の攻撃、撃沈は六月五日であるが、不思議なことにイギリス側では攻撃四日後の六月九日に沈没したとなっている。しかし、これは日本側の五日が正解である。なぜなら「エリシア号」の沈没する写真が撮影されているからだ。

なお生存者は駆け付けた病院船「ドーセットシャー」に救助されている。

【報国丸】

報国丸については、その乗員について少々述べる。救助者二七八名は、「アジア歴史資料センター（アジ歴）」―（レファレンスコード「C16120657500」大東亜戦争経過概要、昭和一七年一一月、五頁、番号〇一〇一）から引用した。

戦死者数は、『太平洋戦争沈没艦船遺体調査大鑑』にある戦死者七六名を参照した。なお前出の赤尾氏も、防衛庁戦史室（当時）で調べた資料から七六名と記録している。したがって救助者数と戦死者数を合わせた三五四名を最終総乗員とした。

なお筆者が、氏名を掌握している戦死者は現在のところわずか一四名である。

開戦時の乗員数二六九名は、「アジ歴」（レファレンスコード「C08030766500」第二四戦隊司令部戦時日誌（二）、一〇頁、番号一〇〇六）から引用したが、その後の数回にわたった兵装増強にともない増員した兵員数を考慮すると、最終の三五四名は見合った数だと判断した。

拿捕船その後

【ヘノタ号】

ヘノタ号の乗員は、そのまま乗船して回航班とともに日本に到着している。

以下は拿捕後の動静である。

昭和一七年

拿捕　　五月九日

ペナン　　五月一七日着

タラカン　五月三〇日夕方着。石油五八〇〇トン積み（タラカンはボルネオ東北岸にある精油地）

徳山　　六月一〇日一五〇〇着

横浜　　六月一七日早朝、館山船形沖投錨。夕刻、横浜製油所着岸、揚荷開始

六月二〇日、横浜七号岸壁着（横須賀捕獲審検所に引き渡し）

七月二〇日、特務艦「大瀬《おおせ》」となる。舞鶴鎮守府、運送艦

一〇月五日、横須賀海軍工廠でガソリン輸送艦となる

昭和一八年

六月二四日、雷撃により被雷、一一月三十日まで佐世保で修理

昭和一九年

三月三〇日、パラオ島でアメリカ軍の空襲により沈没

【ハウラキ号】

昭和一七年

拿捕　　七月一二日

ペナン　七月二二日～三一日
シンガポール　八月二日～一一月一八日
サイゴン　一一月二一日～一二月三日
高雄と澎湖諸島　一二月一三日～一五日
門司　一二月二五日～一月二日（昭和一八年）
昭和一八年
大阪　一月四日～一一日
横須賀　一月一三日

シンガポールで三か月半もの時日を費やしているが、これはいったん日本に向け出港したものの座礁して引き返し、荷揚げと修理をしたからである。

日本への回航は、日本人の民間会社の船長と船員が別途乗り込み運航している。途中サイゴンに寄港して、米を積み込んだ。サイゴンからは四、五隻で船団を組んで日本に向かっている。

ハウラキ号は、最後までとんでもない船であった。というのも、機関室で密かにエンジンのスペア部品、予備品、図面、計算書、証明書を航海中ことごとく海上に投棄してきたのだ。

したがって日本到着時には、何の交換部品もなければ説明書一冊、図面一枚もなかったのである。

その後ハウラキ号は、その船名「HAURAKI」の発音に近い「ほうき」の日本語発音を当て「伯耆丸《ほうき》」と命名。昭和一七年一二月三一日、海軍の特設運送船として入籍した。

しかし、この説明書も交換部品もない外国製のくたびれ果てた「伯耆丸」を再生し、運転可能とするためには、それから一〇か月もの時間を要したのである。

「伯耆丸」が運航を開始したのは、昭和一八年一〇月三一日で、しかも、あまりにも短命であった。わずか三か月半後の昭和一九年二月一七日、トラック島大空襲により、愛国丸を含むあまた多くの輸送船とともに、大量の機材と軍事物資を積載したまま沈没したからだ。

乗員捕虜の行方

拿捕された敵船船員は、厳密には捕虜ではなく民間抑留者である。しかし軍人に対する戦争捕虜とは厳密な区別があったかどうかは、ここでは追究していない。

日本国内では解放する方法もないし、結局のところ戦争捕虜と同じように捕虜収容所に収容、適宜近くの工場その他で労働に従事させるという方法で、終戦までしのぐこととなる。

【ビンセント号とマラマ号】

ビンセント号とマラマ号の二船の乗員は、大分で下船後、列車にて九州を横断、福岡県の三池港に到着、そこで「第二興東丸」（三五五七総トン）に乗船、上海の呉淞《ウースン》捕虜収容所に入る。両船とも三八名の同数である。

その後、朝鮮の収容所を経て日本に移動、最初は福岡収容所に収容。その後「ビンセント号」は大阪収容所の本所に収容、主に築港で港湾労働に従事した。捕虜期間中一名死亡、一名生死不明で、結局残り三六名が終戦時解放となって帰国した。

なお「マラマ号」も、三八名の捕虜であったが、厳密には五名の軍人がいたので本船固有の乗員は三三名である。その後、この三三名は函館収容所に入所、一名がこの地で死亡、三二名が帰国を果たした。なお軍人五名は別行動であったと思われるが、おそらく生存帰国したであろう。

日本本土の捕虜収容所に移動した年月日は不明であるが、国内に収容所が本格的に開設されたのは昭和一七年（一九四二年）秋から冬にかけてであるから、昭和一八年春以降ではないかと思われる。

【ヘノタ号】

ヘノタ号の船長と士官はオランダ人の一三名、船員が中国人の三八名で合計五一名である。この中の二六名が台湾の屏東《へいとう》収容所に昭和一七年八月二日、入所していることから、ほかも同じ台湾のどこかの収容所に移動したとみられる。

昭和一八年になってから日本の福岡収容所へと移動したが、どこかでオランダ人と中国人は別行動しているのではないかと思われる。それは中国人乗員の三八名だけが、その後大阪収容所の尼崎分所に入所しているからだ。そのうち四名が日本で死亡しているので、帰国できたのは五一名中四七名であろう。

【ハウラキ号】

拿捕後、ハウラキ号も日本側回航班との協力でペナン、シンガポールまで航海しているが、乗員乗客計六三名のうち、乗員三二名と乗客八名、計四〇名がシンガポールで下船、船客以外はチャンギー捕虜収容所に入った。

残りの二三名のうち、船長、一等航海士、機関長、通信長の主要乗組員四名が一〇月一日に「東京丸」で日本に向け先行した。したがって最終的に「ハウラキ号」に居残ったのは機関運航の一九名となった。

この一九名の捕虜の回航要員は昭和一八年一月一五日、横須賀下船、陸路で横浜へ送致、そこで先行した四名と再会を果たし二三名となった。そして東京捕虜収容所の管轄である横浜分所に収容され、主に横浜の造船所で労働することになる。その後二名が死亡する。

昭和二〇年三月中旬、病気の一名を除いた二〇名が疎開を兼ねて仙台収容所の釜石分所に移動、製鉄所で働くこととなった。

しかし終戦直前、米軍による釜石艦砲射撃によって、市民数百人の犠牲とともに宿舎にいた捕虜のうち三十数名が落命したが、その中に「ハウラキ号」の一名がいた。結局、終戦までに横浜の病人も没したので、収容者二三名中四名が死亡、一九名が存命したことになる。

チャンギーでは一名死亡したと記されているので、合計で五名が死亡し、六三名中五八名が生存帰国したことになる。

総括

高級大型貨客船〝報国丸〟の船価は膨大なものであるが、加えて兵装、水上偵察機、魚雷と、貴重な兵器が搭載してあったから、タンカーの「オンディナ号」とは船価差は計り知れないものであった。

報国丸の油断と愛国丸の不徹底さはなんであろうか。本当に国のため戦争をしにきたのだろうか。

「オンディナ号」は備砲を撃って抵抗したことから、ただ者ではないと認識すべきだったであろう。本来なら撃沈されてもおかしくはないところだが、拿捕が目的となったからには最後まで気をゆるめず細心の注意をもってあたれば、達成できたはずだ。

地上戦で降伏者に命じることは、まずもって武器の投棄、そして没収であることからして、いくら恭順を示しても、少なくとも備砲は接近前に砲撃で破壊してから降伏を認めるべきであった。それなくして船尾に回り込むのは、降参した敵兵の銃をそのままにし、その銃口にわざわざ体を押し当てるのと同じで、絶対に避けなければならなかった。

また報国丸は、もともと危険物満載の船である。その危機意識があれば、爆弾装着のうえガソリン満タンの水上偵察機は、攻撃に参加しなくとも空中待機とすべきであったはずだ。

軍艦が、より大きな口径砲を持とうとした理由は、威力もさることながら、相手の射程外から一方的に射撃できる有利さを求めたからである。この原則に従えば、何も接近することなく遠方から仕留めることができたのだ。

しかしそんな面倒なことより、やはり飛行機を飛ばすべきであったと悔やまれる。もはや時代は砲撃より航空攻撃を優先すべき時代になっていたからだ。

また、愛国丸の報復は、二隻とも沈めることである。

「オンディナ号」の船首が持ち上がり沈みゆく写真を撮るまで攻撃すべきで、「ベンガル」に対しては水偵を使って追撃、捕捉、撃沈すべきであったろう。冷静沈着であったならば、容易に達成できたはずだ。

なぜこうも浮足立ってしまったのか。それは「ベンガル」が緊急電を発していたからだ。

のちに敵側は次のように酷評している。

「日本の武装商船は、ドイツ船と比べたら見劣りする。『ハウラキ号』の時は無線発信を三〇分も続行できたし、『ベンガル』の時には妨害電波すら出していない。砲撃だって上手とはいえない」そして「愛国丸の最後の行動は、まったくプロらしくなかった」としている。

これまで述べたように、昭和一七年から一八年前半にかけてしか、日本が勝つチャンスはなかったのである。勝利を積み重ねなければ、時間の経過とともに物量で負ける事態になることは、目に見えている。したがって戦力で有利な時に敗ければ、後世の人に「戦さ下手」と言われかねないのである。

しかし、振り返ってみると、日本海軍は優位であったパールハーバーでもミッドウェーでも、あるいはソロモン海戦でも不徹底勝利や敗北を喫している。

計画や予定にこだわらず、状況に応じて臨機応変に対応し、「勝機あれば徹底した反復攻撃で殲滅すべき」でなければ、戦争には勝てない。平和な時は「溺れる犬があれば助けよ」であろうが、これがいったん戦争となれば、「溺れる犬は打て」なのである。

二年もの長い時日と、延べ数万人もの人間で造り上げた報国丸が、敵の咄嗟《とっさ》の判断と、引き金を引いた一本の指だけで破壊され、多くの戦死者を出した結末に割り切れないものを感じて仕方がない。

太平洋からインド洋まで連戦連勝の二艦コンビにとって「敵とは哀れで可哀そうな存在」でしかなかったが、戦死者を出して以降、「敵とは油断も隙もならない憎むべき存在」と変化したのである。

参考文献

和辻春樹『随筆船』（明治書房、1941）
井浦祥二郎『潜水艦隊』（朝日ソノラマ、1983）
勝目純也『海軍特殊潜航艇』（大日本絵画、2011）
奥本剛『図説帝国海軍特殊潜航艇全史』（学習研究社、2005）
佐々木半九・今和泉喜次郎『決戦特殊潜航艇』（朝日ソノラマ、1984）
佐野大和『特殊潜航艇』（図書出版社、1975）
ペギー・ウォーナー、妹尾作太男『特殊潜航艇戦史』（時事通信社、1985）
笹幸恵『白紙召集で散る』（新潮社、2010）
岩重多四郎『戦時輸送船ビジュアルガイド（1、2）』（アートボックス、2009／2011）
三岡健次郎『船舶太平洋戦争』（原書房、1973）
富沢繁『陸軍輸送船よもやま物語』（光人社、1984）
二藤忠『一海軍特務士官の証言』（現代史出版会、1979）
萱沼洋『デイエゴスワレズの月』（文献社、1962）
槇幸『潜水艦気質よもやま物語』（光人社、1985）
勝目純也『日本海軍の潜水艦』（大日本絵画、2010）
福井静夫『世界の艦船』22集「思い出の日本軍艦」（海人社、1959）
正岡勝直『世界の艦船』182・187集「戦時商船隊建造の回顧」（海人社、1972・73）
『世界の艦船』349集「通商破壊戦」（海人社、1985）
『世界の艦船』535集「回想のOSK報国丸クラス」（海人社、1998）
『世界の艦船』679集「軍艦の進水」（海人社、2007）
小林義秀『世界の艦船』851集「特設巡洋艦『報國丸』その迷彩デザインのルーツを探る」（海人社、2017）
大内建二『特設艦船入門』（光人社、2008）
三村景治『ドックマスター』41号「大阪湾内のマイルポストによる速力試験」（日本船渠長協会、1979）

長舟渉『ドックマスター』60号「MILE POSTに関する調査」（日本船渠長協会、１９８５）
黛治夫『艦砲射撃の歴史』（原書房、２００８）
野間恒『商船が語る太平洋戦争』（２００２）
中島栄一『日本軍艦戦記』13号「仮装巡洋艦・報国丸の隠れた栄光」（文藝春秋臨時増刊、１９７０）
山本七平『歴史への招待』23巻「女装艦隊敵商船を撃沈せよ」（日本放送協会、１９８２）
安永文友『丸：エキストラ版』１１６号「われゼノタ号を拿捕せり」「秘められたインド洋作戦」（潮書房、１９８７）
秦郁彦『世界戦争犯罪事典』佐瀬昌盛、常石敬一監修（文藝春秋、２００２）
羽仁謙三『海軍戦記』（文芸社、２００１）
石川幸太郎『潜水艦伊16号通信兵の日誌』（草思社、１９９２）
野原茂『日本の水上機』（光人社、２００７）
藤代護『海軍下駄ばき空戦記』（光人社、１９８９）
亀井宏『ガダルカナル戦記』１～３巻（光人社ＮＦ文庫、１９９４）
亀井宏『ミッドウェー戦記』（光人社ＮＦ文庫、１９９５）
土井全二郎『戦時船員たちの墓場』（光人社ＮＦ文庫、２００９）
淵田美津雄・奥宮正武『ミッドウェー』（朝日ソノラマ、１９９４）
伊藤春樹『太平洋戦争ドキュメンタリー』第13巻「わが電波謀略戦：女装艦隊出撃す」（今日の話題社、１９６９）
伊藤春樹『水交』１０２号「海狼報国丸の最後」（水交会、１９６１）
福井静夫『写真日本海軍全艦艇史』（ベストセラーズ、１９９４）
山高五郎『図説日の丸船隊史話』（至誠堂、１９８１）
福井静夫『船舶』９月号「応召した日の丸船隊（２）」（天然社、１９５１）
山田早苗『船の科学』９月号「日本商船隊の懐古 Ｎｏ27」（船舶技術協会、１９８１）
山田早苗『船の科学』12月号「日本商船隊の懐古 Ｎｏ42」（船舶技術協会、１９８２）
林芳典『二引の旗のもとに：日本郵船百年の歩み』（日本郵船、１９８６）
日本造船学会『昭和造船史』第１巻（戦前・戦中編）（原書房、１９７７）
歴史群像シリーズ『帝国陸海軍補助艦艇』（学習研究社、２００２）
歴史群像シリーズ『太平洋戦争（１）』付録：復刻版「写真週報」１５４号 昭和16年2月5日発行（学習研究社、２００８）
歴史群像シリーズ『太平洋戦争（２）』（学習研究社、２００９）

末長一志『航跡：船匠たちから次代への伝言』（「造船小史」関西造船協会、２００２）
今尾恵介、原武史監修『日本鉄道旅行地図帳』（「満州樺太」新潮社、２００９）
高田正夫『帰って来た長良丸』（潮流社、１９６２）
海員史話会『海上の人生：大正昭和船員群像』（農山漁村文化協会、１９９０）
竹野弘之『豪華客船の悲劇』（海文堂、２００８）
今井一三『海員』「昔の造船工の手記」第39巻第４号通巻４５３号（全日本海員組合、１９８７）
高野義夫『軍事年鑑』昭和16年版（日本図書センター、１９８９）
土井智樹『日本海上捕獲審検例集』（有斐閣、１９５５）
木津重俊『日本郵船船舶１００年史』（海人社、１９８４）
吉村昭『深海の使者』（文藝春秋、１９７６）
阿川弘之『暗い波濤（上）』（新潮社、１９７４）
秦一生「海員」別冊『海なお深く』パートII（全日本海員組合、１９８６）
中西昭士郎『海なお深く』（全日本海員組合、２００４）
神波賀人『護衛なき輸送船団』（戦誌刊行会、１９８４）
日本造船学会『昭和造船史』第1巻（原書房、１９７７）
庭田尚三『船の科学』11月号「建造秘話（10）」（船舶技術協会、１９６４）
日本造船学会『日本海軍艦艇図面集』（原書房、１９７５）
平間源之助『軍艦鳥海航海記』（イカロス出版、２０１８）
木俣滋郎『第二次大戦海戦小史』（「日本のエムデン」朝日ソノラマ、１９８７）
池田貞枝『太平洋戦争沈没艦船遺体調査大鑑』（戦没遺体収揚委員会、１９７７）
内藤初穂『太平洋の女王浅間丸』（中公文庫、１９９８）
防衛庁防衛研修所戦史室『戦史叢書』（各巻朝雲新聞社）
イアン・カーショー『ヒトラー（下）』（白水社、２０１６）
平塚柾緒編著『米軍が記録したガダルカナルの戦い』（草思社、１９９５）
『サンデー日本』90号「仮装巡洋艦報国丸の最后」（東北新聞社、１９５９）
『大阪商船株式会社80年史』（大阪商船三井船舶編、１９６６）
『三井船舶株式会社創業八十年史』（三井船舶株式会社、１９５８）

Captain S.W.Roskill, "The War at Sea : History of the Second World War," Volume2 H.M. Stationery Office,1956.
G.Hermon Gill, "Royal Australian Navy 1942-1945,"of "Australia in the War 1939-1945," Australian War Memorial,1968.
Paul Schmalenbach, "German Raiders," Patrick Stephens, 1979.
（以下はインターネットから）
第24戦隊司令部戦時日誌アジア歴史資料センター、１９４２
谷岡貞範「仮装巡洋艦報国丸行動 抜粋」アジア歴史資料センター、１９５８
第６艦隊戦時日誌、先遣部隊戦闘詳報アジア歴史資料センター、１９４２
海軍辞令公報アジア歴史資料センター
戦没船を記録する会太平洋戦争時の喪失船舶明細表
伯剌西爾時報、１９４０、１９４１
THE PANAMA CANAL RECORD (VOLUME 34),1941.
SUPPLEMENT to the LONDON GAZETTE 12 July 1948.
The Ondina-battle.
Heroic battle of the oil tanker Ondina and HMIS Bengal.
MV HAURAKI-A World War Two Story.

おわりに

戦争はずっと体験者たちによって語られてきた。戦争指導者から末端兵士まで、階級、所属、戦地の違いはあっても、それらは日本人の心に戦争の実態が記憶され貴重な資料となって引き継がれてきた。しかし少数の生存者の声は聞けても多数の戦死者の言葉は聞けないのである。だからわれわれ後世の者は、戦死者の苦痛と無念さを推し量り、無言の言葉を読み取り想像するしかできないのである。

やがて時は流れ時代は取って代わり、この二一世紀になると必然的に戦争体験のない者によって戦争が書かれるようになった。そこには「戦争を知らない世代が何を書けるか」と批判めいた言葉があるだろうが、いつの時代も、しがらみのないいのちの世代によってこそ真実が発掘されてきたのだ。

報国丸を本格的に書き出したのは定年退職後であったが、物書きが生業ではない船乗りで造船所勤務の筆者は、脱稿までに十年の歳月を要した。数少ない記録や書籍の実物を、歩いてあるいはネットで探し当てて入手し、内容を精査分析する作業を延々と続ける必要があったからだ。

そんななかで、職業が幸いというか期せずして船と戦争を結びつけることができた。それは今では見られない昔の建造、進水、試運転の方法も詳細に書けたし、航海を含め海戦に欠かせない距離、速度、方位、視界、それに時刻を正確に、随所の実状にそって整合することができた。

またそれらとは別に、今では忘れられた歴史的事項もありのまま使用して書き進めていったが、それは過去を語るのに外せないのと、時代が変わっても世代を超えて知っておくべきことが、戦後ないがしろにされ忘れ去られ、タブー視されてきたことへの反感でもある。

たとえていえば、昭和一五年開催予定の東京オリンピックを優先すれば日本はどこかで大陸での戦争を止め撤兵できたこと。また大連が日本の租借地だったこと。満洲が実質的に日本人によって運営されたこと。そしてそれは善悪の判断というよりも、そのことでソビエト・ロシアの南下や併合を防いでいたことなどである。

また今では忘れられた御真影、慰問袋、特高などの単語であるが、これらにどういう意味があったのか知ってもらいたいとも思った。

ところで、ある事実を、どのようにして知ったのか一つだけ挙げてみよう。

ある報国丸の左舷から見た写真があるが、それには零式水上偵察機二機が搭載されている。異なった搭載位置にある二機は、目を凝らして見ると機体とフロートをつなぐ支柱（脚）の見え方が違う。

それはどういうことかと言えば、支柱は左右計四本で、前部が斜め、後部が垂直になっている。その脚支柱をよく見て脚同士を比べると、開き具合が違うのだ。前部の補用機は狭く、後部の実働機は広いのだ。この違いを門型デリックポストの支柱二本の開き方と比較すると補用機は船と同じ向きだが、実働機は角度をもって置かれているということがわかるのだ。それは愛国丸の写真でも同じようにして確認できる。

これにより実働偵察機は、中央ではなく右舷に角度をもって置かれていることが判明したのである。

さて商船時の行動は、予定表、新聞記事などから寄港地を確定しその出入港時を特定した。また特設巡洋艦でのそれは「アジア歴史資料センター」にある記録と各種出版物の記載をつなぎ合わせたが、空白のところが随所にあった。しかし赤尾陽彦氏から、現役船員時代の一九七二年、防衛庁戦史室にて転写された関連資料を見せていただいたが、時間の空白や新事実を知る箇所がいくつかあった。その中で、インド洋作戦出撃前、徳山で燃料補給したこと、セレター軍港で船底にダメージが生じたこと、などを知ることができた。

南太平洋作戦に関しては「二四戦隊報告書詳報」と谷岡貞範氏の提出資料「仮装巡洋艦報国丸行動抜粋」を参考にした。

インド洋作戦は、「第六艦隊詳報」のほか、石川幸太郎著『潜水艦伊16号通信兵の日誌』の記述から大いに報国丸の位置を知ることができた。

なお「ヘノタ号」の回航については回航要員の安永文友氏の「われゼノタ号を拿捕せり」を、また「ハウラキ号」の拿捕から日本への回航の様子は、当時の捕虜乗員のインターネット手記を参照にした。

最後に、出版に向けては商船三井ＯＢで元九州急行フェリー社長の野間恒氏の尽力が大きい。また月刊「世界の艦船」編集部ＯＢで日本海軍に造詣の深い長谷川均氏にはお忙しいなか全般にわたり精査をしていただいた。そして並木書房編集部の多大なご支援をもって、ここに上梓の運びとなった。本書を、これらの方々の協力によって世に出していただいたことに、この場を借りて厚く感謝を表するものであります。

二〇二三年三月

森永孝昭

森永孝昭（もりなが・たかあき）
1949年長崎県佐世保市生まれ。1972年長崎大学水産学部卒業後、神戸・広海汽船入社、航海士として14隻の外国航路船で勤務。1982年甲種船長免状（現：１級海技士）取得。1983年佐世保重工業株式会社入社、ドックマスター（船渠長）として勤務、2009年定年。常勤嘱託を経て2020年非常勤嘱託ドックマスターとなり現在に至る。その間、大型貨物船はじめVLCCタンカー等の新造船244隻の試運転船船長を務める。また貨物船、タンカー、自衛艦、米艦、客船、フェリー、特殊船等の離接岸、入出渠時の操船実績は延べ6467隻となる。現在、一般財団法人日本船渠長協会会員。過去の外部委嘱等は西部海難防止協会専門委員、佐世保水先人会監事。

武装商船《ぶそうしょうせん》「報国丸《ほうこくまる》」の生涯《しょうがい》
—知られざる沈没の謎—

2023年４月５日　印刷
2023年４月10日　発行

著　者　森永孝昭
発行者　奈須田若仁
発行所　並木書房
〒170-0002 東京都豊島区巣鴨2-4-2-501
電話(03)6903-4366　fax(03)6903-4368
http://www.namiki-shobo.co.jp
印刷製本　モリモト印刷
ISBN978-4-89063-432-3